C·H·Beck
PAPERBACK

Im Dezember 2010 erhielt die Menschheit ein ganz besonderes Weihnachtsgeschenk: Zum ersten Mal gelang es Paläogenetikern am Max-Planck-Institut für evolutionäre Anthropologie in Leipzig allein mithilfe von DNA-Analysen, den Beleg für die Existenz einer bislang unbekannten Population der Gattung *Homo* vorzulegen. Benannt wurde diese nach dem Fundort des Knöchelchens, das die Forscher auswerteten: der Denisova-Höhle in Sibirien. Diese wiederentdeckten Cousins der Menschen können als asiatische Pendants zu den Neandertalern gelten. Woher aber stammten die Denisovaner? Wie lange bevölkerten sie die weiten Gebiete Eurasiens? Und wie lässt es sich erklären, dass heutige Menschen in Asien teils noch bis zu 5 % Denisova-Gene in sich tragen? Der vorliegende Band erzählt die spannende Geschichte von der Entdeckung der Denisova-Menschen, deren Erforschung gerade erst so richtig begonnen hat.

Die Paläoanthropologin *Silvana Condemi* ist Forschungsdirektorin am Centre national de la recherche scientifique in Marseille. *François Savatier* schreibt als Journalist für das Magazin «Pour la Science», in dem er insbesondere für die Frühgeschichte zuständig ist. Von ihnen ist bei C.H.Beck erschienen: *Der Neandertaler, unser Bruder. 300 000 Jahre Geschichte des Menschen* (2020).

Silvana Condemi und François Savatier

DENISOVA

Die Entdeckung einer neuen Menschenart

Aus dem Französischen von
Anna Leube und Wolf Heinrich Leube

Illustrationen von Benoit Clarys

C.H.BECK

Mit 55 Schwarzweißabbildungen und Karten
sowie 14 Farbabbildungen in einem Tafelteil

Titel der französischen Originalausgabe:
«L'énigme Denisova. Après Néandertal et Sapiens, la découverte d'une nouvelle humanité», © Editions Albin Michel – Paris 2024,
© Illustrations de Benoit Clarys

Originalausgabe
Für die deutsche Ausgabe:

Wilhelmstraße 9, 80801 München, info@beck.de

www.chbeck.de
Umschlaggestaltung: geviert.com, Michaela Kneißl
Umschlagabbildung: Harbin-Mann, © Benoit Clarys
Satz: C.H.Beck.Media.Solutions, Nördlingen
Druck und Bindung: Pustet, Regensburg
Printed in Germany
ISBN 978 3 406 82697 9

verantwortungsbewusst produziert
www.chbeck.de/nachhaltig
produktsicherheit.beck.de

Inhalt

Vorbemerkung

Als Hominine werden alle modernen und ausgestorbenen Menschen sowie deren unmittelbare Vorfahren bezeichnet. Diese Tribus Hominini bildet zusammen mit den Menschenaffen (Gorillas, Schimpansen, Orang-Utans) und all deren unmittelbaren Vorfahren die Familie der Hominiden.

Aus Gründen der besseren Lesbarkeit wird in diesem Buch das generische Maskulinum für Personen jedweden Geschlechts verwendet.

«NICHTS IN DER BIOLOGIE ERGIBT SINN
AUßER IM LICHTE DER EVOLUTION.»

Theodosius Dobzhansky

PROLOG

In der Paläoanthropologie habe ich schon so manches kennengelernt: den Neandertaler in all seinen Facetten. Ich habe an der umfangreichen Untersuchung teilgenommen, die bewiesen hat, dass unser Urzeit-Bruder ein Europäer war. Ich habe miterlebt, wie die Paläogenetik die Urgeschichte des Menschen umzukrempeln begann. Ich habe gesehen, wie ein winziges Stückchen mitochondrialer DNA 1997 nahelegte, dass sich unsere Vorfahren niemals mit den Neandertalern vermischt hatten. Ich habe erlebt, wie ein ganzer Wissenschaftszweig zehn Jahre lang auf die Bestätigung dieser wichtigen anthropologischen Information wartete. Im Jahr 2010 habe ich dann erfahren, dass das Gegenteil der Fall war. Was für eine verblüffende Entdeckung: Wir hatten plötzlich Neandertaler in der Familie! Im selben Jahr wurde diese Überraschung durch einen erstaunlichen eiszeitlichen Fund aus Sibirien noch übertrumpft: In einer dunklen Höhle im Altai-Gebirge – Denisova – war ein unbekanntes menschliches Genom entdeckt worden, weder Neandertaler noch Sapiens noch Marsbewohner …

Unbekannt? Also bitte! Gab es irgendwelche dazugehörigen Fossilien? Kein einziges, nur ein kleines Fingerglied … In meiner ganzen Laufbahn hatte ich die genauen Merkmale von Knochen untersucht, die groß genug waren, um aussagekräftig zu sein. Ich hatte die Anatomie fossiler Knochen verschiedener Spezies mithilfe von Messschiebern und anderen Geräten zur Schädelmessung verglichen, dann kamen die Scanner, die Hochdurchsatz-Sequenzierung und die Massenspektrometrie …

Verglichen mit der jahrtausendealten Physik und Astronomie ist die Paläoanthropologie – mein Fachgebiet – mit 170 Jahren eine junge Wissenschaft, die jedoch gerade abgeht wie eine Rakete. Die neue, außerordentlich gut ausgestattete Disziplin der Paläoanthropologie ist heute in der Lage, die Geheimnisse unserer Fossilien zu entschlüsseln und sogar die Blutgruppen der entsprechenden Individuen, ihr Mikrobiom, ihre Verwandtschaftsbeziehungen, ihre Ernährung, ihre Wanderbewegungen, ihre Vermischungen, ihr Alter etc. mit einer erstaunlichen Präzision zu bestimmen. Und in dieser Hinsicht ist die Untersuchung des Neandertalers geradezu exemplarisch.

Kurz gesagt, ich war sprachlos: Die winzige Spitze des letzten Glieds des kleinen Fingers dieses (nach seiner Anatomie zu schließen) heranwachsenden Mädchens sagte uns absolut nichts über ihre Spezies. Ich hatte zwar gelernt, einen Neandertaler anhand eines Stücks seines Innenohrs, seines Nackens oder irgendeines Teils seines Skeletts zu identifizieren. Aber hier! Man musste den Paläogenetikern aufs Wort glauben, diesen Neulingen, die mit ihren so unglaublich komplizierten Techniken anscheinend genauso gut zu dem Schluss kommen könnten, dass Dschingis Khan laut seiner DNA in Wirklichkeit ein Neandertaler war.

Ich teilte mein Unbehagen mit meinen Kolleginnen und Kollegen. Wir wurden ausgebildet, um der Wissenschaft der Urgeschichte zu dienen, und waren an ihren langsamen und sicheren Fortschritt gewöhnt. Auf die wiederholte Entdeckung neuer Formen menschlicher Fossilien folgte eine akribische Arbeit, die nichts dem Zufall überließ und sich nach den Ausgrabungen über Jahre und Jahrzehnte hinzog. Und dann kamen diese Genetiker, die mit Science-Fiction-Methoden gleich zwei bedeutende Durchbrüche pro Jahr erzielten.

War damit mein Fach obsolet geworden, wenn künftig ohne DNA nichts mehr sicher, aber mit DNA alles sicher war? Und überhaupt: eine unbekannte hominine Art in Asien, was bedeutete das? Was für ein Rätsel barg dieser «Denisova-Mensch»?

Die Journalisten waren schneller bei der Hand und lieferten in wenigen Tagen eine Art Lösung für dieses Rätsel. Sehr bald begannen sie, diese Population, die nur durch ein kleines Fingerglied und ein Genom bekannt war, als «denisovanisch» zu bezeichnen. Damit machten sie einen gewagten Schritt nach vorne bzw. brachten sie uns dazu, diesen anzuerkennen. Waren wir Paläoanthropologen bereit, diesen Schritt mit ihnen zu gehen? Ohne uns dessen bewusst zu sein, übernahmen wir stillschweigend die These, dass eine denisovanische «paläontologische Spezies» existiere oder vielmehr existieren müsse. Sicherlich war sie irgendwie sichtbar, aber konkret wie? Wir wussten es nicht. In der DNA? Noch nie war eine menschliche Spezies allein durch ihr Genom definiert worden, aber waren wir jetzt nicht im Begriff, dies erstmals zu akzeptieren? Welche Bedeutung konnte das haben? War dieser Denisova-Mensch eine Art sibirischer Yeti, ein «Schneemensch», der im Verborgenen überlebt hatte wie der kleinwüchsige Hominine von Flores auf seiner Insel? Oder handelte es sich um eine weitverbreitete, unbemerkt gebliebene Spezies, die in der Geschichte der Gattung *Homo* in Asien eine bedeutende Rolle gespielt hat? Einer meiner ersten Gedanken dabei war, dass man vielleicht auf wundersame Weise die DNA des *Homo erectus* entdeckt hatte. Damals war diese Bezeichnung quasi gleichbedeutend mit dem «asiatischen Frühmenschen».

Ich hatte den Eindruck, dass die Journalisten mit ihrer Erfindung einer denisovanischen Pseudo-Spezies «gesündigt» hatten. Ich erzählte meinem Co-Autor François, der selbst Journalist ist, von meinem Unbehagen als Paläontologin. Wir kamen ins Gespräch. Seitdem wir uns kennen – wir haben bereits zwei Bücher miteinander geschrieben, eines über den Neandertaler und das andere über den *Homo sapiens* –, diskutieren wir ständig über die Urgeschichte. Wir tauschen uns über jede Veröffentlichung aus, die die frühe Besiedelung unseres Planeten durch die Menschen in einem neuen Licht erscheinen lässt. Wir tasten uns voran, prüfen wissenschaftliche Paradigmen und überlegen, wie wir die neuen Ergebnisse, die Prähistoriker, Paläoanthropologen und Genetiker mit großem Aufwand erzielen, interpretieren können. Dieser Austausch ist für mich immer wieder eine ganz besondere Erfahrung. Wie alle Kollegen in meinem Forschungsumfeld bin ich äußerst zurückhaltend, aber zugleich verleiht mir die Haltung des Wissenschaftsjournalisten, der ebenfalls vorsichtig urteilt, mehr Freiheit. Ich wage deshalb ohne Scheu, kühne Hypothesen in Betracht zu ziehen, auf die François ohne die üblichen Reflexe meiner Kollegen reagiert, und auch er macht Vorschläge. Die Bilanz: Wir kommen gut voran.

Das vorliegende Buch ist das Ergebnis von vier Jahren Forschungsarbeit, und es ist an der Zeit, die Schlussfolgerungen unserer großen wissenschaftlichen Untersuchung zum rätselhaften «Denisova-Menschen» zu präsentieren. Am Ende Ihrer Lektüre werden Sie herausgefunden haben, dass im östlichen Eurasien die Evolution den Denisova-Menschen hervorgebracht hat. Diesen Prozess nennen wir «Denisovanisierung», in Anlehnung an den parallel dazu im westlichen Eurasien verlaufenden Prozess der «Neandertalisierung», die zum Neandertaler geführt hat. So wie es im Fernen Westen ein «Neandertal» gab, so gab es im Fernen Osten ein «Denisova». Sie werden außerdem feststellen – was in unserem ersten gemeinsamen Buch, *Der Neandertaler, unser Bruder*, bestätigt wird –, dass die prähistorischen Eurasier sehr lange Zeit «Kulturwesen» waren, die sich an die Umwelt anpassten, in die sie vordrangen. Sie migrierten, vermischten sich mit den Einheimischen, die sie dort antrafen, tauschten Ideen aus und Gene. All diese Merkmale erschweren die Interpretation der asiatischen Fossilien. Doch es besteht kein Zweifel: Es wird auch künftig spektakuläre Entdeckungen geben. Sie werden Aufschluss geben über die Geschichte der Besiedelung Asiens und die Grundzüge der Denisovanisierung bestätigen, die wir im Folgenden darstellen werden. Bis dahin finden Sie hier die denkbar knappste Lösung des Denisova-Geheimnisses.

TEIL I
DER DRITTE MENSCH

Der Denisova-Jäger des Nordens ähnelte im Erscheinungsbild dem Neandertaler.

1 | Das Rätsel

Sommer 2010. Der erste Anpfiff der Fußball-Weltmeisterschaft ertönt in Südafrika. «*This time for Africa!*», singt Shakira. *Diesmal findet es in Afrika statt.* Das trifft für die Fußballfans zu, aber nicht für die Prähistoriker. Merkwürdiges Paradoxon: Während die ganze Welt auf die Wiege der Menschheit schaut, richten sie den Blick nach Asien, auf einen entlegenen Winkel Sibiriens, auf eine Höhle an einem Talhang – die Denisova-Höhle. Dort soll eine bis dahin unbekannte Menschenform aus der Altsteinzeit ihre Nasenspitze, eigentlich ein Fingerglied, gezeigt haben. Jedenfalls behaupten das Forscher des Max-Planck-Instituts für evolutionäre Anthropologie in Leipzig.

Wenn ein Fingerglied ein Frösteln verursacht

In der Urgeschichte ist der Nachweis einer neuen menschlichen Spezies ein seltenes Ereignis. Normalerweise löst eine solche Entdeckung in der Fachwelt Begeisterung aus, wirft jedoch zahlreiche Fragen auf: Wie sind diese Menschen einer fernen Vergangenheit mit den heutigen verwandt? Sind sie unsere Vorfahren? Oder sind sie das Ergebnis eines anderen Zweiges der menschlichen Evolution? Das hatte das Zeug, die Weltgemeinschaft in helle Aufregung zu versetzen.

Doch diesmal war das nicht der Fall. Die Ankündigung der Leipziger Forscher stieß auf einen gewissen Unmut und tiefe Skepsis. Das war ja eine verkehrte Welt! Was war es bloß, das den Paläoanthropologen die

Haare zu Berge stehen ließ? Ein Detail haben wir unerwähnt gelassen: Die Entdecker sind Genetiker. Und ihre Schlussfolgerung stützte sich nicht auf eine anatomische Untersuchung des Fingerfragments, sondern auf die DNA, die sie daraus extrahieren konnten. Praktisch gleichzeitig schockierte das Team auch mit der Veröffentlichung der Neandertaler-DNA und dem Nachweis, dass die Eurasier Neandertaler-Gene geerbt hatten. Also eine neue eurasische Spezies … wirklich? Und dann auch noch allein anhand ihrer DNA? Ohne andere Fossilien als ein Fingerglied? Aber wohin verstiegen sich die Genetiker? Allgemeines Erstaunen unter den Prähistorikern.

Welle auf Welle

So seltsam es auch klingen mag, die Paläoanthropologen hatten dennoch allen Grund, an diese neue Spezies zu glauben. Und zwar einfach deshalb, weil sie eine offensichtliche Lücke im Puzzle der langen Menschheitsgeschichte füllte. Um zu verstehen, welche Lücke das ist, muss man sich vor Augen halten, dass seit mehr als zwei Millionen Jahren von Afrika aus immer wieder Wellen von Menschen nach Eurasien kamen. Diese Populationen trafen auf die Nachkommen der vorherigen Wellen. Vor etwa 70 000 Jahren, als die größte Welle der Gattung *Homo sapiens* Afrika verließ, lebte in Europa seit Hunderttausenden von Jahren eine Spezies: der *Homo neanderthalensis.*

Die Neandertaler waren zäh und kältegewohnt, in Europa hatten sie vier Eiszeiten überstanden. In den Warmzeiten breiteten sie sich in den Nahen Osten und später nach Zentralasien aus. Allerdings waren sie dort nicht schon immer gewesen. Sie stammen von archaischen Menschen ab, die ihrerseits aus Afrika gekommen waren. Diese Vorfahren, die den vorangegangenen großen Migrationsschub repräsentierten, breiteten sich über den gesamten eurasischen Kontinent aus und veränderten sich im Lauf der Zeit körperlich. In Europa entwickelte sich der Neandertaler. Daher traf der *Homo sapiens*, als er von Afrika nach

Norden vordrang, diesen robusten und widerstandsfähigen Menschentypus.

So weit das Szenario im Westen des großen eurasischen Kontinents, aber was geschah auf der anderen Seite, im Fernen Osten? Auf welche Spezies traf der *Homo sapiens* in Asien? Wenn die vorangegangene Welle den Neandertaler in Europa hervorbrachte, hat sie dann nicht zu einer eigenen Menschenform in Asien geführt? Merkwürdigerweise stellte sich im Jahr 2010 die Welt der Paläoanthropologen diese Frage nicht, obwohl in Asien menschliche Fossilien entdeckt worden waren.

Welcher Spezies wurden sie zugeschrieben? Einem der großen Eroberer der Familie der Homininen, dem *Homo erectus*. Diese Menschenform mit kräftigem Körperbau, zum Gehen und Rennen geschaffen, aber noch mit geringer Schädelkapazität, tauchte in Afrika auf und verließ es vor etwa zwei Millionen Jahren. Der *H. erectus* ist unser sehr ferner Vorfahr, da ja Sapiens aus den fernen Nachkommen der in Afrika verbliebenen Populationen hervorgegangen ist.

Man nahm an, *H. erectus* stehe am Beginn der Besiedelung Asiens, finden sich seine fossilen Spuren aus über einer Million Jahren doch in ganz Asien. Mit anderen Worten, im Jahr 2010 stellten sich die Prähistoriker die Dinge folgendermaßen vor: In Asien war der «archaische *H. erectus*» im Lauf einer langsamen und kontinuierlichen Evolution ohne Speziessprünge vom «entwickelten *H. erectus*» abgelöst worden.

Offensichtlich brachte diese Sichtweise eine Asymmetrie zwischen dem östlichen und westlichen Eurasien ins Spiel. In Europa hatte sich der «archaische *H. erectus*» nicht zu einem «entwickelten *H. erectus*» gewandelt, sondern war vielmehr einer deutlich anderen Spezies gewichen: dem Neandertaler! Warum also wurde in Bezug auf Asien das erstaunliche und wenig plausible Szenario einer kontinuierlichen Entwicklung über einen sehr langen Zeitraum hinweg (ein Drittel der gesamten Menschheitsgeschichte!) gegenüber dem Szenario der Entstehung einer neuen Spezies bevorzugt?

Trotz des Eindrucks, dass hier mit «zweierlei Maß» gemessen wurde, ließen sich die Paläoanthropologen nicht beirren: Vor dem Sapiens und bis auf vereinzeltes Eindringen des Neandertalers war der *H. erectus* der einzige Bewohner des riesigen asiatischen Kontinents gewesen. Deshalb runzelten die Paläoanthropologen – gelinde gesagt – die Stirn, als sie von der Entdeckung einer bislang unbekannten Spezies in der Denisova-Höhle erfuhren.

Der zweite Grund für ihre Skepsis war, wie bereits erwähnt, der Umstand, dass dieses Ergebnis aus einem Genetiklabor stammte. Betreut wurden die beiden Forschungsprojekte von dem schwedischen Biologen Svante Pääbo: das eine zu dem in der Denisova-Höhle ausgegrabenen Fragment eines Fingerglieds, das andere zur für die Prähistoriker so verstörenden DNA des Neandertalers. Svante Pääbo, dieser Visionär, ist der Begründer der Paläogenetik, wofür er 2022 den Nobelpreis für Physiologie oder Medizin erhielt in Anerkennung der großen wissenschaftlichen Fortschritte, die er angestoßen hatte.

Svante, du bist krass

Svante Pääbo war der Erste, der glaubte, alte DNA in Fossilien finden zu können; er nahm die Herausforderung an, entdeckte und überwand das größte Hindernis auf diesem Weg: die Kontaminierung. Bei der Veröffentlichung bedeutender paläogenetischer Entdeckungen steht sein Name oft am Ende der Autorenliste. Wer mit der Forschung vertraut ist, weiß, dass bei einer wissenschaftlichen Publikation der erste und der letzte Name auf der Liste der Autoren am relevantesten sind: Ganz oben wird derjenige genannt, der die Arbeit durchgeführt hat, am Ende steht der Name der Person, die die Forschung initiiert, konzipiert und betreut hat. Die Journalisten haben sich daran gewöhnt: Der Name Svante Pääbo ist Ausweis für einen Meilenstein in der Forschung. Heute feiert die Welt seine unschätzbare Leistung, doch wie in vielen Legenden der Wissenschaft hat Svante Pääbo als junger Mann allein begonnen und enorme technische Schwierigkeiten überwunden.

Während seines Studiums in den 1980er Jahren war Svante Pääbo praktisch der Einzige, der daran glaubte, eines Tages alte DNA extrahieren und analysieren zu können. Allein die Hoffnung darauf galt damals als Spinnerei: Nach herrschender Meinung war jedes genetische Material, das älter als ein paar Jahre war, für immer verloren. Und das nicht ohne Grund. Tatsächlich zerfällt die DNA sehr schnell. Insbesondere unter dem Einfluss der natürlichen Strahlung, die die Erdoberfläche umgibt, erfährt sie pro Zelle und Tag Zigtausende Schäden, die zu Lebzeiten ständig repariert werden, nicht aber nach dem Tod. Zur weiteren Zerstörung trägt die nach dem Tod einsetzende Aktivität nekrophager Organismen bei.

In seiner Freizeit führte Svante Pääbo heimlich Versuche an der DNA durch, die er Mumien der ägyptologischen Sammlung des Museums in Uppsala, Schweden, entnommen hatte. Er fügte alle DNA-Teile, die er jeder Mumie entnommen hatte, in der Art eines Puzzles zusammen. Damals war die Polymerase-Kettenreaktion – die berühmte PCR des Covid-Tests (englisch *Polymerase Chain Reaction*) – die einzig mögliche Technik, eine DNA zu rekonstruieren. Doch die Effizienz dieser Methode war begrenzt wegen der Kontamination der Probe durch alle Personen, die damit in Berührung gekommen waren, wie die Einbalsamierer der Leichname im Alten Ägypten, die Archäologen, Museumsangestellten etc.

1984 gelang es Svante Pääbo zum ersten Mal, genetisches Material von Zellen zu isolieren, die er Mumien entnommen hatte. Nach diesem ersten Erfolg widmete er sich unermüdlich dem Kampf gegen die Kontamination der alten DNA durch neue DNA. Ohne uns dessen bewusst zu sein, geben wir Menschen unsere DNA ständig an unsere Umgebung ab. Svante Pääbo entwickelte Methoden, um DNA-Fragmente eines bestimmten Organismus zu erkennen und chemisch zu isolieren, um sie dann mithilfe der Bioinformatik zusammenzubauen.

Im Jahr 1990 hatte die Ludwig-Maximilians-Universität in München den richtigen Riecher, als sie den hervorragenden, damals erst 35-jähri-

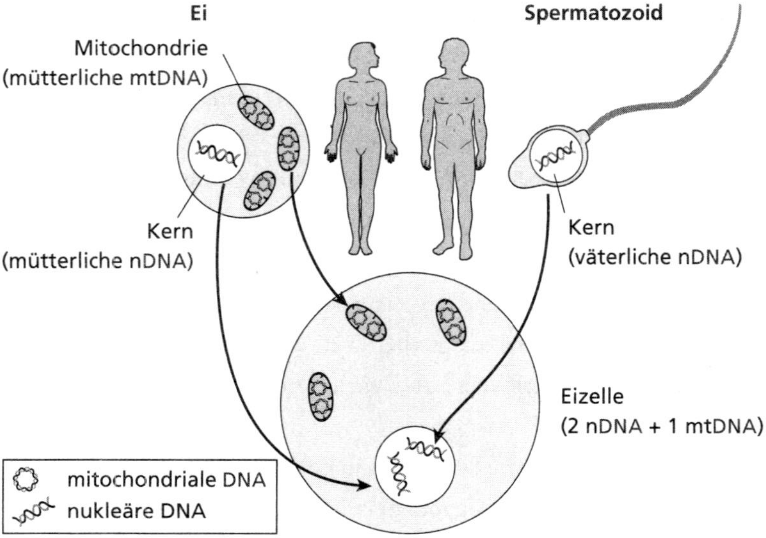

Abb. 1.1: Wie die Pflanzen und Tiere besitzen auch die Menschen zwei Arten von DNA: nukleäre DNA (nDNA), die von beiden Elternteilen vererbt wird, und mitochondriale DNA (mtDNA), die nur in weiblicher Linie vererbt wird – das Spermatozoid enthält auch Mitochondrien, die jedoch nicht auf die Eizelle übertragen werden, aus der sich das Kind entwickelt. Das männliche Y-Chromosom der Säugetiere wird nur in der männlichen Linie weitergegeben.

gen Forscher berief. Mithilfe der von ihm entwickelten Techniken gelang es Svante Pääbo, nicht kontaminierte DNA aus dem Arm eines Neandertalers zu extrahieren und daraus eine Abfolge von 379 Basen zu rekonstruieren.

Wie Pflanzen und Tiere besitzt auch der Mensch zwei Arten von DNA: die Kern-DNA, die von beiden Elternteilen weitergegeben wird, und die Mitochondrien-DNA (mtDNA), die nur in weiblicher Linie vererbt wird. Die Samenzelle enthält zwar Mitochondrien, die aber nicht an die Eizelle weitergegeben werden, aus der sich der Embryo entwickelt. Das männliche Y-Chromosom der Säugetiere wird nur innerhalb der männlichen Linie vererbt.

Diese Basen, die in den Zellkernen – den Molekülen, aus denen die DNA besteht – enthalten sind, waren Teil eines Rings aus 16 569 Basen, der mitochondrialen DNA des Neandertalers aus dem Neandertal. Die Fortschritte des Teams von Svante Pääbo waren so vielversprechend, dass die Deutsche Forschungsgemeinschaft das Max-Planck-Institut für evolutionäre Anthropologie in Leipzig gründete, mit umfangreichen technischen, personellen und finanziellen Mitteln ausstattete und Pääbo zum Direktor der Abteilung für Genetik ernannte. Wir werden dieses Max-Planck-Institut für evolutionäre Anthropologie (MPI-EVA) im Folgenden oft erwähnen, da es eine wichtige Rolle in der Paläoanthropologie spielt.

Um das Jahr 2000 machten sich Svante Pääbo und sein Team mit den von ihnen entwickelten Methoden auf den Weg, der sie eines Tages zu einer wissenschaftlichen Sensation führen sollte. Sie machten sich an die vollständige Sequenzierung des mitochondrialen Genoms einer anderen Spezies: des Neandertalers. Im Jahr 2006 organisierte Silvana zusammen mit anderen in Bonn einen großen Kongress unweit des Neandertals, wo im Jahr 1856 das erste Neandertaler-Fossil gefunden worden war. Die Prähistoriker, die anlässlich des 150. Jahrestags dieser Entdeckung zusammengekommen waren, erwarteten die Präsentation von Ergebnissen zur Genetik des Neandertalers, vielleicht sogar die vollständige Sequenzierung seiner mitochondrialen DNA, wobei diejenige seiner Zellkern-DNA noch in den Sternen zu liegen schien.

Warum? Der Mensch besitzt zwei Genome: das eine, die bereits erwähnte mitochondriale DNA, ist in den Hunderten bis Tausenden Mitochondrien unserer Zellen enthalten, den kleinen Zellorganellen, die den größten Teil der Zellenergie produzieren; das andere, die Zellkern-DNA, ist nur einmal im Zellkern enthalten. Während das 3,2 Milliarden Basenpaare umfassende System des letztgenannten Genoms in jeder Generation durch die Verbindung der beiden Hälften der Zellkern-DNA jedes Elternteils gebildet wird, ist der Ring der 16569 Basen der mitochondrialen DNA in den Mitochondrien der Eizelle enthalten, sodass er von der Mutter unverändert an das Kind weitergegeben wird. Die Untersuchung der mtDNA ermöglicht also die Rückverfolgung der weiblichen Linie und nur diese, während die Untersuchung des geschlechtsbestimmenden Teils des Zellkern-Genoms – des Y-Chromosoms – die Ermittlung der männlichen Linie erlaubt.

Sensation in der Zellkern-Forschung

Im Jahr 2006 schien die Sequenzierung der Zellkern-DNA des Neandertalers noch undenkbar, ebenso wie die seiner mitochondrialen DNA. Doch auf dem Kongress verkündete Svante Pääbo, dass sein Labor bereits an der Sequenzierung des gesamten Neandertaler-Genoms arbeite. Nachdem die vollständige Sequenzierung des Genoms des *Homo sapiens* erst 2004 abgeschlossen worden war, nach 15 Jahren enormer internationaler Anstrengungen, die mit drei Milliarden Dollar finanziert worden waren, versetzte die Ankündigung Pääbos alle Kongressteilnehmer in Erstaunen. Man hatte damit gerechnet, dass eine Sequenzierung des Neandertaler-Genoms sehr lange dauern würde. Die Forscher entwickelten jedoch neue Methoden, die so effizient waren, dass nach knapp zwei Jahren die mitochondriale DNA eines ersten Neandertalers vorlag. Im Jahr 2009 folgten die mitochondrialen DNAs von fünf weiteren Neandertalern. Sie alle bestätigten die Vermutung der Paläoanthropologen, dass *Homo sapiens* und *Homo neanderthalensis* zwei verschiedene Spezies waren, die sich nicht vermischen konnten.

Sie lagen falsch: Inzwischen waren die Sequenziergeräte so effizient geworden, dass nach nur zwei Jahren, am 7. Mai 2010, das Team der MPI-EVA und das von David Reich von der Harvard-Universität gemeinsam 60 % der Neandertaler-Zellkern-DNA in der Zeitschrift *Science* veröffentlichen konnten. Eigentlich handelte es sich um das Genom einer Art «Neandertaler-Chimäre», die durch die Kombination von DNA-Spuren von drei Knochenfragmenten aus der Vindija-Höhle in Kroatien gewonnen worden war.

Es wurde erwartet, dass die Zellkern-DNA des Neandertalers bestätigen würde, dass *H. neanderthalensis* und *H. sapiens* sich nicht vermischen konnten, doch sie offenbarte das Gegenteil, was David Reich mit folgenden überraschenden Worten verkündete: «Wir können nun sagen, dass es aller Wahrscheinlichkeit nach einen Gentransfer zwischen Neandertalern und Menschen gegeben hat.»

Menschen? Hier ist eine kurze Nachfrage angebracht: In seiner Erklärung scheint Reich Neandertaler und «Menschen» einander gegenüberzustellen. In der Tat neigen Englisch Sprechende dazu, den Begriff *human* dem *H. sapiens* vorzubehalten. Wir hingegen verwenden diesen Begriff zur Bezeichnung aller Formen der Gattung *Homo*.

So änderte im Jahr 2010 eine neue Erkenntnis möglicherweise alle bisherigen Interpretationen von Fossilien: Sapiens und Neandertaler konnten sich vermischen. Und sie haben sich vermischt: Die Paläogenetiker schätzen, dass die Genome der heutigen Eurasier zwischen 1 und 4 % Neandertaler-DNA enthalten. Unter «Eurasier» verstehen wir nicht etwa ein Individuum, das einen europäischen und einen asiatischen Elternteil hat, sondern einfach einen Bewohner Eurasiens, dieses Superkontinents aus der Verbindung Europas und Asiens.

Dank dieser und weiterer Arbeiten wissen wir jetzt mit Sicherheit, dass die heutigen Eurasier mehrere frühe Menschen, darunter die Neandertaler, als Vorfahren hatten. Das bedeutet, dass die Vertreter der Hauptwelle der Sapiens, die vor etwa 70 000 Jahren Afrika verließen, auf ihrem Weg nicht nur Neandertalern begegneten, sondern sich mit ihnen vermischten, Neandertaler-Gene erwarben und dabei nur die nützlichsten unter ihnen behielten. Man schätzt heute, dass das gesamte eurasische Genom nicht weniger als 30 % Neandertaler-Genom enthält, was eine ganze Menge ist.

Im Jahr 2010 wusste man das noch nicht. Beharrend auf ihren traditionellen Arbeitsmethoden, betrachteten die Paläoanthropologen diese verstörenden Resultate mit Misstrauen. In den vergangenen 170 Jahren hatten sie anhand von Knochen und Zähnen biologisches Wissen über den Frühmenschen gesammelt. Im Jahr 2010 nahmen sie gerade einmal zur Kenntnis, dass die Genetiker nunmehr auch in der Urgeschichte mitzureden hatten, jedoch mittels undurchsichtiger und schwer verständlicher Techniken. Das war nicht leicht zu akzeptieren.

Tatsächlich hatten die Prähistoriker noch nicht begriffen, wie bedeutend dieser Vorgang war: Dank der Entwicklungen der industriellen DNA-Sequenzierung und der Rechenleistung der Bioinformatik konnte man nun die Genome paläolithischer Populationen erforschen und biologische Kenntnisse dazu gewinnen. Und sie hatten das noch nicht geschluckt, als am 22. Dezember 2010 dasselbe Team eine bis dahin völlig unbekannte menschliche Zellkern-DNA präsentierte, extrahiert, wie sie sagten, aus einem Fingerglied, gefunden in einer Höhle im russischen Teil des Altai-Gebirges. Eine Ungeheuerlichkeit!

Paläogenetische Zumutung

Das winzige Stückchen Knochen gehörte offensichtlich zu einem jugendlichen Individuum, denn es war noch nicht mit dem übrigen Fingerglied verwachsen. Etwa ein Quadratzentimeter lieferte genug genetisches Material, um die mitochondrialen und nukleären Sequenzen wiederherzustellen und das Geschlecht zu bestimmen. Svante Pääbo und David Reich betonten, dass das Mädchen nicht vom *H. erectus* abstammte. Dieser Befund war umso frappierender, als er aus einem Knochen gewonnen worden war, den die Paläoanthropologen nicht einmal einer bekannten Spezies hätten zuordnen können.

Die Situation war ein Novum in der Paläoanthropologie. Zum ersten Mal wurde eine neue Menschenform – der Denisova-Mensch – nicht anhand von Fossilien, sondern mittels seiner Gene identifiziert. Nach der Veröffentlichung der mitochondrialen Denisova-DNA zeigte sich auch Svante Pääbo «höchst überrascht» und erklärte, erst nach der Sequenzierung der Zellkern-DNA könne man sicher sein, dass es sich tatsächlich um eine neue menschliche Spezies handle. Es dauerte nur bis zum Dezember 2010, bis der Denisovaner auch mit seiner Zellkern-DNA auf der Bühne der Urgeschichte erschien.

War diese Entdeckung glaubwürdig? Die Paläogenetik steckte noch in den Kinderschuhen, und schon behaupteten ihre Pioniere, eine neue menschliche Spezies entdeckt zu haben, und zwar unter Einsatz von viel Know-how in den Bereichen Chemie, Genetik, statistischer Mathematik und Informatik. Die Mitteilung der Paläogenetiker war eindeutig, man musste mit ihr leben, sie entweder widerlegen oder aber bestätigen.

Den Ort der Entdeckung, die Denisova-Höhle, kannten nur wenige Prähistoriker, die sich mit Zentralasien beschäftigten. Diese Kenner der bemerkenswerten sowjetischen Ur- und Frühgeschichte im Altai-Gebirge erinnerten sich, dass im Innern der weniger als 100 Kilometer von Denisova entfernten Höhlen Neandertalerfossilien gefunden worden waren. Gehörte das Mädchen von Denisova also zu einer neuen Spezies, oder hatte man es nicht vielmehr mit einer neuen Variante des Neandertalers zu tun? Oder war es vorstellbar, dass Neandertaler, falls es sich tatsächlich um eine neue Spezies handelte, ihr begegnet waren? Dass sie leibhaftig auf «Denisovaner» gestoßen waren?

Die erste Reaktion auf die Entdeckung war daher der Zweifel. Zahlreiche Paläoanthropologen, und nicht die unbedeutendsten, rieten zu äußerster Vorsicht angesichts der Schlussfolgerungen der Paläogenetiker. Michel Brunet, der Entdecker des *Sahelanthropus*, eines vormenschlichen Zweibeiners, der unter dem Namen «Toumaï» bekannt wurde und vor etwa 7 Millionen Jahren lebte, erklärte zum Beispiel:

> «Man muss sich unbedingt Zeit nehmen! Wären sie Kollegen meines Forschungsteams, würde ich sie sofort an Ort und Stelle schicken, wo sie versuchen sollten, weitere Knochen zu finden, um diese interessante Nachricht zu untermauern. Das soll nicht heißen, dass ich kein Vertrauen in diese Arbeit habe: Svante Pääbo ist ohne jeden Zweifel einer der welt-

> weit führenden Spezialisten auf seinem Gebiet. Aber bis neue Entdeckungen gemacht werden, ist es wohl besser, Vorsicht walten zu lassen.»

Sind den Paläogenetikern die spektakulären Erfolge der Anwendung ihrer Techniken auf Fossilien zu Kopf gestiegen, sind sie zu weit gegangen? Wer waren die angeblichen Denisovaner, von denen kein oder kaum fossiles Material zur Verfügung stand? Gab es sie überhaupt?

Ein asiatischer Bruder?

Der Nachweis des Denisova-Menschen war eine wissenschaftliche Glanzleistung, doch so aufsehenerregend dieser Durchbruch erscheinen mag, die eigentliche Bedeutung lag woanders. Mithilfe ihrer leistungsstarken Computer hatten die Forscher den Stammbaum berechnet, der am wahrscheinlichsten die mitochondriale DNA des Sapiens, des Neandertalers und des Denisovaners miteinander verbindet. Was kam dabei heraus? Es scheint, dass die Vorfahren der drei Spezies – weit entfernt davon, von *H. erectus* abzustammen – sich vor ungefähr einer Million Jahre getrennt haben. Wahrscheinlich war es für die Paläoanthropologen noch zu früh, um die Bedeutung dieses Datums zu erkennen, aber es zeichnete sich bereits ab, dass der Denisovaner eine Art «Neandertaler Asiens» war, der auf der Landkarte Eurasiens die gleiche Rolle spielte wie der Neandertaler in Europa.

Wenn der Denisovaner nicht von *H. erectus* abstammte, woher kam er dann? Aus Afrika? Aus einer in Asien isolierten Population, die eine lange genetische Drift hinter sich hatte? Diese Fragen erschienen umso rätselhafter, als man aus der Veröffentlichung vom 22. Dezember 2010 außerdem erfahren hatte, dass die Zellkern-Genome einiger Asiaten Denisova-DNA enthielten.

Im Jahr 2010 schien es unwahrscheinlich, dass Klarheit in diesen Informationen geschaffen würde, da die Lage so unübersichtlich war, auch wenn die Prähistoriker sehr wohl merkten, dass bedeutende Entdeckungen zu erwarten waren. Nun wusste man, dass in Eurasien im Paläolithikum zwei unterschiedliche Menschenformen nebeneinander existiert hatten: Neandertaler, der Europäer, und Denisovaner, der Asiate, ein Neuankömmling, der genetisch nicht zu leugnen, paläontologisch aber nicht existent war.

Und wie ist die Lage heute? Nach mehr als einem Jahrzehnt haben sich die Prähistoriker von ihrem Schrecken erholt und erkennen die neue asiatische Menschheit an. Diese kollektive Einsicht geht allerdings unweigerlich mit einer ganzen Reihe neuer Fragen einher: Wie sah der Denisova-Mensch aus? Was war seine Lebensweise? Wie hat er sich an die kalten Regionen angepasst? Welches genetische Erbe hat er den heutigen Bevölkerungen Asiens hinterlassen? War dieses Erbe vorteilhaft oder nachteilig?

Auch wenn das Rätsel Denisova bis heute noch nicht vollständig gelöst ist, glauben wir, dass wir die meisten Unklarheiten beseitigt haben. Um die wahre Natur dieses frühen asiatischen Menschen zu enträtseln, müssen wir zunächst zu der Höhle zurückkehren, in der alles begann. Wir nehmen Sie dorthin mit.

Die Denisova-Höhle, komfortables Quartier in den Bergen für die Menschen, wurde auch häufig von Hyänen frequentiert.

2 | In der Denisova-Höhle

Sibirien. 150 Kilometer von der Bergbaustadt Barnaoul entfernt schlängelt sich ein Fluss durch Wiesen und Kiefernwälder, die an eine alpine Landschaft erinnern. Der Fluss bahnt sich seinen Weg durch das Altai-Gebirge. Dieses fast 2000 Kilometer lange Gebirge zwischen Kasachstan, der russischen Republik Altai, der Mongolei und der autonomen Region der Uiguren in der Volksrepublik China war seit Urzeiten eine Drehscheibe von Völkern und Sprachen. Hier, im grünen Tal des Sibiryachikha, sind wir in den hügeligen Ausläufern des Bergmassivs. An einer Biegung des Flusses erkennt man an einem Felsabhang eine dunkle Vertiefung.

Die Höhle ist bei den Altaiern – der turksprachigen Bevölkerung, die schon lange in der Region lebt – als «Bärenfels» bekannt. Die Russen nennen sie *Denísova peshchéra*, d. h. die «Höhle von Denis». Der lokalen Tradition zufolge soll dort ein «Altgläubiger» als Einsiedler gelebt haben, der sich der Mitte des 17. Jahrhunderts eingeführten Reform der orthodoxen Kirche widersetzte. Nette Geschichte, aber denkbar ist auch, dass der Name von Denisous, einem Hirten, herrührt, der die Höhle zu seinem Schafstall machte.

Warum entschieden sich prähistorische Menschen eines Tages dazu, an dieser Stelle zu siedeln? Weil die Frühmenschen im Allgemeinen den Tälern folgten, deren Wasserläufe die Tiere anlockten und wo sie Kieselsteine fanden, die ihnen zur Herstellung von Werkzeugen dienten. In der Denisova-Höhle fanden sie ein luxuriöses Chalet – na ja, nach paläolithischen Maßstäben! Die drei großen Räume mit hohen Decken haben eine Gesamtfläche von 270 Quadratmetern. Hier konnte es sich die Sippe gemütlich machen – sobald die Hyäne, die die Stelle besetzt hatte, vertrieben worden war.

Im Boden eines dieser Räume wurde das Knochenfragment freigelegt, das die Phantomspezies offenbarte. Obwohl es anfangs an fossilem Material mangelte, lieferte die Fundstelle wertvolle Informationen über den Denisova-Menschen, seinen Alltag sowie den geografischen und klimatischen Kontext, in dem er lebte. War die Nähe des Flusses der einzige Grund, warum er sich gerade dort niederließ? Lebten die Denisova-Menschen allein in diesem Felsunterstand oder trafen sie dort auf andere urgeschichtliche Menschen? Die Umstände der Entdeckung des winzigen Knochenstücks und die anschließenden Ausgrabungen in der Höhle gaben Antworten auf diese und andere Fragen.

Altai, bereits damals eine Drehscheibe

Die Durchschnittstemperatur der auf 700 Meter Höhe gelegenen Denisova-Höhle beträgt 0 Grad Celsius. Ziemlich kalt für ein Luxus-Penthouse! Aber für die Frühmenschen, die dort wohnten, war diese Temperatur angenehm – jedenfalls verglichen mit der Kälte, die im Winter häufig draußen herrschte. In den Zwischeneiszeiten – den «warmen» Perioden zwischen zwei Eiszeithöhepunkten – herrschte nämlich ein ähnliches kontinentales Klima wie heute, mit Temperaturen von -20 Grad Celsius im Winter und bis zu 25 Grad Celsius im Hochsommer.

Die Anwesenheit prähistorischer Jäger und Sammler in diesen Bergen mag angesichts des rauen Klimas überraschen. Im Altai-Gebirge können nur Menschen überleben, die sich vor der Kälte zu schützen wissen. Sie mussten Schuhe tragen, um im Schnee zu laufen, sie mussten das Feuer beherrschen, sich Kleidung anziehen oder sich mit Tierfett einschmieren, um Kälte und Feuchtigkeit zu widerstehen, außerdem mussten sie die Höhlen kennen, in die sie sich im Winter zurückziehen konnten. Der

Denisova-Mensch beherrschte das alles, ebenso wie seine eurasischen Zeitgenossen.

In der Tat ist der Altai eine Drehscheibe, wo sich zu allen Zeiten verschiedene Bevölkerungen begegneten. In diesen Bergen gibt es zahlreiche Höhlen, in denen Neandertaler überwinterten, die sich im Sommer im Freien aufhielten. Die Höhle von Ust-Kanskaya und die im Freien gelegene Fundstelle von Kara-Bom liegen 60 bzw. 100 Kilometer von der Denisova-Höhle entfernt. So sind die Böden der Höhle von Chagyrskaya (70 km von Denisova entfernt) und der von Okladnikov (100 km), die vor 60 000 bis vor 44 000 Jahren besiedelt waren, mit bearbeiteten Steinen und Neandertal-Fossilien gespickt. Beiläufig sei erwähnt, dass die Okladnikov-Höhle nach dem großen russischen Prähistoriker Aleksei Okladnikov (1908–1981), dem Pionier der Archäologie im Altai, benannt ist (s. Foto auf S. 35). In der Höhle von Ust-Kanskaya (oder Ust-Kansky) im Tal des Tscharysh zeugt die Zerlegung mehrerer Rinder- und Pferdekadaver von der Anwesenheit von Neandertalern in Sibirien vor ungefähr 50 000 Jahren.

Der Zentral-Altai wurde auch von einer dritten Population aufgesucht: der unseren! Die im Freien gelegene Fundstelle von Kara-Bom ist eine der ältesten Stellen, die die Ankunft von Werkzeugkulturen des Jungpaläolithikums in dieser Region belegen, also in erster Linie die Ankuft des *H. sapiens.* Der älteste Beweis für die Anwesenheit unserer Spezies in hohen Breitengraden – der Mittelteil eines Oberschenkelknochens – stammt von einem Ort namens Ust'-Ishim, etwa 1000 km nordwestlich am Ufer des Irtysch gelegen.

In welchem Jagdgebiet entwickelten sich all diese Menschen? Die Verteilung der prähistorischen Fundstätten im Altai zeigt, dass die Jäger und Sammler sich über große Entfernungen entlang der Wasserläufe bewegten. Während die frühesten prähistorischen Populationen im Altai etwas weniger mobil waren, nimmt die Häufigkeit der Ortswechsel mit der Zeit zu, ganz besonders ab etwa der Zeit vor 43 000 Jahren, also mit dem *H. sapiens.* Es gab Orte, an denen offensichtlich vorzugsweise bestimmte Aktivitäten stattfanden wie die Herstellung von Werkzeugen, die Zerlegung von erbeuteten Tieren etc. Dies galt sowohl für die Jäger und Sammler des *H. sapiens* als auch für die Neandertaler oder die Denisova-Menschen.

In der Denisova-Höhle stammt der Stein, aus dem die Werkzeuge hergestellt wurden, aus den Flüssen der Umgebung. Die geringe Qualität der Werkzeuge zeugt vom opportunistischen Verhalten der Jäger und Sammler: Sie bevorzugten vor allem Gebiete mit reichlich Wild und ließen sich dort nieder, auch wenn es dort kaum Rohstoffe gab. Dafür garantierte das Flussnetz, innerhalb dessen sich die Menschen (auch die Denisovaner) leichter fortbewegen konnten, eine Versorgung mit Steinmaterial auch noch bei Schneefall.

Verdammte gefräßige Hyänen!

Diese Belegungen zeugen von einer sehr frühen Anwesenheit von Menschen in dieser Region im Norden Eurasiens. Die sowjetischen Prähistoriker Aleksei Okladnikov und Anatoli Derevjanko von der Staatlichen Universität Nowosibirsk erkannten dies schon sehr früh, nicht jedoch ihre Kollegen im Westen, die kein Russisch lesen konnten.

Die Erforschung der Denisova-Höhle begann in den 1970er Jahren, die ersten Ausgrabungsberichte gelangten jedoch erst zehn Jahre später über die Grenzen der UdSSR hinaus. Darin werden Zehntausende Steinwerkzeuge und Knochenfragmente aufgeführt, die meisten von Hyänen angenagt und verdaut.

Dass vielfach Hyänen vor Ort waren, mag ein Detail sein, doch das spielte eine bedeutende Rolle. Wenn Hyänen trächtig sind, brauchen sie einen ruhigen Ort, wo sie Knochen abnagen können, um das für das Wachstum des Embryos notwendige Kalzium aufzunehmen. Aufgrund dieses Zermahlens und der unablässigen Trittbelastung durch die Höhlenbewohner bestehen die Zehntausende hier geborgener Fossilien überwiegend aus höchstens einem Zentimeter großen Knochenstück-

Abb. 2.1: Im Jahr 1971 trafen sich die Archäologen aus dem nördlichen Fernen Osten in Ulan Bator, der Hauptstadt der Mongolei. Aleksei Okladnikov (1908–1981), der bekannte Experte für russische Urgeschichte (Zweiter von rechts), leitete jahrzehntelang die Ausgrabungen im Altai-Gebirge. Die Arbeiten Anatoli Derevjankos (ganz links hinten, mit Baskenmütze) werden in diesem Buch ausführlich erwähnt.

chen; und diese winzigen Fragmente sind von den Verdauungssäften zu stark angegriffen, als dass sie einer Spezies zuzuordnen wären. All dies sind Umstände, die uns um identifizierbare Knochenreste gebracht haben. Verdammte Hyänen …

Es war offensichtlich, dass die Höhle in weit zurückliegenden Zeiten bewohnt war, doch mangels gut erhaltener Knochen konnten die Prähistoriker nicht bestimmen, von wem. War der Neandertaler vor Ort, *H. sapiens* oder noch andere Menschen? Man hatte lediglich eine ungefähre Vorstellung von der allgemeinen Chronologie der Besiedelung dieser Region.

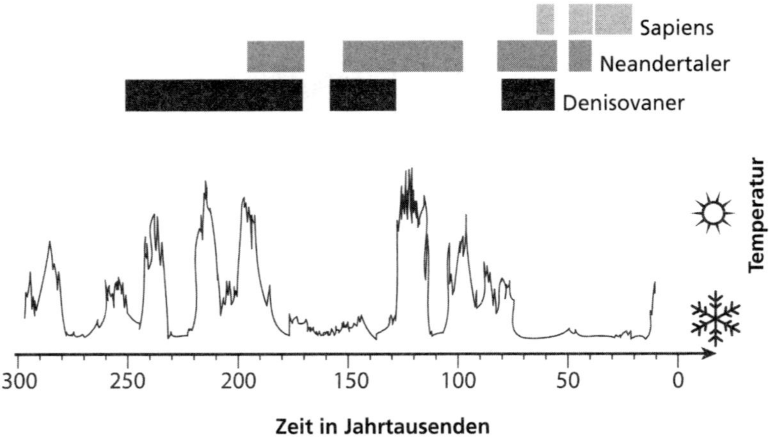

Abb. 2.2: Die Besiedelung der Denisova-Höhle durch Neandertaler, Denisovaner und Sapiens im Lauf der letzten 300 000 Jahre.

Ebenso wie die Details der Ausgrabungen im Altai erreichten auch die zeitlichen Abläufe in diesem Gebiet die Wissenschaftler im Westen erst mit Verzögerung. Der Mangel an brauchbarem fossilem Material sowie der Umstand, dass die ersten Veröffentlichungen nur auf Russisch erschienen, führten dazu, dass die an sich so bedeutsamen Entdeckungen in der Denisova-Höhle zunächst wenig Beachtung fanden. Erst 1999, nach dem Fall des Eisernen Vorhangs, erklärte Stanislav Arkhipov vom Vereinigten Institut für Geologie, Geophysik und Mineralogie von Nowosibirsk dem nicht-russischsprachigen Publikum die mutmaßlichen Daten der Ankunft der ersten Sibirier. Wie zu erwarten war, stellte sich heraus, dass die Region erst während der warmen Zwischeneiszeiten von Menschen besiedelt wurde.

Zu Beginn erinnerte Stanislav Arkhipov daran, dass Anatoli Derevjanko auf eine erste sporadische Besiedlung im Altai durch die Menschen (*H. erectus?*) hingewiesen hatte, die durch vor 800 000 Jahren bearbeitete Steine belegt war; danach hob er fünf aufeinanderfolgende Besiedelungen hervor, die jeweils in Zwischeneiszeiten erfolgten, und zwar in den Zeiträumen von 424 000 bis 374 000 Jahren, von 337 000 bis 300 000 Jahren, von 243 000 bis 191 000 Jahren, von 123 000 bis 109 000 Jahren und schließlich von 100 000 Jahren bis zur Ankunft unserer Spezies vor etwa 50 000 Jahren.

DNA-Kühlschrank

Während der Hunderttausende von Jahren der Besiedelung blieb die Durchschnittstemperatur in der Denisova-Höhle nahe 0 Grad Celsius, wodurch die DNA der Knochenfragmente konserviert wurde. Doch von welcher «Konservierung» sprechen wir? Selbst in den Knochen hält sich die DNA nicht ohne Weiteres, und was davon übrig bleibt, geht ohnehin im genetischen Material von Bakterien, Pilzen und allen Bodenorganismen unter, die sich nach dem Tod von Lebewesen von deren Substanz ernähren.

Während mitochondriale DNA weit häufiger gefunden werden kann, ist dies bei Zellkern-DNA nur unter außergewöhnlichen Erhaltungsbedingungen möglich, z. B. in der Kälte, die in der Denisova-Höhle herrscht. Die paläogenetische Bedeutung der Höhle war daher weder den russischen Prähistorikern von Nowosibirsk noch den Paläogenetikern des MPI-EVA in Leipzig entgangen, die stets auf der Suche nach Fossilien sind, die DNA enthalten könnten. So kam es, dass Anatoli Derevjanko im Jahr 2008 ein Knochenfragment aus der Höhle an Svante Pääbo übergab.

Der Knochen, dessen Alter heute auf 52 000 bis 76 000 Jahre geschätzt wird, misst nur 5 auf 7 Millimeter und macht lediglich 40 Gramm einer Epiphyse des ersten Gliedes des kleinen Fingers aus. Nach dem üblichen Vorgehen wurde das Stück als *Denisova 3* bezeichnet: Der Name der Fundstelle wird mit einer Ziffer versehen, die das Fossil (oder eine Gruppe von Fossilien, die demselben Individuum zugeordnet werden) identifiziert; *Denisova* bezeichnet hier also nicht die Spezies, zu der es gehört, die ebenso gut ein Neandertaler sein könnte. Zur gleichen Zeit wurde ein weiterer Menschenknochen gefunden: eine Diaphyse, d. h. der längere Teil eines Röhrenknochens (der, wie es sich herausstellte, zum selben Fingerglied gehörte) mit den Maßen 15 auf 7 Millimeter.

Die russischen Prähistoriker hatten gleich entschieden, dass es sich um Knochenfragmente eines Menschen handelte. Sie gehörten zu einem ziemlich jungen Individuum. Beim anatomisch modernen Menschen verschmelzen die Fingerknochen und -knorpel erst im Alter von etwa 16 Jahren. Weil die Adoleszenz beim Frühmenschen sehr früh einsetzt, wurde das Alter der Toten von *Denisova* auf 3 bis 12 oder 13 Jahre geschätzt. In seinem Buch *Die Neandertaler und wir: meine Suche nach den Urzeit-Genen* erklärt Svante Pääbo, dass *Denisova 3* so klein war, dass er wenig Hoffnung hatte, darin genügend DNA zu finden: «Der Knochen war winzig, und ich hatte ihm nicht viel Bedeutung beigemessen; ich hatte mir nur gedacht, wir würden irgendwann in Zukunft, wenn wir Zeit hätten, einmal überprüfen, ob er DNA enthielt», berichtet er, weil ihm das armselige Stück Fingerknochen auf seiner Liste der zu bearbeitenden Fossilien nicht als vorrangig erschien.

Dabei enthielt der kleine Knochen genug DNA, um ein gesamtes Genom zu rekonstruieren. *Denisova 3* brachte den Beweis: Eine dritte Menschenart hatte Eurasien in der Altsteinzeit besiedelt, zugleich mit dem *H. neanderthalensis* und dem *H. sapiens*.

Ein Detail am Rande: Im Jahr 2009 hatten Ausgräber in der Höhle das Fossil *Denisova 3* halbiert: Das kleinere Stück wurde an das MPI-EVA geschickt, das größere Fragment (die Diaphyse) an die Universität Berkeley ausgeliehen. Da das «große Stück» nicht vielversprechend aussah, wurde es nicht auf DNA-Spuren untersucht und geriet so in Vergessenheit, bis es nicht mehr identifiziert werden konnte. Als allerdings die Denisova-Spezies entdeckt wurde, erwies sich diese Schlamperei als eine Ungeheuerlichkeit. Ein russisch-französisches Team um die Genetikerin Eva-Maria Geigl vom Institut Jacques-Monod in Paris machte sich daran, das Stück anhand seiner mtDNA zu identifizieren, wodurch es gelang, die beiden Fragmente von *Denisova 3* zu einem annähernd vollständigen Knochen

Abb. 2.3: Die Ausgrabungen in der Denisova-Höhle erfolgen im Ganzkörperanzug, denn es ist kalt in diesem DNA-Kühlschrank!

zusammenzufügen, der, wie sich herausstellte, eher dem Fingerglied eines Sapiens als dem eines Neandertalers ähnelte. In Kapitel 12 werden wir sehen, dass andere Teile des Denisova-Skeletts eher Sapiens- als Neandertaler-Merkmale besitzen.

Schwer zu glauben

Wie bereits mehrfach erwähnt, löste die Veröffentlichung der Ergebnisse des MPI-EVA einen allgemeinen Wirbel aus: Die Prähistoriker taten sich schwer, einen «dritten Menschen des Pleistozäns» anzuerkennen, der allein durch die DNA definiert wurde: Da es das Konzept einer *genetischen Spezies* nicht gab, kannten (und anerkannten) sie nur solche paläontologischen Spezies, die anhand ihrer Knochenformen bestimmt wurden.

Es wurde versucht, das Problem zu umgehen. Die geografische Position von Denisova veranlasste einige, eine «asiatische Spielart» des Neandertalers vorzuschlagen. Andere argumentierten, es handle sich um genetisches Material, das zu der schon längst in China identifizierten paläontologischen Spezies des *H. erectus* passte. Sie erklärten, «*entwickelte H. erectus*» hätten sich nach Sibirien zurückgezogen, «bedrängt» von unseren Sapiens-Vorfahren, die sich aggressiv in Asien festsetzten, nachdem sie mit der Hauptwelle vor 60 000 bis 45 000 Jahren Afrika verlassen hatten.

Die eindrucksvolle Größe der in der Höhle entdeckten Zähne bestärkte sie in dieser Annahme. Im Jahr 2008 wurde ein großer dritter oberer Backenzahn zutage gefördert, der den Eindruck der Makrodontie noch verstärkte. Seine Untersuchung sowie die des Backenzahns von *Denisova 4* (ein 2. und ein 3. oberer Backenzahn) machten sein erstaunliches Volumen deutlich: Alle Kronen, Wurzeln und Zahnreliefs etc. erwiesen sich als viel größer als diejenigen, die man vom *H. neanderthalensis* oder vom *H. sapiens* kannte.

Diese Makrodontie, ja sogar Megadontie, ist umso auffälliger, als die Kauflächen eine komplexe Morphologie aufweisen: Sie tragen sechs oder sieben Zahnhöcker, was darauf hindeutet, dass sie für das Kauen zäher Pflanzen geeignet waren. Sie ähneln denen des *H. erectus* von Sangiran auf Java, der den 2023 veröffentlichten Arbeiten zufolge während der feuchten Jahreszeit die vielen verfügbaren energiereichen Pflanzen (Gräser, Früchte) und auch in den Trockenzeiten weniger energiereiche und zähe Pflanzen verzehrte, die lange zerkaut werden mussten, um Nährstoffe daraus zu gewinnen.

Die Merkmale dieser Zähne legen nahe, dass sich die Denisova-Population vor allem in den Tropen entwickelt hat, wie der *H. erectus*. Ist dies vielleicht der Grund, warum manche Paläoanthropologen trotz der genetischen Beweise darauf beharrten, im Denisova-Menschen einen «*entwickelten H. erectus*» zu sehen? Wie auch immer, das Misstrauen war bei so erfahrenen Forschern ganz natürlich. Doch die Entdeckung anderer Genome sowie die Tatsache, dass Neandertaler und Denisova-Mensch

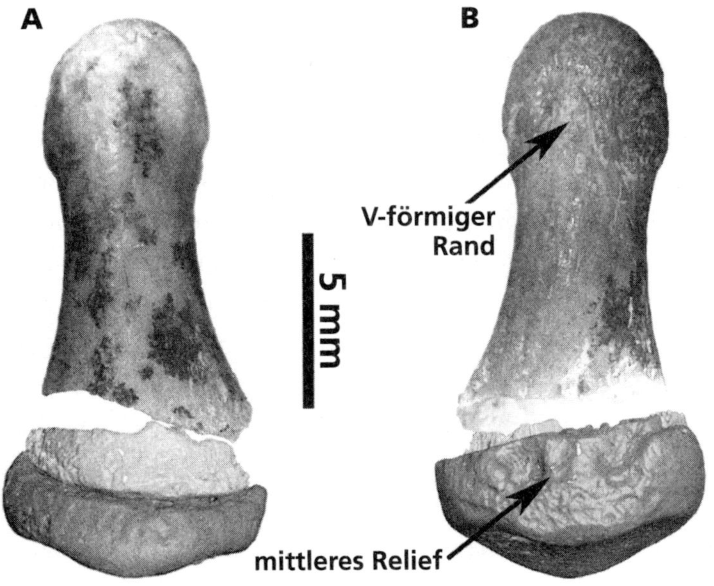

Abb. 2.4: Das Fingerglied von *Denisova 3* in 3D-Rekonstruktion.
Der obere Teil wurde zur Untersuchung an die Berkeley-Universität geschickt, die erste Denisova-DNA wurde allerdings vom MPI-EVA im unteren Teil gefunden.

in Denisova nebeneinander lebten, machte schließlich klar, dass hier eine eigenständige Menschenart existierte. Und *Denisova 3* sollte nicht die letzte Überraschung aus der Höhle bleiben.

Ein ZooMS auf Denisova

Nachdem die Paläogenetiker die enorme Bedeutung der Fossilien aus der Höhle erkannt hatten, machten sie sich daran, die Denisova-DNA genauer zu bestimmen, zu datieren und zu sequenzieren. Heute ist es dank einer neuen Methode möglich, alte menschliche oder tierische DNA direkt in den Sedimenten zu finden. Dies vereinfacht die Untersuchung der Besiedlungsfolge durch die Menschen in der Schichtstruktur einer Höhle. Die Analyse der Denisova-Höhle profitierte sehr von diesem Fortschritt: Die Fundschichten der drei untersuchten Bereiche der Höhle waren derart durcheinandergebracht, dass die Analyse ohne die Identifizierung der DNA der Sedimente problematisch geblieben wäre.

Die Entwicklung der «Zooarchäologie durch Massenspektrometrie» oder ZooMS (*Zooarchaeology by Mass Spectrometry*), ein außerordentlich leistungsfähiges Siebverfahren zur Bestimmung der Spezies eines Knochenfragments, brachte in dieser Hinsicht einen entscheidenden Fortschritt. Wir erwähnten bereits die fatale Auswirkung der Hyänenverbisse auf die Fossilien der Höhle: Zwar wurden dort seit 2008 über 134 000 Knochenteile geborgen, aber 95 % davon sind zu stark beschädigt, als dass eine Bestimmung mit bloßem Auge möglich wäre. *Denisova* 5, ein 2010 freigelegtes Zehenglied eines Neandertalers, ist praktisch die einzige Ausnahme.

ZooMS könnte auch als «Peptid-Fingerabdruck von Kollagen» bezeichnet werden. Peptide sind Polymere aus miteinander verknüpften Aminosäuren. Kollagene sind polypeptide Makromoleküle und spielen eine bedeutende strukturgebende Rolle im Körper. Dabei variiert die Zusammensetzung der Kollagene leicht von einer Tiergattung zur anderen. Wenn man also die Zusammensetzung eines bestimmten Knochenkollagens mit den Angaben in der Bibliothek der Peptidzusammensetzungen bekannter Tierarten vergleicht, kann man ein rätselhaftes Knochenfragment einer Familie, einer Gattung, ja sogar einer Spezies zuordnen.

In Verbindung mit zuverlässigen Datierungstechniken ist es die ideale Methode, um die Fauna (als Indikator für die Umwelt) und die Abfolge der Besiedlungszeiträume umfassender und damit fundierter zu bestimmen. Ein Team unter der Leitung von Katerina Douka, die damals am Max-Planck-Institut in Jena arbeitete, wandte ZooMS auf Denisova an. Aus der Vielzahl der untersuchten tierischen Knochensplitter identifizierten die Forscher zwölf Fragmente von Menschen, die sie anschließend zeitlich einordneten. 2022 wurden weitere Überreste menschlicher Knochen identifiziert. Da die meisten für eine Datierung nach der C14-

Methode zu alt sind, berechneten die Wissenschaftler jeweils eine mögliche zeitliche Einordnung – ein sogenanntes Bayes'sches Modell – und verbanden damit die bekannten und datierten Genome des Denisova-Menschen, des Neandertalers und des *Homo sapiens.*

Es stellte sich heraus, dass die älteste menschliche Sediment-DNA – tatsächlich denisovanisch – zwischen 374 000 und 337 000 Jahre alt ist, während das älteste Fossil der Fundstätte von einem Denisova-Menschen stammt, der zwischen 194 400 und 122 700 in der Höhle gelebt hat. Später, zwischen 130 300 und 90 900, hielten sich dort zwei Neandertaler – *Denisova 5* und *Denisova 9* – auf. Die ältesten Sedimente, die Spuren von Neandertaler-DNA enthalten, sind jedoch etwa 190 000 Jahre alt. *Denisova 11*, auf das wir noch zu sprechen kommen, lebte vor 118 100 bis 79 300 Jahren, während das jüngste Denisova-Fossil, das berühmte *Denisova 3*, das in einer Grabungsschicht gefunden wurde, die mit dem der beiden gesicherten Neandertaler-Fossilien vergleichbar ist, aus der Zeit vor 76 600 bis 51 600 Jahren stammt. Ein einziges Fossil, *Denisova 14*, konnte mit der C14-Methode auf ein Alter von rund 46 300 Jahren datiert werden, doch aufgrund fehlender DNA war eine Zuordnung zum Neandertaler, zum Denisova-Menschen oder zum *Homo sapiens* nicht möglich. Ein solches Bild lässt nur den Schluss zu: Hunderttausende Jahre lang verkehrten Denisova-Menschen und Neandertaler in dieser Höhle miteinander.

Außer den nicht veröffentlichten *Denisova 1, 7, 10 und 12* wurden folgende Fossilien von Menschen geborgen:

- *Denisova 2*, ein sehr abgenutzter denisovanischer zweiter unterer Milchbackenzahn.
- *Denisova 3*, ein fünftes denisovanisches Kleinfingerglied.
- *Denisova 4*, ein zweiter oder dritter denisovanischer Oberkieferbackenzahn.
- *Denisova 5*, ein proximales Neandertaler-Zehenglied, das unser bestes Neandertaler-Genom lieferte (52X).

- *Denisova 6,* ein menschlicher unterer Schneidezahn ohne DNA. Neandertaler? Denisova? Sapiens?
- *Denisova 8,* ein denisovanischer dritter oberer Backenzahn.
- *Denisova 9,* ein letztes Fingerglied ohne DNA, möglicherweise Neandertaler.
- *Denisova 11,* ein Langknochensplitter eines Denisova/Neandertaler-Mischlings.
- *Denisova 13,* ein 8 × 5 Zentimeter großes denisovanisches Fragment eines Scheitelknochens, nicht veröffentlicht.
- *Denisova 14*, Fragment eines Menschenknochens einer nicht bestimmten Spezies.
- *Denisova 15*, Fragment eines menschlichen Langknochens einer nicht bestimmten Spezies.
- *Denisova 16,* ein winziges Knochenfragment einer nicht bestimmten Spezies.
- *Denisova 17*, ein nicht bestimmbares, dem Neandertaler zugeschriebenes Fragment.
- *Denisova 18*, ein Fragment einer nicht bestimmbaren Menschenspezies.
- *Denisova 19*, ein nicht bestimmbares Fragment, Denisova zugeschrieben.
- *Denisova 20*, ein nicht bestimmbares Fragment, Denisova zugeschrieben.
- *Denisova 21*, ein nicht bestimmbares Fragment, Denisova zugeschrieben.

In dieser Auflistung sind vier von fünf Fossilien besonders hervorzuheben. *Denisova 5*, ein ungefähr 130 000 Jahre altes Neandertaler-Fossil, lieferte das qualitativ hochwertigste bekannte Neandertaler-Genom. Obwohl *Denisova 2, Denisova 4* und *Denisova 8* wenig DNA enthielten, halfen sie dabei, die Besiedelung der Höhle zeitlich zu bestimmen. Und *Denisova 11*, genannt «Denny», ist der erste bekannte Mischling der Geschichte.

Die Anwesenheit des Neandertalers in Denisova ist nicht überraschend, haben die russischen Prähistoriker doch im letzten Jahrzehnt anhand der mitochondrialen DNA die Präsenz von Neandertalern im Innern von zwei Höhlen in der Nähe von Denisova nachgewiesen: in Okladnikov und Chagyrskaya. Früher wäre die bei Denisova angewandte Bestimmung der verschiedenen Spezies undenkbar gewesen: Man kann ermessen, welche Präzisierung uns die Sequenzierung alter DNA bietet, wenn diese möglich ist. Ohne den großartigen Beitrag dieser Methode wären die Knochenfragmente in Denisova höchstwahrscheinlich als Neandertalerfossilien eingestuft oder sogar mit Tierknochen verwechselt worden.

In welchem klimatischen Kontext steht dieses fossile Spektrum? Parallel zur Arbeit des Teams von Katerina Douka befasste sich das Team von Zenobia Jacobs von der Universität Wollongong (Australien) mit den Veränderungen der Umwelt von Denisova im Lauf der Zeit. Die Resultate wurden anhand von nicht weniger als 103 optischen Datierungen (OSL, *Optical Stimulated Luminiscence Dating*, «Datierung durch optisch stimulierte Luminiszenz») im Zeitraum zwischen 300 000 und 20 000 Jahren sowie mithilfe der Untersuchung der Überreste von 27 Arten großer Wirbeltiere, 100 Arten kleiner Wirbeltiere (Säugetiere, Fische) und 72 Pflanzenarten gewonnen. Bis auf kleine Details bestätigten die Ergebnisse das, was die russischen Forscher bereits umrissen hatten: Die Schwankungen zwischen Kiefern-, Birken- und anderen Laubwäldern in den Warmperioden und der Tundra in den Kaltzeiten stimmen mit denen überein, die für die Umgebung des 1 600 Kilometer weiter östlich gelegenen Baikalsees ermittelt wurden, und erwartungsgemäß fand die Besiedelung durch Menschen während der Zwischeneiszeiten statt.

Der erste Mischling der Geschichte

Am Rande sei erwähnt, wie sehr die Entdeckung der Neandertalerfossilien in Denisova unser Wissen über den *H. neanderthalensis* erweitert hat. Die in *Denisova 5*, einem Zehenglied, enthaltene Neandertaler-DNA konnte mit erstaunlicher Qualität sequenziert werden. Diese Arbeit führte zu mehreren wichtigen Beobachtungen: Zum einen wurde dank dieses Neandertaler-Genoms der Anteil an Neandertaler-DNA bei allen Nicht-Afrikanern auf durchschnittlich 2 % geschätzt. Zweitens wurde festgestellt, dass *Denisova 5* eine Frau war, die entweder von einem Halbbruder und einer Halbschwester (die Väter sind Brüder und die Mütter Schwestern) oder – eher unwahrscheinlich – von einem Großvater und seiner Enkelin oder von einer Großmutter und ihrem Enkel gezeugt worden war. Mit anderen Worten: Die Neandertaler, an denen *Denisova 5* Anteil hatte, wiesen eine extrem hohe Inzuchtrate auf!

Was verrät diese Schlussfolgerung? Der Überlebensinstinkt führte höchstwahrscheinlich dazu, dass sich diese kleinen Clans mit ihren Nachbarn kreuzten. Um mögliche Verwandtschaftsbeziehungen zwischen benachbarten Gruppen zu bestimmen, hat ein von Laurits Skov geleitetes Team vom MPI-EVA im Jahr 2022 die DNA von 13 Individuen aus den Höhlen von Chagyrskaya und Okladnikov sequenziert: Durch den Nachweis gemeinsamer mitochondrialer DNA in den beiden Höhlen wiesen die Forscher auf ein soziales Phänomen hin, das schon bei den Neandertalern bekannt war: die Patrilokalität. Mit anderen Worten: Es waren die Frauen, die den Clan wechselten, um einen gesunden Nachwuchs zu sichern.

Die Forscher erkannten auch eine erhebliche Inzucht innerhalb jeder Gruppe, die sich in einem hohen Maß an Homozygotie äußerte (dem Vorhandensein desselben Allels, d. h. derselben kodierten DNA-Sequenz auf dem vom Vater und dem von der Mutter geerbten Chromosom). Die Neandertaler von Chagyrskaya hatten sogar den gleichen Grad von Homozygotie wie die Berggorillas, eine gefährdete Art, deren heute nur noch 600 Exemplare in freier Wildbahn in Gemeinschaften von nur vier bis 20 Tieren leben.

Die Neandertaler- sowie die Denisova-Populationen im Altai gerieten demnach in solche Engpässe, dass sie sich vermischten, wie *Denisova 11* zeigt, ein nicht identifizierbarer Knochensplitter (Oberschenkel-, Oberarmknochen?), der durch ZooMS als menschlich erkannt wurde. Nun stellte sich heraus, dass dieses Fossil eine gut erhaltene DNA enthielt, die das Team um Viviane Slon vom MPI-EVA sequenzieren konnte. Das erhaltene vollständige Genom erwies sich als das eines etwa 13-jährigen Mädchens. Die Forscher stellten fest, dass die Verteilung der Gene in diesem Genom nur dadurch erklärbar ist, dass die Person eine Neandertaler-Mutter und einen Denisova-Vater hatte. Somit ist *Denisova 11* oder «Denny», wie sie die Forscher liebevoll nannten, der erste und einzige je entdeckte paläolithische Hybride der ersten Generation. Sie ist der erste Mischling der Geschichte. Dies ist ein weiterer Beitrag dieser neuen Wissenschaft, der Paläogenetik!

Das Gesamtbild des Lebens, das die Menschen in der Denisova-Höhle führten, ist nun klar: Zehntausende Jahre lang hielten sich während der Zwischeneiszeiten Neandertaler und Denisova-Menschen – zwei Menschenformen, die untereinander näher verwandt sind als mit *H. sapiens* – immer wieder in der Höhle auf und trafen aufeinander. Manche Forscher glauben sogar, dass diese beiden Spezies eine gemeinsame Kultur im Altai begründet haben könnten. In den vergangenen 300 000 Jahren war diese Region immer von Menschen bewohnt, selbst in «kalten» Zeiten, denn die Berge bildeten einen Zufluchtsort für das Leben. Die Höhlen boten den Menschen Schutz und bewahrten nach deren Aufenthalt die menschliche DNA über viele Zehntausende von Jahren.

An dieser Stelle wird Ihnen vielleicht ein wenig schwindelig: Da Denisova-Mensch und Neandertaler sich Unterkunft und Verpflegung teilten und gemeinsam Kinder zeugten, handelt es sich dann wirklich um zwei verschiedene Spezies? Ist die Denisova-Spezies als paläontologisches Phantom auch ein genetisches Hirngespinst? Und was ist eigentlich eine Spezies?

Der Neandertaler, der Europäer, fiel durch seinen muskulösen Körperbau auf. Der Denisovaner, sein Cousin, ähnelte ihm wohl in dieser Hinsicht.

3 | Denisova – eine menschliche Spezies?

Erfinder der wissenschaftlichen Klassifizierung der Arten ist der Schwede Carl von Linné (1707–1778). In seiner Jugend hatte Carl von Linné noch gar nicht seinen Namen, denn im 18. Jahrhundert trugen die meisten schwedischen Familien noch keinen Nachnamen. So hieß Linnés Vater einfach Nils Ingemarsson, d. h. «Nils, Sohn des Ingemar», und Linné begann sein Leben als Carl Nilsson, «Carl, Sohn des Nils». Den Namen, unter dem er uns bekannt ist, nahm er erst später an, als er den Richtlinien der Universität gemäß, die einen lateinischen Nachnamen verlangten, sich an *Linnegård* – dem Namen des Bauernhofs der Familie – orientierte und für die Universität und später für uns Carl Linnaeus wurde.

Seit Sie dieses Buch aufgeschlagen haben, sind Ihnen immer wieder Klassifizierungen von Linné begegnet. Der vollständige Name unserer Spezies ist *Homo sapiens* (d. h. «weiser» Mensch, eine von Linné 1758 geprägte Bezeichnung); der Name unseres Neandertaler-Bruders ist *Homo neanderthalensis*. In der Fachsprache wird Linnés Klassifizierung (es gibt auch noch andere, wie wir sehen werden) als binäre Nomenklatur bezeichnet, da sie zwei Namen kombiniert: den der Gattung – auf Lateinisch mit Großbuchstaben – und den der Art, auf Lateinisch kleingeschrieben. Der Gebrauch des Lateinischen macht es erforderlich, den Namen der Art in Kursivschrift anzugeben.

Wird eine Art zum ersten Mal benannt, ist es üblich, den Namen des Erfinders und das Jahr der Entdeckung an das Binom aus lateinischen

Begriffen anzuhängen (z. B. *Homo neanderthalensis*, King 1864). Die Linné'sche Klassifizierung löst ein zentrales Problem: Sie gibt allen Wissenschaftlern der Welt Referenz-Artennamen an die Hand, was von entscheidender Bedeutung ist, da in jeder der zahlreichen menschlichen Kulturen Tiere und Pflanzen anders benannt werden.

Und wie steht es mit Denisova? Was ist seine binäre Nomenklatur? Er könnte *Homo denisovensis* heißen oder auch *Homo altaiensis*, also «Mensch des Altai». Bis heute hat die internationale Kommission für zoologische Nomenklatur seine Art noch nicht benannt. Dieses Schweigen verrät die Ratlosigkeit, die in Bezug auf den Status dieser Menschenform herrscht. Denisova ist aus dem kleinen Finger eines Mädchens hervorgegangen, und die in der Höhle geborgenen Fossilien ermöglichen es nicht, ihm einen Körper zuzuordnen. Die Mitglieder der Kommission stecken da ziemlich in Verlegenheit.

Und wir eben auch. Seit den ersten Seiten dieses Buches erzählen wir Ihnen von einer Menschenform, die von allen übereinstimmend als neu bezeichnet wird, die jedoch niemand offiziell als solche anerkennen will. Dieser Zustand erfordert eine Klärung: Was meinen die Genetiker wirklich, wenn sie den Denisova-Menschen als eine «neue Menschenform» bezeichnen, und wenn jeder darunter versteht, dass sie von einer neuen Spezies sprechen? Diese scheinbar banale Frage führt dazu, sich über den Begriff Spezies, seine Herkunft und seine Grenzen Gedanken zu machen. Das Konzept der Spezies existierte bereits vor der Paläogenetik, als die Spezies noch allein durch zoologische und paläontologische Beobachtung bestimmt werden konnten. Verdient eine Art, die «nur anhand ihrer Gene» bestimmt ist, ihren Platz in Linnés großem Buch? Die Antwort darauf ist gar nicht einfach.

Ein Allerweltswort

Was ist also eine «Art»? In der Alltagssprache wird das Wort für alles Mögliche verwendet. Je nachdem wird damit eine «Sorte», eine «Variante», ein «Typ» bezeichnet, wobei die genaue Bedeutung unklar bleibt. In der Wissenschaft ist das anders, und das schon seit langem. Zum ersten Mal taucht der Begriff 1686 im Buch *History of plants* des Botanikers John Ray auf. Ray verwendete dort den lateinischen Begriff *species*, woraus im Französischen das Wort *espèce*, im Deutschen das Wort Art wurde:

> «[...] es ist mir kein sichereres Kriterium zur Bestimmung der *species* eingefallen als die Unterscheidungsmerkmale, die sich in der Vermehrung durch die Samen fortsetzen.»

Die Verwendung des Wortes «Art» stammt also aus der genauen Beobachtung, die die Wissenschaft der Botanik auszeichnet: Dort unterscheidet man die verschiedenen Pflanzenarten anhand höchst präziser Merkmale. Für die Botaniker des 17. Jahrhunderts ist eine Art im Grunde eine Gruppe von Pflanzen, die sich durch bestimmte Merkmale auszeichnet, die als Ganzes weitergegeben werden. Sehr bald wird diese Definition auf die Fauna ausgeweitet, woraufhin schnell das Problem auftaucht, wie die Gesamtheit der Formen des Lebendigen zu klassifizieren ist.

Alle menschlichen Kulturen haben Systeme zur Klassifizierung der Lebensformen entwickelt. Die Prinzipien dieser Systeme unterscheiden sich und sind oft nicht miteinander vereinbar. Im 4. Jahrhundert v. Chr. unterschied Aristoteles in seinem Werk *Geschichte der Tiere* die «bluthaltigen Tiere» (Wirbeltiere) und «blutleeren Tiere» (Wirbellose). Diese Unterscheidung klingt überraschend, wissen wir heute doch, dass die wirbellosen Tiere Blut haben, das oft blau ist, was zeigt, dass es sich hierbei nicht um weniger edle Tiere handelt ...

Nach Aristoteles versuchte der arabische Theologe und Naturforscher al-Dschāhiz (776–868) eine Klassifizierung der Tiere anhand morphologischer, physiologischer und ethologischer (verhaltensbezogener Kriterien wie Fortbewegung, Ernährung) Gesichtspunkte aufzustellen, die er in seinem *Kitāb al-Hayawān, «Buch der Tiere»*, präsentierte.

Er beschrieb und analysierte darin verschiedene große Tierarten, ohne sie jedoch wirklich systematisch zu klassifizieren. Anstelle der Arten definierte er «Einheiten» nach bestimmten Kriterien – ihrer Form und ihrer reproduktiven Isolierung, mit anderen Worten nach der Tatsache, dass sich die Mitglieder dieser Gruppen nur untereinander fortpflanzen. Die Relevanz dieser Erkenntnis sollte sich erst viel später erweisen.

Die moderne Klassifizierung der Lebewesen basiert auf der von Linné entwickelten binären Nomenklatur. Die Arten sind dort nach ihrer Verwandtschaft sortiert. Es ist ein System nach Art der russischen Puppen, das aus ineinander verschachtelten Kategorien besteht. Die *Art* ist die Grundeinheit. Sie wird einer *Gattung* zugeordnet (die die «nahen Verwandten», damit auch ähnliche Formen umfasst), die in der *Familie* enthalten ist (die «entfernten Verwandten», die eine Familienähnlichkeit teilen). Die beiden obersten Ränge sind die *Ordnung* (die Formen, deren anatomische Baupläne ein gemeinsames Schlüsselmerkmal haben) und schließlich die *Klasse* (ein allen gemeinsamer anatomischer Bauplan).

Wo steht der moderne Mensch in dieser umfassenden Klassifizierung? Wir gehören zur Klasse der *Säugetiere*, Ordnung der *Primaten*, zur Familie der *Hominidae*, der Gattung *Homo* und der Art *Sapiens*. Und was ist mit dem *H. neanderthalensis?* Er gehört zur Gattung *Homo* und ist damit unser naher Verwandter. Sollte sich bestätigen, dass Denisova sehr wohl eine Art ist, würden wir sie ebenfalls der Gattung *Homo* zuordnen.

Asiatische und afrikanische Löwen

Linné und seine Nachfolger orientierten sich hauptsächlich an morphologischen Kriterien zur Einordnung der Organismen in verschiedene Kategorien. Aber gibt es kein objektiveres biologisches Kriterium als die Form? In der Wissenschaft ist alles eine Frage des Konsenses, das heißt der kollektiven Akzeptanz eines Vorschlags, der eine bestimmte Zeit lang der beste ist, bis neue Informationen dazu führen, dass diese Entscheidung revidiert wird. Heute gilt die biologische Definition der Art des deutsch-amerikanischen Biologen Ernst Mayr (1904–2005) als die treffendste.

Mayr begann seine Karriere als Ornithologe in Neuguinea und auf den Salomon-Inseln. Seine Arbeit über die Gendrift von Gründerpopulationen und über das Phänomen der Entstehung einer neuen Spezies – die Speziation – brachten ihm 1931 eine Anstellung am Museum of Natural History in New York als Kurator der ornithologischen Sammlungen ein. Von dieser Stellung aus konnte er seine Arbeit über die Evolution und die Klassifizierung der Arten weiterführen. In den 1930er Jahren fanden einige der bekanntesten Biologen, Naturwissenschaftler und Paläontologen auf der Flucht vor den Nazis am New Yorker Museum of Natural History eine Bleibe, wo sie in Mayrs Umfeld eine Umgebung schufen, in der sie über die Evolution, die Systematik und den Begriff der Spezies nachdenken konnten.

In dieser intellektuellen Atmosphäre entwickelte Mayr zusammen mit dem britischen Biologen Julian Huxley (1887–1975) und dem amerikanischen Paläontologen George Gaylord Simpson (1902–1984) die neodarwinistische Theorie, die im 20. Jahrhundert die breiteste Zustimmung fand. Diese großartige Synthese des gesamten biologischen Wissens greift Darwins Argumente auf und ergänzt sie. Sie ist auffallend minimalistisch, denn sie basiert auf nur zwei Mechanismen der Evolution: der natürlichen Auslese und dem zufälligen Auftreten von Mutationen des genetischen Erbguts. Während die Entscheidung für das Erstere in den 1950er Jahren feststand, war Letzteres neu, da die Struktur der DNA gerade erst entdeckt worden war. Diese konzeptuelle Schlichtheit erklärt den anderen, etwas hochtrabenden Namen der neodarwinistischen Theorie: «Synthetische Evolutionstheorie».

Tatsächlich reicht die neodarwinistische Theorie aus, um mit nur zwei Prinzipien den Ursprung und die Evolution von Milliarden von Merkmalen der Lebewesen zu erklären, die in so unterschiedlichen Bereichen wie der Genetik, der zoologischen Klassifizierung, der Paläontologie, der vergleichenden Anatomie etc. beschrieben werden. Im Rahmen der Erarbeitung dieses so bedeutenden Theoriegebäudes definierte Ernst Mayr in seinem berühmten Werk *Systematics and the Origin of Species* eine biologische Spezies folgendermaßen:

> «Eine Population oder eine Gruppe von Populationen, deren Individuen sich unter natürlichen Bedingungen faktisch oder potenziell fortpflanzen und lebensfähige und fruchtbare Nachkommen hervorbringen können.»

Diese Formulierung klingt einfach, ihre Auslegung ist es jedoch nicht. Zunächst einmal müssen wir betonen, dass eine Spezies eine (große) Gruppe von Lebensformen ist, innerhalb der (im Zuge der Fortpflanzung) ein Genfluss möglich ist. Eine biologische Spezies ist in erster Linie eine bestimmte Fortpflanzungsgemeinschaft, deren Mitglieder durch Fortpflanzung von anderen Fortpflanzungsgemeinschaften isoliert sind.

In Mayrs Definition ist entscheidend, dass das aus der Fortpflanzung hervorgegangene Individuum lebensfähig und fruchtbar ist, und zwar «unter natürlichen Bedingungen». Dieser Zusatz mag als ein Detail erscheinen, ist es aber ganz und gar nicht, denn er ist der Grund, warum Pferd und Esel zwei unterschiedliche Spezies sind: Ihre Hybriden – das Maultier (Esel + Stute) und der Maulesel (Pferd + Eselin) – sind nämlich unfruchtbar. Was verschiedene Spezies unterscheidet, ist der Umstand, dass sich ihre Individuen nicht untereinander fortpflanzen können – die sogenannte Spezies-Barriere. Im Falle von Esel und Pferd verhindert die Barriere nicht die Zeugung von Nachwuchs, sondern dessen Fruchtbarkeit. Es ist mithin diese Form der reproduktiven Isolierung, die um eine Generation versetzt ist und die Genpools von Esel (*Equus asinus*) und Pferd (*Equus caballus*) voneinander trennt.

Die Speziation in der Diskussion

Mayrs Definition hat eine wesentliche Konsequenz: Mit ihr kann die Entstehung einer neuen Spezies erklärt werden, was Speziation genannt wird. Der Begriff der Interfertilität lässt sich nämlich nicht einfach anwenden: Selbst wenn die Form F_1 mit der Form F_2, F_2 mit F_3 … bis F_N fruchtbar ist, kann es sein, dass F_N nicht mehr mit F_1 interfertil ist. Dieses Phänomen ist auf das Vorhandensein von «Inter-Spezies-Barrieren» zurückzuführen, die geografischer (Berge, Meere …), biologischer (Spezialisierung auf Nahrung, Verhalten …) und sogar kultureller (bei sozialen Tieren) Natur sind.

So kann eine Gruppe, die von der übrigen Population durch unüberwindliche geografische Barrieren wie eine große Distanz, ein Meer, einen Fluss, eine Bergkette etc. getrennt ist, eine neue Spezies hervorbringen, ein Phänomen, das der österreichische Ethologe Konrad Lorenz (1903–1989) am Beispiel von Seevögeln erforschte, die von derselben Herkunft, aber durch die Entfernung voneinander getrennt waren.

Das Phänomen der Speziation ist jedoch keineswegs einfach, denn es wurde beobachtet, dass unterschiedliche Populationen über einen längeren Zeitraum interfertil sind. Ein bekanntes Beispiel ist *Panthera leo persica*, eine asiatische Form des Löwen, der sich mit seiner afrikanischen Cousine *Panthera leo leo* fortpflanzen kann, jedoch spezifische Merkmale aufweist wie ein dichteres Haarbüschel am Schwanzende, eine weniger üppige Mähne, eine andere Lebensweise. In diesen Fällen spricht man von Unterarten, was die Zusätze *persica* oder *leo* zum Namen der Art erklärt.

Die Spezies in der Paläontologie

Zurück zu unseren Fossilien. Da der Begriff der Spezies auf der Interfertilität beruht, den wir soeben eingehend diskutiert haben, ist er offensichtlich nicht auf verschwundene Spezies anwendbar. Wie ging man also vor, bevor die genetische Paläontologie entwickelt wurde? In der Paläontologie, also der «Wissenschaft vom Leben der Vorzeit», und insbesondere in der Paläoanthropologie (also der Paläontologie des Menschen), werden «Morphospezies» voneinander abgegrenzt. Dabei stützt man sich auf die Ähnlichkeit der Form, um sie zusammenzulegen, und auf die Unterschiede, um sie voneinander abzugrenzen: Alle Individuen mit denselben strukturellen Merkmalen (Anzahl der Gliedmaßen, der Finger etc.) oder anatomischen Merkmalen (Form der Knochen, der Zähne etc.) werden derselben Morphospezies zugeordnet.

Die Stärke des Konzepts der Morphospezies liegt darin, dass es systematisch angewendet werden kann. Angesichts der Millionen von Fossilien ist dies ein Riesenvorteil. Der Nachteil ist die Subjektivität bei der Auswahl der Kriterien, wie die Geschichte der Entdeckung des Neandertalers zeigt. Die Arbeiter, die im Jahr 1856 die fossilen Überreste im Neandertal entdeckten, glaubten zunächst, einen Höhlenbären gefunden zu haben; der erste Wissenschaftler hielt sie für die Überreste eines verwundeten Kosaken, der sich zum Sterben in die Höhle gelegt habe; der zweite Wissenschaftler schließlich glaubte, einen an Rachitis leidenden *H. sapiens* vor sich zu haben.

In Frankreich war Marcellin Boule, Professor für Paläontologie am Muséum national d'histoire naturelle, der Erste, der ein vollständiges Neandertaler-Skelett systematisch untersuchte, nachdem im Jahr 1908 der «Alte von La Chapelle-aux-Saints» im Corrèze entdeckt worden war. Die anatomische Beschreibung des «L'homme fossile de La Chapelle-aux-Saints», die er zwischen 1911 und 1913 in den *Annales de paléontologie*

Abb. 3.1: In diesem Steinbruch in der Nähe von Mettmann im Neandertal wurde im Jahr 1856 der Holotyp des Neandertalers zutage gefördert, d. h. das erste Fossil, das als *H. neanderthalensis* anerkannt wurde. Dieses berühmte Stück wird heute im Landesmuseum Bonn aufbewahrt.

veröffentlichte, ist so ausgezeichnet, dass sie bis heute als Referenz gilt. Seine Interpretation ist hingegen derart von den Vorurteilen seiner Zeit geprägt, dass sie heute schockierend wirkt:

> «Dieser Kopf überrascht zunächst durch seine beachtlichen Dimensionen, vor allem in Anbetracht der geringen Körpergröße seines früheren Besitzers. Zum Zweiten fällt sein tierisches Aussehen, oder, besser gesagt, eine Reihe von affenartigen oder pithekoiden Merkmalen auf.»

Tierisch, der Neandertaler? Dies ist in der Tat sein Ruf, den er in der breiten Öffentlichkeit immer noch hat, nicht aber in der Urgeschichte, da man erkannt hat, dass er sich fast genau so lange wie der *H. sapiens*,

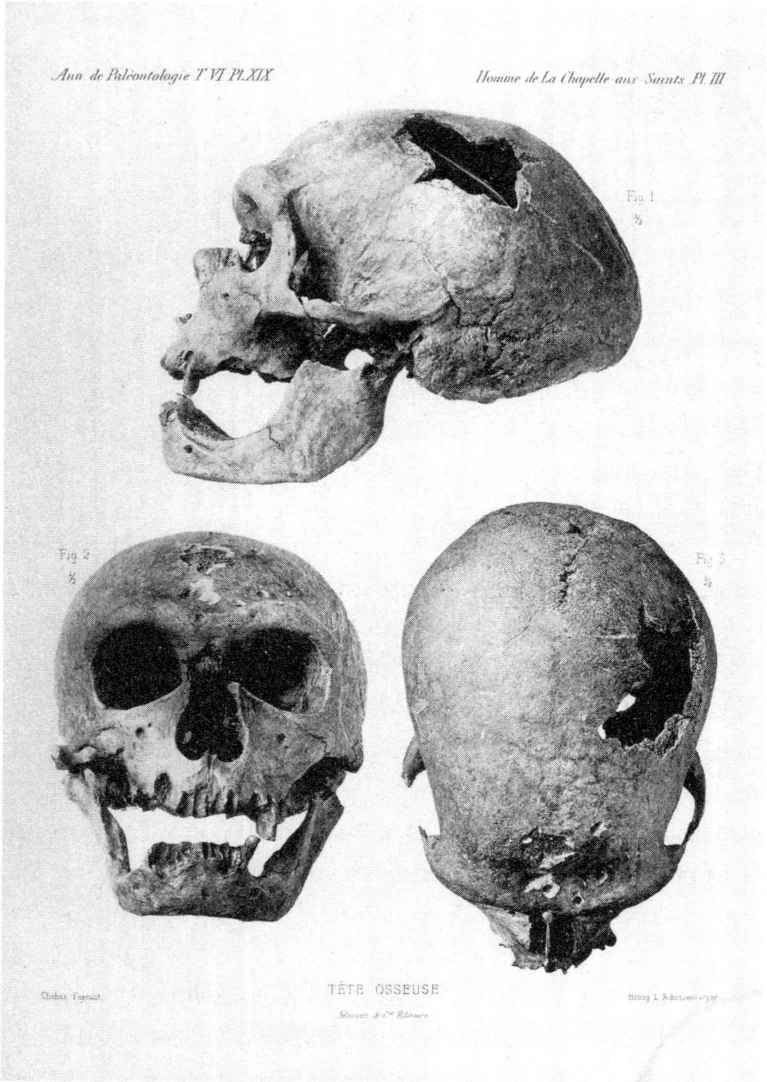

Abb. 3.2: Der Schädel des Neandertalers, genannt «Der Alte Mann von La-Chapelle-aux-Saints», wie ihn Marcellin Boule in den *Annales de paléontologie* zwischen 1911 und 1913 präsentierte.

dessen Zeitgenosse er ist, entwickelte und lebte. Außerdem ist seine materielle Kultur – alle Objekte und andere materielle Hinweise auf sein Verhalten – nicht primitiver als die des gleichaltrigen *H. sapiens*. Mehr noch: In der Levante war sie vor 100 000 Jahren die gleiche. Zudem lassen sich die «tierischen» Züge des Neandertalers größtenteils durch die kalte Umwelt erklären, in der er sich in Europa entwickelt hat.

Es würde zu weit führen, an dieser Stelle auf die vielen Merkmale einzugehen, die Neandertaler und Sapiens voneinander trennen, begnügen wir uns also mit einer knappen Darstellung seines Kopfes, denn wie unsere Leser am Ende dieses Buches erfahren werden, spielten die Merkmale des Schädels des Denisova-Menschen, sobald er identifiziert war, eine entscheidende Rolle bei der Bestimmung der Morphospezies des Denisovaners. Doch preschen wir nicht zu schnell vor: Laut Marcellin Boule ist der Neandertalerschädel angeblich «tierisch». Warum? Er hat vor allem die Form eines «Rugbyballs», d. h. länglich, während der Sapiens-Schädel wie ein «Fußball» geformt ist, also hoch, wie ein Haus. Tatsächlich sind die Schädelknochen des Neandertalers niedrig und von vorn nach hinten abgeflacht, während die des Sapiens in die Höhe wachsen. Außerdem liegt das Gesicht des Neandertalers vor dem Schädel – man nennt es «schnauzenartig» –, während das Gesicht des Sapiens auf Höhe der Stirn, unter dem Schädeldach liegt.

Merken Sie, wie seltsam diese wenigen Neandertaler-Merkmale sind? Wahrscheinlich stimmen Sie uns zu, wenn wir *H. neanderthalensis* allein anhand seines Schädels als eine von *H. sapiens* verschiedene Morphospezies definieren würden. Aber urteilen Sie dabei nicht subjektiv? Ist vielleicht die Fremdheit, die man aufgrund dieser Unterschiede fühlt, kaum größer als die – durchaus reale – Fremdheit, die ein australischer Aborigine beim Anblick der schmalen Nasen und blassen Gesichter der Europäer möglicherweise empfindet?

Der Fall des Neandertalers ist ein Beispiel dafür, dass die Wahl der Knochenmerkmale, die zur Charakterisierung der Morphospezies her-

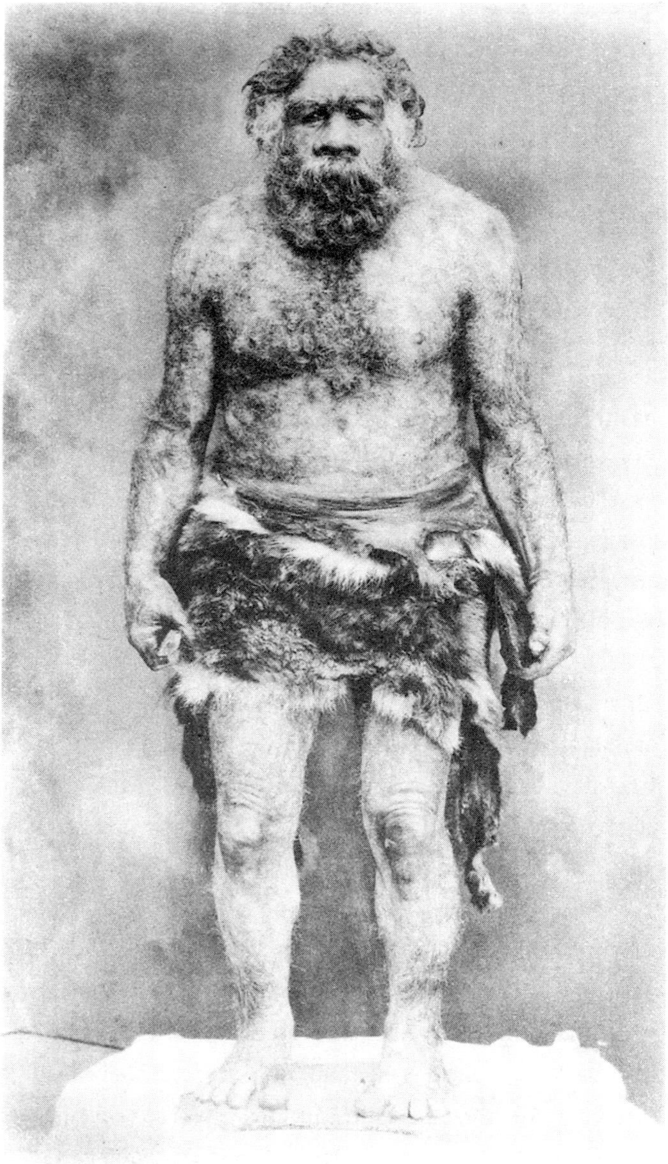

Abb. 3.3: Diese Rekonstruktion eines «Neandertalers» von Frederick Blaschke zeigt, wie man ihn sich in den 1930er Jahren, 70 Jahre nach der Entdeckung des Holotyps, vorstellte. Ausgestellt wurde er im Naturkundemuseum in Chicago.

angezogen werden, in der Paläoanthropologie eine absolut zentrale Rolle spielt. Sie ist so entscheidend, dass sie immer wieder Gegenstand hitziger und langer Debatten über den Ursprung und die Entwicklung der Merkmale ist: Rühren sie von der Speziation ohne Anpassungsvorteile her, oder sind sie Ergebnis der Anpassung an bestimmte Bedingungen? Die Forscher streiten sich auch heftig darüber, wie jedes einzelne Merkmal zu interpretieren sei. Nach eingehender und wiederholter Untersuchung aller Knochenmerkmale des Neandertalers haben ihn die Paläoanthropologen in den Rang einer Spezies erhoben. Beim Denisova-Menschen stecken wir in einer Sackgasse, denn die wenigen verfügbaren Zähne und Knochenfragmente scheinen bar jeglicher spezifischen Merkmale zu sein.

Kurz gesagt, wir befinden uns in einem ganz außergewöhnlichen Moment der Paläoanthropologie: Zum ersten Mal in der Geschichte der Wissenschaften unterscheidet sich eine Form durch nichts anderes als ihre Gene. Handelt es sich also um eine eigene Spezies?

Das Konzept der Spezies aus Sicht der Genetik

Ja, aber die Bedeutung des Begriffs «genetische Spezies» ist sehr technisch: Er läuft darauf hinaus, dass die Individuen einer Gruppe einer Spezies angehören, wenn die genetischen Varianten innerhalb dieser Gruppe deutlich geringer sind als die genetischen Varianten zwischen dieser Gruppe und allen anderen.

Das klingt klar, ist jedoch auch relativ. Um uns eine erste Vorstellung davon zu geben, was dies bedeutet, erinnern wir uns an die DNA-Anteile, die den Lebensformen gemein sind. So haben wir beispielsweise etwa 35 % DNA gemein mit *Narcissus jonquilla*, der Osterglocke, aber 98,8 % mit *Pan troglodythes,* dem Schimpansen. Diese Art des DNA-Vergleichs ist allerdings verzerrt, da es vor allem auf die Gene ankommt, d. h. die DNA-Sequenzen, die für die Proteinsynthese maßgeblich sind. Ein Genom besteht also aus «Protein codierender DNA» und «nicht-Protein-codierender DNA». Im Gegensatz zu dem, was viele von uns in der

Schule gelernt haben, kann ein Gen an mehreren Funktionen beteiligt sein und mehrere Gene an derselben Funktion. Außerdem wissen wir nicht, welche Rolle viele unserer Gene spielen, woraus folgt, dass wir noch nicht eindeutig bestimmen können, was zwei Spezies genetisch voneinander unterscheidet.

Trotzdem macht die ganze codierende DNA nur 1,5 % der Gesamt-DNA aus. Auch wenn dieser Prozentsatz gering erscheint, hat der Vergleich von 14 000 Genen beim Menschen und Schimpansen 500 verschiedene Gene ergeben, die an der Fortpflanzung, der Immunabwehr, der Sinneswahrnehmung, insbesondere dem Geruch und dem Gehör und natürlich – was äußerlich sichtbar ist – der Körperform beteiligt sind. Das Mindeste, was man sagen kann, ist, dass die offensichtlichen Merkmale des Schimpansen, von dem wir uns nur durch 1,2 % unserer DNA unterscheiden, schon ausreichen, uns von ihm abzutrennen. Daher versteht man besser, dass, obwohl sich nur ein winziger Bruchteil der DNA des Schimpansen von der unsrigen unterscheidet, dies ausreicht, um uns zu zwei verschiedenen Spezies zu machen und uns in zwei verschiedene Gattungen einzuordnen.

Wie kommt es zu den genetischen Unterschieden zwischen Schimpanse und Mensch? Sie entstehen durch die Anhäufung von «Mutationen», die wir weitergeben, d. h. durch vererbbare Veränderungen der DNA. Einige Mutationen spielen sich «im Hintergrund» ab (zufällig), aber viele entstehen unter dem Einfluss chemischer Schadstoffe oder physikalischer Umwelteinflüsse wie hohe Temperaturen, ultraviolette Strahlung etc., also äußerer Einwirkungen, die man als Mutagene bezeichnet. Die meisten Mutationen haben kaum Auswirkungen (man nennt sie dann «neutral»), wenn sie jedoch welche haben, beeinflussen zwei Mechanismen ihr Schicksal: Negative Selektion eliminiert schädliche Mutationen, positive Selektion dagegen verstärkt ihren genetischen Fingerabdruck durch eine Vervielfachung ihrer Wiederholung in der DNA-Sequenz.

Um die Auswirkungen von Mutationen nachzuweisen, vergleichen die Genetiker die DNA-Sequenzen Base für Base. Auf diese Weise haben sie festgestellt, dass bei der Bildung eines neuen Kerngenoms im Durchschnitt 70 Mutationen auftreten. Auch wenn die Anzahl der Mutationen in den verschiedenen Teilen des Genoms variiert, ergibt dieser Wert die «durchschnittliche Mutationsrate pro Generation». Eine sehr große Rolle spielt diese Rate in der Paläoanthropologie, weil sie eines der Räderwerke der «genetischen Uhr» bildet: Die Paläogenetiker zählen die Mutationen, die zwei Menschenformen unterscheiden, und teilen ihre Anzahl durch diese Rate; auf diese Weise erhalten sie die Zeit, die seit ihrer Auseinanderentwicklung verstrichen ist.

Der genetische Unterschied zwischen *H. sapiens* und Neandertaler

Die genetische Uhr legt nahe, dass sich Sapiens und Neandertaler vor über einer halben Million Jahren voneinander abgetrennt haben. Und was sagt die Genetik über die Unterschiede zwischen dem Neandertaler und uns? Sie ist von besonderer Bedeutung, denn seit 170 Jahren sammeln die Paläoanthropologen Befunde über die Knochenmerkmale der Neandertaler. Der Vergleich Base für Base der DNA von zwei unserer Zeitgenossen ergab, dass sie sich nur in einem von 1000 Nukleotiden unterscheiden; die DNA eines unserer Zeitgenossen im Vergleich zu der eines Neandertalers unterschied sich in einem von 1300 Nukleotiden: Es besteht also nur ein Unterschied von 0,03 % zwischen der Sapiens-DNA und der Neandertaler-DNA.

Um die Bedeutung dieser Zahlen zu erfassen, sei darauf hingewiesen, dass die eurasischen Genome trotzdem ganze Neandertalersequenzen enthalten, die zwischen 1,8 und 2,6 % unserer DNA ausmachen. Sowohl die geringe genetische Variabilität innerhalb unserer Spezies als auch die bescheidene Abweichung, die uns vom Neandertaler und vom Denisovaner trennt, unterscheiden uns sehr deutlich von anderen Menschenaffen. So ist die genetische Vielfalt bei Gorillas doppelt so groß, bei Schimpansen und Orang-Utans sogar dreimal so groß. Diese Daten verdeutlichen, dass eine anatomische und eine genetische Diagnose sehr unterschiedliche Bedeutungen haben. Während sich die äußere Form des Neandertalers beträchtlich von der des Sapiens unterscheidet, ist sie uns in ihren Genen sehr ähnlich, jedenfalls genug, dass die beiden Spezies gemeinsame Nachkommen haben konnten.

Der Denisovaner – eine Spezies?

Nach all diesen Betrachtungen verstehen wir nun besser, was sich die Genetiker der Harvard University und des MPI-EVA fragten, nachdem das Genom von *Denisova 3* sequenziert war. Wie im Fall des Neandertalers stellten sie fest, dass die Unterschiede zwischen der Denisova-DNA und der DNA des modernen Menschen zu zahlreich waren, als dass die Genome des Denisovaners und des Sapiens als identisch angesehen werden könnten. Sie kamen zu dem Schluss, dass Neandertaler und Denisovaner näher miteinander verwandt sind als jede der beiden mit Sapiens, auch wenn alle drei Formen sehr nah beieinanderliegen.

Ist der Denisovaner also eine Spezies oder nicht? Die genetische Nähe zwischen Neandertaler und Sapiens zeigt klar und deutlich, dass die DNA allein nicht ausreicht, um eine eindeutige Bestimmung als Spezies zu liefern. Der Status des Neandertalers als Spezies ist vor allem deshalb weitgehend akzeptiert, weil die Paläoanthropologen seit 170 Jahren Unterschiede zum Sapiens im Knochenbau festgestellt haben. Wenn die Fossilien des Denisovaners erst einmal identifiziert sind, sollte dies ebenso der Fall sein.

Ein weiterer wichtiger Aspekt: Da die Spezies *H. neanderthalensis* und *H. sapiens* interfertiler waren als Esel und Pferd, bilden sie keine zwei biologischen Spezies im Sinne von Ernst Mayr, sondern vielmehr zwei «biologische Unterarten».

Genetische Unterschiede festzustellen ist also wichtig, aber sie sind so gering, dass die Betrachtung der äußeren, phänotypischen Merkmale für die Entscheidung, ob eine Menschenform eine Morphospezies ist, ausschlaggebend bleibt. Dennoch sind genetische Analysen wie zum Beispiel jene, die zur Entdeckung einer Verpaarung von Neandertaler und Sapiens führten, unerlässlich, um die demografische Geschichte der Populationen und die ihrer Anpassungen nachzuvollziehen. Wie wir gleich sehen werden, ist die Untersuchung der Gene des Denisovaners keine Ausnahme und verrät uns viel über seine Geschichte.

Sind sich die drei Menschenspezies begegnet? Wenn ja, dann haben sie sich bestimmt gefreut, einander kennenzulernen (links eine Sapiens-Frau, in der Mitte eine Neandertalerin und rechts eine Denisovanerin).

4 | Der Denisovaner aus genetischer Sicht

Lange bevor er 1859 *Die Entstehung der Arten* veröffentlichte, war Charles Darwin (1809–1882) ein junger Landedelmann, der viel auf die Jagd ging und das Leben der Tiere beobachtete. Das brachte ihn auf seine bedeutsame Idee: Die Natur verhält sich wie ein Züchter, der die Abstammungslinien mit bestimmten Merkmalen auswählt. Bei den heimischen Arten ist das zum Beispiel die Geschwindigkeit eines Rennpferdes, die Fleischmasse des Schlachtbullen, die Anzahl der Körner pro Weizenähre. In der Natur denkt man an das tarnfarbene Fell des Fuchses, die Geschwindigkeit des Thunfischs, aber auch an die Farbe der Federn des Pfaus.

Diese «natürliche Auslese» hat drei Konsequenzen, die Darwin so beschreibt, wie es jedermann könnte: Alle Individuen einer geschlechtlichen Spezies unterscheiden sich voneinander; die Merkmale, die sie voneinander unterscheiden, werden zum Teil bei der Fortpflanzung weitergegeben; die Individuen der Spezies sind in ihren Lebensräumen gewissen Zwängen unterworfen, die als «Selektionsdruck» bezeichnet werden und demografische Auswirkungen haben, da sie sich auf ihr Überleben und ihre Fortpflanzung auswirken. Dieser Selektionsdruck begünstigt die Verbreitung vorteilhafter Mutationen in einer Population (die bereits erwähnte positive Selektion), Mutationen, die für das Überleben und/oder die Fortpflanzung nützlich sind.

Denisovaner mit genialen Genen

Wir haben Darwins Theorie deshalb kurz umrissen, weil sie von nun an eine entscheidende Rolle in diesem Buch spielen wird: Sie wird uns helfen, das zu interpretieren, was wir bei der Untersuchung der Gene von Sapiens, Neandertaler und Denisovaner gelernt haben. Die Gene geben nämlich Auskunft sowohl über den Ursprung der fossilen Populationen als auch über ihre physiologischen Merkmale und ihre Anpassung an die Umwelt, einschließlich der mikrobiellen. Diese biologischen Merkmale sind zwar im Prinzip direkt am Denisova-Genom ablesbar, aber in der Praxis ist es nicht leicht, ihren Einfluss zu beurteilen.

Um diesen zu kennen, müsste man in der Tat den Einfluss der nicht-codierenden Sequenzen (in der Größenordnung von 98,5 % des menschlichen Genoms) und ihrer Wiederholungen erfassen können; zudem gilt es, Licht in die Gesamtheit der Mechanismen zu bringen, die die Ausprägung des Genoms kontrollieren, was Epigenetik genannt wird. Dieser noch nicht ganz verstandene Teil unserer Vererbung spielt eine Vielzahl von Rollen bei den Unterschieden zwischen uns, den Neandertalern und den Denisovanern. Wir wissen nicht, wie die Tausende von Genen zusammenwirken, die notwendig sind, um den Phänotyp des Denisova-Menschen zu erzeugen.

Wir werden sehen, dass phänotypische Merkmale aus der Denisova-DNA abgeleitet werden können, doch aufgrund des Mangels an Fossilien kann man kaum etwas Gesichertes dazu sagen. Aber was sagt uns das Denisova-Genom dennoch? Zunächst einmal gibt es Aufschluss über seine Abgrenzung zum Sapiens- und zum Neandertaler-Genom. Wann erfolgte diese Abspaltung? Und auf welchem Kontinent? Indem wir das Denisova-Genom unter die Lupe nehmen, erforschen wir einen Teil der Geschichte seiner Abstammung.

Erste Ansätze von Antworten

Bereits 2010, als Denisova entdeckt wurde, gab es erste Hinweise. Die Paläogenetiker des MPI-EVA stellten schnell fest, dass sich die mitochondriale DNA der Denisova-Linie von der des Neandertalers und des Altai-Sapiens unterschied. In der Überschrift ihres Artikels in *Nature* stellten sie die neue Linie folgendermaßen vor:

> «Sie stellt einen bislang unbekannten mitochondrialen DNA-Typus dar, der einen gemeinsamen Vorfahren mit der mitochondrialen DNA des anatomisch modernen Menschen und des Neandertalers vor etwa 1 Million Jahren hat.»

Die Homininen umfassen alle Formen der Menschenlinie seit ihrer Abtrennung von der Linie der Schimpansen. In einer späteren Publikation veranschlagten die Forscher die mitochondriale Abweichung des neuen eurasischen Homininen von *H. sapiens* und dem Neandertaler auf etwa 750 000 Jahre, was nahe an dem Zeitpunkt liegt – wie wir später sehen werden –, zu dem *H. rhodesiensis/heidelbergensis* Afrika verließ. Die Feststellung, dass die mitochondriale Divergenz auf diese Zeit zurückgeht, legt also nahe, dass der neue Hominine seine DNA von ebendiesem *H. rhodesiensis/heidelbergensis*, dem gemeinsamen Vorfahren von Sapiens und Neandertaler, geerbt hat.

Dies wurde 2013 durch die aufsehenerregende Sequenzierung einer mitochondrialen DNA bestätigt, die wie durch ein Wunder seit 430 000 Jahren am Grund der Sima de los Huesos in Atapuerca, Spanien, erhalten geblieben ist. Die älteste bekannte menschliche mitochondriale DNA! Diese Entdeckung gab der vom Team des MPI-EVA berechneten mitochondrialen Divergenz einen Sinn: Tatsächlich handelt es sich bei den in der Schlucht geborgenen Fossilien um solche des *H. heidelbergensis* auf dem Weg zur Neandertalisierung. Sie sind in den Tiefen der Sima de los Huesos so gut erhalten, dass es Svante Pääbo und seinem Team gelang, aus einem Oberschenkelknochen 98 % der mitochondrialen DNA zu extrahieren. Diese DNA gehört zum selben Typus wie die DNA von *Denisova 3*, einem Denisovaner. Die Tatsache, dass die mitochondriale DNA aus der Sima de los Huesos und von Denisova sich so ähnlich sind, deutet darauf hin, dass es sich um die DNA des gemeinsamen Vorfahren des Neandertalers und des Denisovaners handelt: den *H. heidelbergensis.*

Zunächst konnte man es kaum glauben: Warum hatten die spanischen Präneandertaler auf dem Weg zur Neandertalisierung nicht die gleiche mitochondriale DNA wie die späteren europäischen Neandertaler? Woher stammte die mitochondriale DNA der späteren Neandertaler? Die einzig mögliche Erklärung war, dass sich die Neandertaler nach 430 000 vor unserer Zeit mit einem anderen Menschen vermischten und dabei eine neue mtDNA erhielten, die sich von der aus der Sima de los Huesos und von *Denisova 3* unterschied. Dieses Szenario wurde 2017 bestätigt, als der Genetiker Cosimo Posth vom Max-Planck-Institut für Menschheitsgeschichte an der Uni Tübingen nachwies, dass die menschliche mtDNA in einem Neandertaler-Schienbein aus der schwäbischen Höhle Hohenstein-Stadel der DNA des archaischen *H. sapiens* gleicht, mit dem der Neandertaler wahrscheinlich schon früh in der Levante verkehrte (wir kommen darauf zurück).

Der Zeitpunkt der mitochondrialen Divergenz stimmt mit dem Auftreten einer Migrationswelle von Menschen in Europa vor 700 000 Jahren überein, die durch den Faustkeil charakterisiert ist. Ihre Vertreter werden sich zu Neandertalern entwickeln, parallel dazu setzt sich der verbesserte Faustkeil immer mehr durch. Das einzige in der Sima de los Huesos gefundene Werkzeug, ein prachtvoller rosafarbener, Exkalibur genannter Faustkeil, belegt die Zugehörigkeit des *H. heidelbergensis* der Sima de los Huesos zu dieser Welle. Damit ist klar, dass diese Welle eine mitochondriale DNA des *H. heidelbergensis* besaß, die später durch eine archaische Sapiens-DNA ersetzt wurde.

Und wie steht es mit der DNA, die in den Zellkernen enthalten ist, der

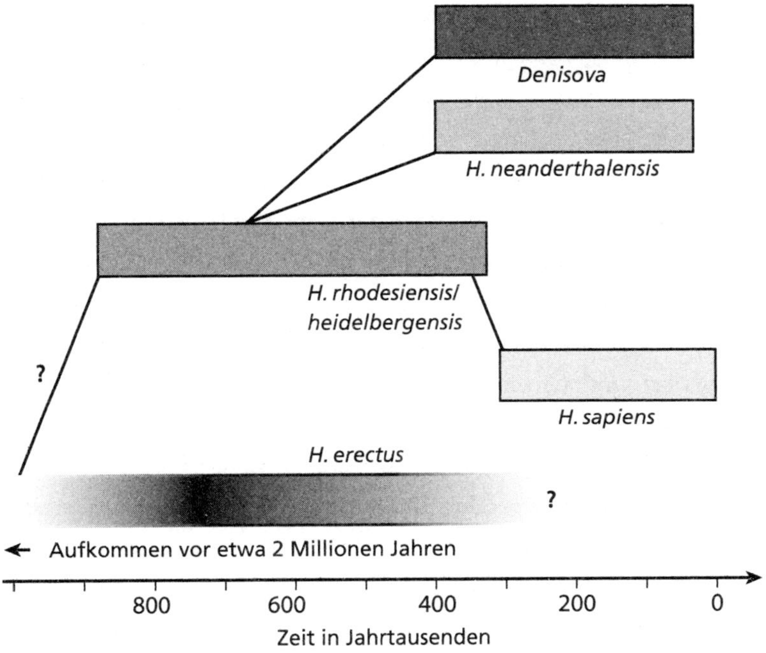

Abb. 4.1: Die Evolution des Menschen in Europa, Afrika und Asien in den vergangenen 800 000 Jahren.

nukleären DNA? Bereits 2010 war dem Forscherteam um David Reich von der Harvard University eine erste, recht grobe Analyse der Sequenz der nukleären DNA von *Denisova 3* gelungen. Der Vergleich mit der damals verfügbaren Neandertaler-Kern-DNA machte bereits deutlich, dass die Divergenz zwischen den Neandertaler- und den Denisova-Linien erst vor etwa 400 000 Jahren stattgefunden hatte. Dies wurde 2014 anhand einer neuen, wesentlich besseren Sequenzierung von *Denisova 3* aus dem Jahr 2012 bestätigt. Durch den Abgleich des so gewonnenen Kern-Genoms mit dem des Neandertalers aus dem Altai (dem von *Denisova 5*) errechneten die Forscher des MPI-EVA, dass sich Denisovaner und Neandertaler zwischen 473 000 und 381 000 auseinanderentwickelt haben.

Die Brüder des Denisovaners

Welcher Schluss ist daraus zu ziehen? Sapiens, Neandertaler und Denisovaner stammen vom *H. heidelbergensis* ab! In Eurasien haben sich die Neandertaler- von Denisova-Linien vor rund 400 000 Jahren getrennt und sich danach in denselben Zeiträumen weiterentwickelt, die Neandertalerlinie im westlichen Eurasien, die Denisova-Linie im östlichen Eurasien. Diese Entdeckung ist von großer Bedeutung: Der Neandertaler hat im Osten einen Bruder, der ihm ähnelt. Bei der Lösung des Denisova-Rätsels spielt diese Erkenntnis eine so wichtige Rolle, dass wir darauf näher eingehen müssen.

Im Zusammenhang mit dem Evolutionsprozess, der den Neandertaler hervorbrachte, wird üblicherweise von «Neandertalisierung» gesprochen; wir sind der Meinung, dass während der Neandertalisierung in Europa ein vergleichbarer Vorgang in Asien stattfand, den wir mit dem Neologismus «Denisovanisierung» bezeichnen. Die Tatsache, dass im östlichen wie auch im westlichen Eurasien bis auf einige Unterschiede vergleichbare Bedingungen herrschten und herrschen, muss sich in den Konvergenzen und Divergenzen zwischen der Neandertalisierung und der Denisovanisierung widerspiegeln.

Eine Frage der Tiefe

Dieses bedeutsame Ergebnis ist nicht alles, was die erheblich verbesserte Sequenzierung von *Denisova 3* im Jahr 2012 erbracht hat. Die Sequenzierung von 2010 war nur mit der *geringen Tiefe* von 1,9 X durchgeführt worden. Der Begriff *Tiefe* bedarf der Erklärung, denn er ist von entscheidender Bedeutung. Die mitochondriale DNA macht 0,0005 % der Gesamtzahl der Nukleobasen des menschlichen Genoms aus, während die Kern-DNA 99,9995 % davon ausmacht. Das nukleäre Genom enthält also viel mehr Informationen als das mitochondriale Genom, eigentlich fast alle.

Nun befindet sich in einer Knochenprobe außer der zu rekonstruierenden – endogenen – DNA sehr viel Fremd-DNA – exogene DNA. Letztere stammt von den zahlreichen nekrophagen Organismen, die den Kadaver nach dem Tod befallen. Dabei handelt es sich um Bakterien, Bodenpilze etc. Noch problematischer kann sich eine Kontamination des Fossils mit menschlicher DNA bei unvorsichtigem Umgang auswirken.

Eine Tiefe von 1,9 X bedeutet, dass bei der Erstellung der Sequenzbibliotheken jedes endogene oder exogene DNA-Stück im Durchschnitt nur 1,9 Mal gelesen wird. Das ist sehr wenig. Bei der bioinformatischen Rekonstruktion der vollständigen Sequenz führt dieser Mangel an Informationen zu statistischen Unsicherheiten, weshalb die Forscher ein zuverlässigeres Resultat anstrebten. Das gelang im Jahr 2012, als Matthias Meyer vom MPI-EVA und ein ganzes Team die Ergebnisse einer Sequenzierung großer Tiefe – 30 X – aus 40 Milligramm des Fingerglieds von *Denisova 3* präsentierten. Dieser spektakuläre Fortschritt verdankt sich einer Methode, die dieses Team selbst entwickelt hat, um den Gehalt der Sequenzbibliotheken so weit zu steigern, dass jede Basis mindestens 30 Mal gelesen werden kann. Eine Methode, die seit diesem Durchbruch allgemein angewandt wird.

Eine unbekannte Menschenform

Die mit dieser Tiefe erzielte Auflösung und Reliabilität erbrachte mindestens vier überraschende Ergebnisse. Zum einen bestätigte das Team um Matthias Meyer damit, dass die Denisovaner (und auch die Neandertaler) afrikanischen Ursprungs sind. Zur Untermauerung dieser Feststellung analysierte ein Team der Universität von Aix-Marseille, dem auch Silvana angehört, auf der Grundlage des inzwischen fast vollständig entschlüsselten Genoms von *Denisova 3* sieben Blutsysteme, insbesondere das ABO- und das Rhesussystem, die heute bei Bluttransfusionen überprüft werden. Die Liste der bei den heutigen Afrikanern verbreiteten Blutsysteme legt nahe, dass die Blutgruppen des Denisovaners und des Nean-

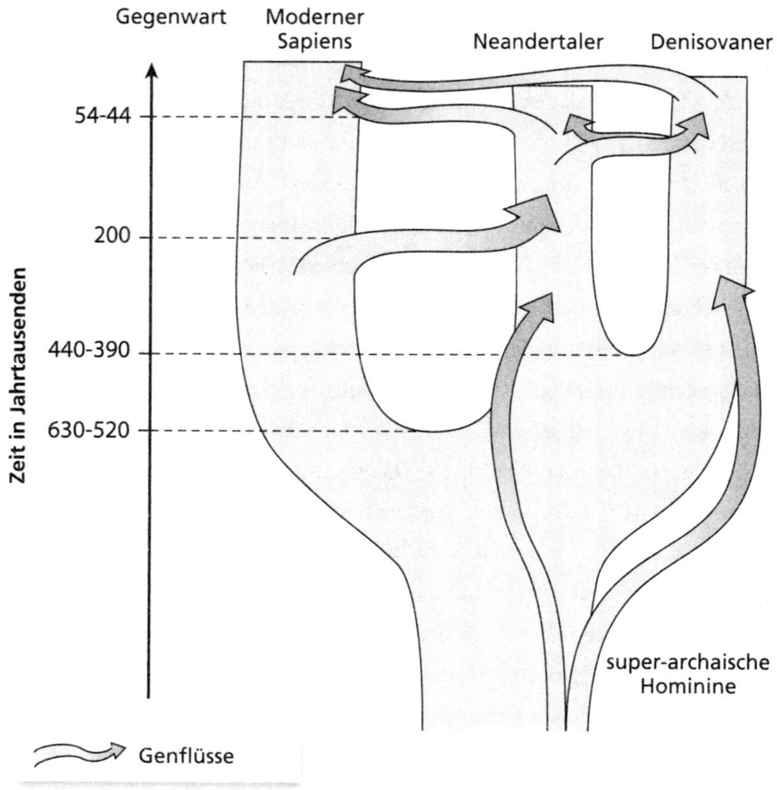

Abb. 4.2: Die Abweichungen zwischen den Zweigen Sapiens, Neandertaler und Denisovaner, wie sie durch die Untersuchung der mitochondrialen und Kern-DNA (Y-Chromosom) darstellbar sind.

dertalers bereits alle Kombinationen besaßen, die heute in der Wiege der Menschheit bekannt sind. Die unwiderlegbare Schlussfolgerung: Sie alle sind afrikanischen Ursprungs. Dieser bereits bekannte Punkt erfuhr eine direkte Bestätigung durch das Blut, was umso bedeutungsvoller ist, als manche Paläoanthropologen, wie wir noch sehen werden, von einem ausschließlich asiatischen Ursprung für Denisova ausgehen.

Zweitens zeigt sich, dass sich der Denisovaner außerdem mit einer anderen asiatischen Form gekreuzt hat: Das im Fingerglied von *Denisova 3* enthaltene Genom enthält nämlich einige DNA-Sequenzen, die von einem unbekannten, «super-archaischen» Homininen stammen. Nach der genetischen Uhr – d.h. nach der Anzahl der Mutationen in den etwa 4 Millionen Basen, aus denen diese Sequenzen bestehen – weicht die Abstammungslinie der Neandertaler, der Denisovaner und des Sapiens von der des «Super-Archaischen» um zwischen 1 und 1,5 Millionen Jahren ab. Wer könnte dieser unbekannte Hominine sein? Nach unserem derzeitigen Wissensstand ist das *H. erectus,* aber kann man sicher sein?

Die dritte überraschende Schlussfolgerung ist die geringe Heterozygotie von *Denisova 3.* Die Qualität des Genoms dieses Individuums ist ausreichend, um den Anteil der Gene abschätzen zu können, deren väterliche und mütterliche Varianten – die Allele – voneinander abweichen, d.h. seine «Heterozygotie». Innerhalb einer Population bedeutet eine größere Heterozygotie, dass mehr Versionen jedes Gens zirkulieren, was eine größere Biodiversität bedeutet, wodurch wiederum die Anpassung begünstigt wird. Individuen, deren Gene eine geringe Heterozygotie aufweisen, entstammen also einer Population mit geringer genetischer Diversität, was bei *Denisova 3* der Fall ist.

Schließlich wurde festgestellt, dass manche Melanesier zwischen 4 und 6 % Denisova-DNA in sich tragen, was sehr viel ist. Dieses Ergebnis, das auf der Sequenzierung von nur fünf *H. sapiens* beruhte, versetzte die wissenschaftliche Gemeinschaft 2010 in Erstaunen, zumal unter diesen Individuen die Genome der Han-Chinesen, also der ethnischen Mehrheit der Chinesen, nur Spuren von Denisova-DNA zu enthalten schienen, jedenfalls deutlich weniger als die der Papua. Diese Feststellung war insofern verunsichernd, als Melanesien sehr weit von der Denisova-Höhle entfernt ist – ein Rätsel, das wir in den folgenden Kapiteln lösen werden. Damals war klar, dass die signifikante Vermischung von Denisovaner und Sapiens weitab vom Altai die Hoffnung nährte, dass auch außerhalb der Denisova-Höhle Denisova-Fossilien und -Genome entdeckt würden.

Denisovaner ohne Knochen

Doch leider war den Paläontologen das Glück nicht hold: Nach ihrer Entdeckung im Jahr 2010 blieben die Denisovaner fast zehn Jahre lang ohne Knochen, abgesehen von millimetergroßen Fragmenten, dem wenig interessanten Stück einer Schädeldecke und einem Zahn. Erst 2019 startete die chinesische Prähistorikerin Dongju Zhang von der Universität von Lanzhou zusammen mit Jean-Jacques Hublin, damals am MPI-EVA, eine Untersuchung, um zu beweisen, dass ein im Jahr 1980 in der Baishiya-Höhle im äußersten Nordosten der tibetischen Hochebene entdeckter Unterkiefer tatsächlich von einem Denisovaner stammte. Dongju Zhang stellte ein Team zusammen, um Denisova-DNA aus den Sedimenten der Höhle zu extrahieren. Und sie hatten Erfolg!

Das chinesische Team wandte in Baishiya ein Verfahren an, das von Viviane Slon vom MPI-EVA und anderen Wissenschaftlern entwickelt worden war. 2017 hatte dieses Team 85 Sedimentproben aus von Neandertalern oder Denisovanern bewohnten Höhlen entnommen und versucht, daraus mitochondriale DNA zu gewinnen. Überraschenderweise enthielt 1 Milligramm Sediment zwischen 30 und 4500 Fragmente mitochondrialer DNA einer ganzen Reihe von Arten (von Säugetieren über Pilze bis hin zu Pflanzen), während 1 Milligramm alter Knochen normalerweise zwischen 34 und 9000 Fragmente mitochondrialer DNA aufweist. Natürlich ist dabei menschliche mtDNA in der Minderzahl, aber die Paläogenetiker von Viviane Slons Team konnten sie in den Bibliotheken der gewonnenen Sequenzen ermitteln.

Das Team von Dongju Zhang ging ähnlich vor: Nachdem es in den Sedimentproben aus der Baishiya-Höhle die mitochondrialen DNA-Fragmente entnommen hatte, wurden diese sequenziert, um Sequenzbibliotheken zu gewinnen. Nach der Trennung von menschlicher und nicht-menschlicher mtDNA verglichen die Forscher die erhaltenen Sequenzen mit denen der mitochondrialen Genome von Sapiens, Neandertaler und Denisovaner und identifizierten Denisova-mtDNA in unterschiedlichen stratigrafischen Schichten. Daraus ergab sich, dass sich Denisovaner im Zeitraum zwischen 160 000 und 45 000 Jahren vor unserer Zeit immer mal wieder in der Baishiya-Höhle aufgehalten hatten. Man hatte also eine weitere Denisova-Höhle entdeckt.

Einige Denisovaner lebten demnach in großen Höhen, was dadurch bestätigt wird, dass *Denisova 3* eine Genversion besaß – das Allel *EPAS1* –, das sie davor bewahrte, chronisch an der Höhenkrankheit und ihren Begleiterscheinungen wie Kopfschmerzen, Erschöpfung, Übelkeit, Atemnot, Verwirrung etc. zu leiden. Dieses Gen kodiert für das Protein *EPAS1*, das an der physiologischen Reaktion auf eine niedrige Sauerstoffkonzentration beteiligt ist, die nicht nur den Sauerstofftransport im Organismus verbessert, sondern auch eine Rolle bei der Entwicklung des Herzens und seiner gesunden Funktion spielt. Dieses Allel erleichtert also das Leben in der dünneren Luft des tibetischen Hochlands, das auf einer durchschnittlichen Höhe von 4500 Metern liegt. Obwohl die Lage der Denisova-Höhle auf nur 700 Metern Höhe keine Anpassung an die Höhe erfordert, wurde diese Version des *EPAS1*-Gens in *Denisova 3* gefunden.

Um sich an das Leben in großer Höhe anzupassen, müssen die Vorfahren der Denisova-Menschen mehrere Hunderttausend Jahre auf der tibetischen Hochebene gelebt haben, wie die von Dongju Zhang ermittelten Besiedlungsdaten belegen. Als die ersten Sapiens-Populationen ankamen, haben die Denisovaner wahrscheinlich dieses «Anti-Höhenkrankheit-Gen» weitergegeben, das die heutigen Tibeter geerbt haben. Wenn das richtig ist, dann besiedelten Denisovaner vermutlich zur gleichen Zeit, als sie im Altai lebten, auch die tibetische Hochfläche.

Da dieses ausgedehnte Gebiet sowohl das im gemäßigten Klima gelegene China im Norden sowie das tropische China im Süden umfasst, liegt es nahe, dass sie auch ein weit größeres Territorium besiedelten. Und auf einmal hatte das genetische Vermächtnis der Denisovaner an die modernen Populationen die geografische Verbreitung der Spezies erheblich erweitert. Und das war erst der Anfang.

Um zu überleben, mussten die Menschen der Altsteinzeit je nach Jahreszeit und Tiermigrationen ständig unterwegs sein.

5 | Ein riesiges Reich im Osten

Während der spanischen Kolonisierung der Philippinen widersetzte sich eine wehrhafte Gruppe von Indigenen auf der Insel Luzón jeglichem Versuch, sie sesshaft zu machen: die Agta. Laut zeitgenössischen Beobachtern wie Miguel López de Legazpi, dem ersten Gouverneur der Philippinen, besaßen diese «Negritos» – die spanische Bezeichnung der Ureinwohner bedeutet «kleine Schwarze» – Werkzeuge aus Eisen. Die Präzision und Geschwindigkeit in der Handhabung von Pfeil und Bogen machten sie zu gefürchteten Gegnern. Während der Eroberung zogen sie sich in die Wildnis der großen bergigen und vulkanischen Insel zurück, wo sie noch bis heute weitgehend abgeschottet von der Außenwelt leben.

Für Genetiker ist diese genetische Isolierung ein Glücksfall. Im Jahr 2021 vereinbarte ein Forscherteam unter der Leitung von Maximilian Larena von der Universität Uppsala eine Kooperation mit der Nationalen Kommission für Kultur und Kunst der Philippinen, den lokalen Kulturvereinen und mit anderen Akteuren, die sich für die Rechte der Indigenen einsetzen, um eine breit angelegte Studie über die Genealogie der ethnischen Gruppen des Landes, vor allem der Negrito-Populationen, auf den Weg zu bringen. Dabei stellte sich heraus, dass die Negrito-Ethnie Magbukon-Agta auf der zu Luzón gehörenden Halbinsel Baatan zu 5 % Denisova-DNA besaß. Das war das Fünffache der tibetischen Bevölkerung. Doch wie konnten Denisova-Gene so weit entfernt von der Höhle im Altai-Gebirge auf diese Insel gelangen? Besiedelten die

Abb. 5.1: Die Magbukon-Agta tragen im Durchschnitt 5 % Denisova-DNA in sich, ein Erbe der Vermischung von Denisovanern und den ersten Sapiens in Südostasien.

Denisovaner ein weit größeres und vielfältigeres Gebiet, als ihre Anpassung an die kalten Regionen des Altai und des tibetischen Hochlands vermuten ließ?

Bevor wir diese Spur verfolgen, fassen wir zusammen, was wir bis jetzt wissen: Vor etwa 750 000 Jahren verließ eine Urform des Menschen (*H. heidelbergensis*) Afrika und breitete sich in Eurasien aus. 400 000 Jahre später waren daraus zwei Gruppen hervorgegangen: die Neandertaler im Westen und die Denisovaner im Osten. Außerdem wissen wir, dass Denisova-Menschen wahrscheinlich bereits vor 200 000 Jahren im Altai-Gebirge und im tibetischen Hochland lebten. David Reich, einer der Mitentdecker des Denisova-Menschen, vermutete bereits 2010, dass die Denisovaner ein weit größeres Gebiet bewohnten. Basierend auf der Analyse einer begrenzten Anzahl von Genomen moderner Populationen, hegte der Paläogenetiker schon die Vermutung, dass Denisovaner bis

Melanesien, in das südostasiatische Archipel einschließlich Neuguinea, gekommen sein könnten. Seltsamerweise nahm dieser genetische Anteil zu, je weiter man in den Süden des Kontinents kam. Der Denisovaner hatte nicht nur in den Tropen gelebt, sondern scheint sich dort auch fest etabliert zu haben. Diese Eindrücke gründeten sich allerdings auf eine Sequenzierung von nur fünf Sapiens-Individuen. Haben sie sich mittlerweile bestätigt?

Ja! Mehrere Studien haben kurz nacheinander die Vermutung eines beträchtlichen Denisova-Erbes in Südasien untermauert, das sich an der Küstenlinie von Indien bis Melanesien erstreckt. In Westbengalen haben Forscher des NIBMG (National Institute of Biomedical Genomics) in Kalyani gemeinsam mit Kollegen aus Spanien, Großbritannien, den Niederlanden und China mehr als 1739 menschliche Genome vom indischen Subkontinent analysiert. Auf dieser Grundlage zeichneten sie die Geschichte der Besiedelung der Region nach und entdeckten dabei, dass die Nachkommen der ersten *H. sapiens*, die auf den Subkontinent gelangten, sich, wie auch in Südostasien, mit den dort bereits lebenden Denisovanern vermischt hatten. Besonders interessant ist, dass die Adivasi, d.h. die indischen Ureinwohner, erheblich mehr Denisova-DNA besitzen als die (vor allem im Norden lebenden) Inder, die eine indoeuropäische Sprache sprechen und deren indoeuropäische Vorfahren in der späten Bronzezeit von Nordwesten her nach Indien kamen.

Weiter im Osten des Kontinents sequenzierte ein Team des Instituts für Evolutionsbiologie der Universität Pompeu in Barcelona unter der Leitung von Mayukh Mondal die Genome von 60 Andamanesen, Bewohnern der indischen Andamanen, einer Inselgruppe vor der Küste von Myanmar. Die Forscher kamen zu dem Schluss, dass diese Nachfahren der ersten Sapiens-Welle in Südasien zwischen 2 und 3 % Denisova-DNA aufweisen, was in etwa dem Anteil der Neandertaler-DNA in Genomen der Europäer entspricht.

Denisova-Erbe in Neuguinea

Schließlich veröffentlichte 2019 ein großes Forscherteam unter der Leitung von Guy Jacobs von der Universität Singapur Ergebnisse über die Vielfalt der Denisova-Gene, die bei den Vorfahren derjenigen Population angetroffen wurden, die das Team von David Reich als die am stärksten mit Denisova-Genen gemischt befunden hatte: die bereits erwähnten Papua Neuguineas. Der genetische Fingerabdruck bestätigte sich und deutete auf die sehr alte Präsenz der Denisovaner in dieser Region hin. Aber es gab noch etwas Interessanteres.

Nachdem die Forscher in der Papua-DNA einen Satz von gesichert denisovanischen «Blöcken» ausgewählt hatten, verglichen sie dieses Material mit dem der Denisovaner aus dem Altai. Ihre Analyse ergab, dass der frühe *H. sapiens* im Lauf seiner Verbreitung in Südostasien nicht nur mit einer, sondern mit zwei unterschiedlichen Denisova-Gruppen in Kontakt gekommen war. Eine schöne Entdeckung, die die Existenz mehrerer Denisova-Populationen in Südostasien nahelegte.

Ist das bei näherer Betrachtung wirklich so überraschend? Nein, denn der Denisova-Mensch hat sich im Wesentlichen auf einem Kontinent entwickelt, der heute in dieser Form nicht mehr existiert. Während wahrscheinlich mehr als der Hälfte des Pleistozäns (von 2,58 Millionen bis vor 11 700 Jahren) war ein großer Teil dieser heute versunkenen Weltregion festes Land. Eine von Harold Voris vom Field Museum of Natural History von Chicago durchgeführte Studie zeigt, dass während 40 % der letzten 250 000 Jahre des Pleistozäns der Großteil des Sunda-Schelfs (der untermeerische Kontinentalsockel zwischen dem südostasiatischen Festland und Sumatra, Java und Borneo (s. S. 113 f.) nur 40 Meter unter der Wasseroberfläche lag. Während der Eiszeiten fiel der Meeresspiegel weit unter dieses Niveau.

Im Lauf der Denisovanisierung (und Neandertalisierung) lebten die Populationen Südostasiens demnach auf einer ausgedehnten Landmasse.

Dieser «Sunda-Kontinent» reichte bis zur Wallace-Linie, einer biogeografischen Grenze, die die asiatische von der australischen Ökozone trennt. Während der maximalen Kaltzeiten war die Wallace-Linie auch ein tiefer Kanal, der zwischen den Inseln Bali und Lombok und westlich der Philippinen verlief. Die Wallace-Linie begrenzt also im Süden einen großen tropischen Kontinent, an dem ein Großteil der aus Afrika stammenden Gruppen ankam, da diese als Menschen aus den Tropen dazu neigten, in Klimazonen zu bleiben, an die ihr Körper angepasst war.

Die Einwanderungswelle, die den Denisovaner im östlichen Eurasien (und den Neandertaler im westlichen Eurasien) hervorbrachte, bevölkerte also auch den riesigen Sunda-Kontinent und sorgte dort für eine beträchtliche Bevölkerung. Während der Warmzeiten zerfiel der Sunda-Kontinent in Archipele. Die Populationen der Inseln drifteten genetisch auseinander, weshalb der Anteil an Denisova-DNA in Südostasien von einer großen Insel zur anderen variiert.

Das Team von Guy Jacobs gelangte durch die Anwendung der genetischen Uhr jedenfalls zu dem Schluss, dass die letzten Hybridisierungen zwischen Sapiens und Denisovanern vor 30 000 bis 15 000 Jahren stattfanden, und damit lange nach den letzten Denisovanern des Altai. Außerdem, so die Forscher, sei die Tatsache, dass so viel Denisova-Erbgut in den Papua-Genomen erhalten geblieben ist, auf seine Zweckmäßigkeit in den feuchten äquatorialen Wäldern voller Krankheitserreger zurückzuführen, wo sich die spezifischen Anpassungen des Immunsystems der südostasiatischen Denisovanern als höchst vorteilhaft erwiesen haben müssen.

Das Collège de France als Retter in der Not

Noch deutlicher wird dieses Phänomen in der genetischen Geschichte der Ozeanier, die ein großes Team um die Genetiker Lluìs Quintana-Murci vom Collège de France und Etienne Patin vom Institut Pasteur in Paris zehn Jahre lang erarbeitet hat. Sie sequenzierten 317 Genome aus

20 Populationen des Pazifikraums, von Taiwan über Vanuatu bis hin zum Bismarck-Archipel und den Salomon-Inseln, also von Populationen Ozeaniens. Der Zusammenhang mit den Denisovanern mag Fragen aufwerfen, aber er wird klar, wenn man bedenkt, dass diese Populationen dank einer Reihe von Ethnienbildungen entstanden sind.

Diese Abfolge von Ethnogenesen begann vor über 4500 Jahren vor unserer Zeit auf dem chinesischen Festland und setzte sich um etwa 2500 vor unserer Zeit fort in Taiwan, dann auf den Philippinen, und erreichte danach Indonesien und dann einen riesigen Raum, der sich von Madagaskar bis zu den Osterinseln erstreckt und in dem unter anderem die direkten Nachfahren der ersten Sapiens-Populationen leben, die in diese Region kamen: die Negritos und die Papua. Es scheint also, dass die Vorfahren der Ozeanier sich nach und nach über ganz Südostasien und dann über das riesige Ozeanien verbreitet haben.

Welche Geschichte erzählen ihre Gene? Lluís Quintana-Murci hebt den wesentlichen Aspekt hervor:

> «Zu unserer Überraschung stellten wir fest, dass [...] das Erbgut des Denisova-Menschen von Population zu Population sehr unterschiedlich ist: von fast 0 % auf Taiwan und den Philippinen [Anm. der Autoren: außer Jäger und Sammler] steigt der Anteil auf 3,2 % in Papua-Neuguinea und in Vanuatu.»

So erhielten die noch in Asien lebenden Sapiens-Vorfahren der Bewohner des nahen Ozeanien – Papua-Neuguinea, Bismarck-Archipel und die Salomonen – sowie die Agta der Philippinen vor etwa 46 000 Jahren einen ersten Genfluss von einer Denisova-Population, die sich von den Denisovanern des Altai vor über 200 000 Jahren abgetrennt hatte. Die Vorfahren der Agta auf den Philippinen bekamen einen zweiten Genfluss von einer anderen, wahrscheinlich lokalen Denisova-Gruppe. Danach, etwa vor 21 000 Jahren, erhielten in Ostasien Vorfahren der heutigen Ozeanier einen dritten Genfluss einer Gruppe von kontinentalen Denisovanern, bevor diese in Richtung Südostasien migrierten. Schließlich soll ein letzter, für die Papua spezifischer Genfluss vor etwa 25 000 Jahren von einer lokalen Denisova-Population ausgegangen sein, die sich vor über 400 000 Jahren von den Denisovanern des Altai abgetrennt hatte.

Somit haben vier verschiedene Genflüsse zum Sapiens Ozeaniens beigetragen. Diese Auflistung zeigt, dass die zahlreichen Sapiens-Populationen, die sich vom asiatischen Festland nach Ozeanien aufgemacht hatten, Denisova-Gene aus dem Norden (abgetrennt von den anderen Denisova-Populationen vor 400 000 und 200 000 Jahren) der Sapiens-Bevölkerung im Süden übertrugen, wobei es zu einem relativ späten Zeitpunkt (vor 25 000 Jahren!) zu einer Vermischung mit den Denisovanern im Süden kam.

Diese genetischen Verknüpfungen lassen sich gut nachvollziehen, wenn man sich vor Augen hält, dass im Fernen Osten – im Gegensatz zum Fernen Westen, wo Europa und Afrika durch das Mittelmeer getrennt sind – der Nord-Süd-Verkehr während der Kaltzeiten zu Fuß und auch während der warmen Perioden möglich war, wenn man sich von Insel zu Insel durchschlagen konnte. Bereits in prähistorischer Zeit war dies der Fall und spielte eine große Rolle bei der Ankunft der Sapiens-Clans, da diese die Meeresarme per Boot überqueren konnten. Und in Südostasien sind schon immer Migranten aus Asien angekommen, wie die zahlreichen Wanderungsbewegungen der Ozeanier deutlich belegen.

Zur Veranschaulichung dessen, was wir mit den Migrationen von Vertretern unserer Spezies in der Region meinen: Zunächst kamen *H. sapiens* vor etwa 70 000 Jahren an und brachten frisch erworbene Neandertaler-Gene aus dem Nahen Osten mit. Danach kamen die Vorfahren der Ozeanier im dritten Jahrtausend vor unserer Zeit, gefolgt von den ersten Reisbauern im zweiten Jahrtausend vor unserer Zeit. Am Ende des ersten Jahrtausends vor unserer Zeit kamen Menschen, die vor den Armeen des Kaisers Qin Shi Huangdi flohen, und natürlich die vielen Chinesen, die seit Jahrhunderten Handelsgemeinschaften im

Süden gründen. Seit Jahrtausenden brachten diese Sapiens-Migranten aus dem Norden des asiatischen Kontinents Denisova-DNA mit, die zu der Denisova-DNA des Südens hinzukam, die bereits in den Sapiens-Genomen Südostasiens vorhanden waren, insbesondere bei den Negritos und den Papua, deren Vorfahren wahrscheinlich vor 25 000 Jahren mit den letzten Denisovanern des Südens in Berührung kamen.

Wenn Denisova dem Sapiens hilft

Das Team um Lluis Quintana-Murci stellte außerdem fest, dass die Denisova-Gene, die heute noch bei den Ozeaniern festzustellen sind, nahezu ausschließlich vorteilhafte Mutationen enthalten, die die Immunabwehr fördern. Das bedeutet, dass die Denisova-Populationen Südostasiens den ozeanischen Nachkommen der ersten *H. sapiens*, die zu ihnen gelangt waren, Immunmerkmale vererbten, die die Widerstandskräfte gegen die in den tropischen Regenwäldern allgegenwärtigen infektiösen Krankheitserreger stärkten. Im Jahr 2021 wurde dieser Befund durch die Ergebnisse eines Teams der Universität von Aix-Marseille, dem auch Silvana angehörte, bestätigt, das Neandertaler- und Denisova-Blut verglich: Die untersuchten Blutvarianten sorgen für eine geringe Anfälligkeit für bestimmte tropische Krankheitserreger.

Die Untersuchung der Denisova-DNA der Fossilien aus der Denisova-Höhle, der in Sedimenten enthaltenen DNA und der DNA in den Genomen unserer Zeitgenossen ergab letztendlich, dass der Denisovaner ein asiatischer Mensch des mittleren Pleistozäns war (vor 770 000 bis 126 000 Jahren), der ein riesiges Dreieck aus Indien, Südostasien und dem asiatischen Festland besiedelte.

Ferner wissen wir, dass die Denisovaner wie die Neandertaler ein altes genetisches Erbe von sogenannten «super-archaischen» Menschen übernommen haben. Ihren Genomen zufolge haben sich Neandertaler und Denisovaner vor circa 400 000 Jahren aus einer afrikanischen Form (*H. heidelbergensis*) divergent entwickelt und sind miteinander näher

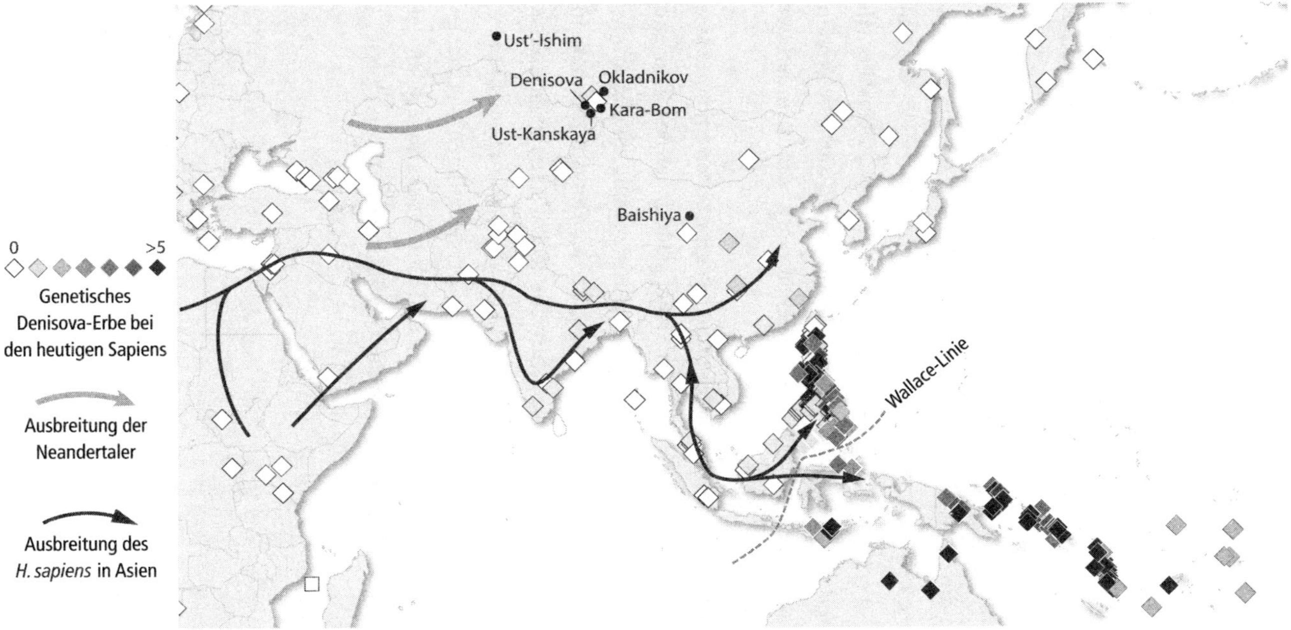

Abb. 5.2: Das genetische Erbe des Denisova-Menschen in den heutigen Populationen. Es fehlt ganz in Westeurasien und Afrika (weiße Quadrate), ist schwächer vorhanden in Indien und Festlandasien, dafür sehr stark in Südostasien und Australien. Die wichtigsten Fundstätten von *H. sapiens,* Neandertalern und Denisovanern sind ebenfalls eingetragen.

verwandt als mit *H. sapiens*. Allerdings haben sie sich, wie *Denisova 11* zeigt, an den Rändern ihrer jeweiligen Territorien ein wenig vermischt, zumindest im Altai.

Die Unterschiedlichkeit der *H. sapiens*, die heute zwischen Sibirien und Papua leben, legt nahe, dass auch bei den Denisovanern der Phänotyp – die Gesamtheit der äußerlichen Merkmale – unterschiedlicher war als der Genotyp – die Gesamtheit der genetischen Merkmale. Dennoch waren die Genotypen hinreichend verschieden, sodass die Denisovaner im Norden an die Kälte, die im Süden an die Pathogene des Regenwalds angepasst waren. Die Verteilung der Gene dieser fossilen Population lässt den Schluss zu, dass die Vorfahren der Denisova-Menschen in Südostasien und im Süden des asiatischen Kontinents stärker vertreten waren. Am Ende starb der Denisovaner ebenso wie der Neandertaler nach der Ankunft des *H. sapiens* aus.

Die bis jetzt über den Denisova-Menschen gesammelten Erkenntnisse sind fraglos von großem Wert, aber in Ermangelung von Fossilien und eindeutig identifizierten Lebensräumen sagen sie wenig über das physische Erscheinungsbild und die Lebensweise der Denisovaner aus. In den folgenden Kapiteln werden wir zahlreiche geologische, geografische, klimatische, paläontologische, archäologische und andere Daten heranziehen, um das bis jetzt gezeichnete Bild zu vervollständigen. Versuchen wir zunächst zu verstehen, wer der erste und älteste bekannte Asiat, der *H. erectus*, ist und welche Rolle er in der Geschichte wohl gespielt hat.

TEIL II
DIE URSPRÜNGE

Diese Frau gehört zur zweiten Form generalistischer Menschen, dem *H. erectus*, der den ganzen südlichen Teil Eurasiens besiedelte.

6 | Vor Denisova: der seltsame *Homo erectus*

Im Jahr 2010 bekannte der amerikanische Marinegefreite Richard Bowen auf seinem Sterbebett:

> «Täglich rückte der chinesische Bürgerkrieg näher. [...] Die Stadt Chinwangtao wurde jetzt von der 8. Landarmee belagert. Von See aus bombardierten nationalistische Kanonenboote die kommunistische Armee über unser Lager hinweg. Eine kommunistische Gesandtschaft kam, forderte unsere Kapitulation und behauptete, dass uns 250 000 Mann gegenüberstünden [...] Von Zeit zu Zeit richtete unser Leutnant unsere Schützenlinien neu aus, und wir mussten neue MG-Nester ausheben. Dabei stießen wir eines Nachts auf eine Kiste voller Knochen. Erschrocken gruben wir sie sofort wieder ein und hoben an einer anderen Stelle Erde aus [...] Zum Glück räumten wir kurz darauf das Lager und konnten mit der Flagge der ersten Marine-Division in die Vereinigten Staaten zurückkehren ...»

Richard Bowen hatte auf einem US-Stützpunkt in der chinesischen Hafenstadt Chinwangtao – heute Qinhuangdao – gedient, und die Erinnerung, die er an seinem Lebensabend mitteilte, bezeugte, dass sich 1947 in dieser Stadt ein verlorener Schatz befand, der für China von großer Bedeutung war: die Fossilien des Sinanthropus.

Warum ist er von großer Bedeutung? Für uns, weil der Sinanthropus zu einer speziellen Form des *H. erectus* gehört, nämlich des *H. erectus pekinensis*, des «Peking-Menschen», erster bekannter Asiate, jedoch

Abb. 6.1: Dieses Sinanthropus-Denkmal steht in Zhoukoudian an der Stelle, an der 1929 ein erster, heute verschollener Schädel zutage gefördert wurde.

nicht der Hauptvorfahr des Denisova-Menschen. Für die Chinesen ganz einfach deshalb, weil sie alle erfahren haben, dass er ihr Urahn ist. Um das zu verstehen, müssen wir die Geschichte des Sinanthropus erzählen, und dazu hören wir wieder Bowen.

Die von seinem Sohn aufgezeichneten Aussagen des Sterbenden gelangten zu Ohren des Paläontologen Lee Berger von der Witwatersrand-Universität, der sie für glaubwürdig genug hielt, um sie zu veröffentlichen, nicht ohne das Institut für Paläontologie der Wirbeltiere und Paläoanthropologie der chinesischen Akademie der Wissenschaften darüber zu unterrichten, das in der Fachwelt unter dem Kürzel IVPP *(Institute of Vertebrate Paleontology and Paleoanthropology)* bekannt ist. 2012, als die Aussagen Bowens auftauchten, erklärten sich die Vertreter des Amtes für das chinesische Kulturerbe bereit, alle Arbeiten im Bereich der ehemaligen US-Basis, die heute ein aufgelassenes Industriegelände ist, zu überwachen. Die Behörden des Distrikts Fangshan in Peking hatten bereits 2005 einen «Arbeitsausschuss» gegründet mit der Aufgabe, die Fossilien des Sinanthropus aufzufinden. Dass Bowens Erinnerungen so ernst genommen werden, liegt daran, dass in China die Erwähnung von 第一个北京人头骨 (1929年) – also des Sinanthropus – gleichbedeutend ist mit der Nennung der «absoluten Referenz der Menschheit».

Seit diesen Initiativen haben wir nichts mehr davon gehört. Hätten sich die Hoffnungen, die Bowens Aussagen geweckt hatten, erfüllt, hätte die Nachricht zweifellos großes Aufsehen erregt, denn das rätselhafte Verschwinden des Sinanthropus hält die Prähistoriker seit fast einem Jahrhundert in Atem. In China hat die Suche nach diesen Fossilien nie aufgehört, da man die wertvollen Stücke irgendwo in der Umgebung der ehemaligen US-Basis oder an einer ganz anderen Stelle im Land, in den Vereinigten Staaten oder sonst wo vermutet. Es sind zahlreiche Versionen ihres Verschwindens in Umlauf, die mehr oder weniger bizarr sind. Welche davon ist die richtige? Wir wissen es nicht, aber zumindest können wir die Herkunft der Sinanthropus-Fossilien schildern.

Die Sinanthropus-Knochen wurden bei Ausgrabungen mit internationaler Beteiligung zwischen 1921 und 1937 an der Fundstätte von Zhoukoudian 42 Kilometer südwestlich von Peking nach und nach zutage gefördert. Gesucht wurde in mehreren Kalkhöhlen, und in einer davon – der Lokalität 1 – wurden 13 mehr oder weniger vollständige Schädel, 15 Unterkiefer, 157 Zähne und 11 weitere Knochen des Skeletts geborgen, die im Zweiten Weltkrieg dann verloren gingen. Man weiß, dass die 196 gefundenen menschlichen Fossilien zunächst in Peking an der Union Medical University aufbewahrt wurden, bevor die Paläoanthropologen 1941, als die Stadt unter japanischer Besatzung stand, ihre Verschiffung in die USA vorbereiteten.

Was dann geschah, ist bis heute nicht ganz klar, aber aus der Aussage des Entdeckers eines der Schädel – des berühmten chinesischen Paläoanthropologen Wenzhong Pei (1904–1982) – geht hervor, dass die Knochen Ende November 1941, also wenige Tage vor dem Angriff auf Pearl Har-

Abb. 6.2: Aufnahme vom 4. Januar 1941. Sie zeigt die Forschenden am Fundort der Entdeckung des Sinanthropus, in Zhoukoudian. In der Mitte der berühmte deutsche Anthropologe Franz Weidenreich und sein Fachkollege Wenzhong Pei (erste Reihe, Dritter von rechts), der Entdecker des ersten vollständigen Schädels, der am 2. Dezember 1929 geborgen wurde.

bor, in die amerikanische Botschaft verbracht und dann per Lastwagen zum Stützpunkt Qinhuangdao transportiert worden waren. Dort sollten sie auf ein Schiff der US-Marine verladen werden, das jedoch nie ankam, da es von den Japanern gekapert wurde.

Nachdem Wenzhong Pei 1929 ein erstes Schädelfragment des «Pekingmenschen» geborgen hatte, wurde der Sinanthropus, wörtlich der «chinesische Mensch», in China als Urahn der modernen Menschheit präsentiert, und wahrscheinlich ist er das für die meisten Chinesen bis heute. Die zentrale Rolle dieser Figur bringt die chinesischen Paläoanthropologen in eine heikle Lage: Sie müssen das Prestige dieses berühmten Vorfahren irgendwie würdigen, während die Höhle von Zhoukoudian, die bei früheren Ausgrabungen leergeräumt wurde, weder genaue Studien noch Datierungen des geologischen Kontextes der Fossilien zulässt – die ohnehin fast vollständig verschwunden sind.

Der erste Pekinger

Zum Glück sind sie – zumindest die wichtigsten – recht gut bekannt durch Monografien und Abgüsse, die das American Museum of Natural History in New York für die bedeutendsten Museen der Welt, darunter das Musée de l'Homme in Paris, anfertigte. Außerdem existiert ein Zahn, den der schwedische Paläontologe Carl Widman (1867–1944) als Teilnehmer an den Ausgrabungen der 1920er Jahre entdeckt hatte. Nachdem dieser Backenzahn zunächst verschwunden war, wurde er 2011 in den Sammlungen des Museums der Evolution *[Evolutionsmuseet]* in Uppsala wiederentdeckt.

Demnach hatte der *Homo erectus pekinensis* ein Schädelvolumen von 850 bis 1225 Kubikzentimeter, war von geringer Körpergröße (etwa 1,5 Meter), jedoch von stämmiger Statur und besaß starke Knochen mit kräftigen Muskelansätzen. Das deutet auf einen muskulösen, gedrungenen Menschen hin, der an die klimatischen Bedingungen im Pekinger Becken angepasst war; außerdem weist sein Schädel starke, abgerundete Überaugenwulste auf sowie einen Kamm von der Stirnmitte bis zur Mitte des Schädels und einen kantigen Nacken, der sich vom rundlicheren des *H. sapiens* unterscheidet; der Sinanthropus hatte auch ausgeprägte Schläfenwulste, die auf die große Beanspruchung der Kaumuskeln hindeuten, worauf auch seine schaufelförmigen Schneidezähne und seine kräftigen Backenzähne schließen lassen.

Aus welcher Zeit stammt diese Menschenform? Der Sedimentaufbau von Zhoukoudian ist besser bekannt, seit chinesische Paläoanthropologen 1949 nach dem Sieg der Kommunisten die Ausgrabungen an der Fundstätte wiederaufnahmen und die archäologischen Schichten der

Abb. 6.3: Diese Seite von Franz Weidenreichs dem Sinanthropus gewidmeter Monografie zeigt einen der verschollenen Schädel.

PALÆONTOLOGIA SINICA

Weidenreich:—Skull of *Sinanthropus* Plate XLVIII

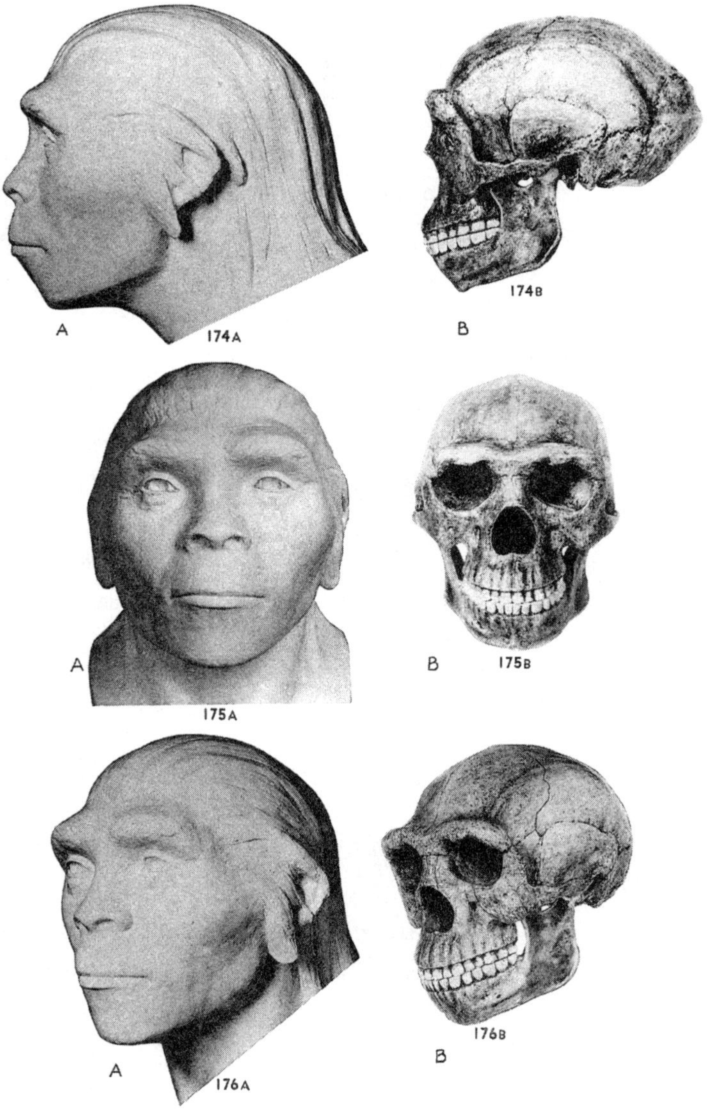

Abb. 6.4: Rekonstruktion des Sinanthropus nach Franz Weidenreich.

Haupthöhle abtrugen. Später ermöglichte die Einführung neuer Datierungsmethoden die Interpretation der Überreste. Chinesische Prähistoriker untersuchten die verbliebenen Sedimentreste, rekonstruierten die 50 Meter dicke Abdichtung der Höhle und schlugen für jedes der vor dem Zweiten Weltkrieg gefundenen Fossilien eine nachvollziehbare stratigrafische Position vor. So kam man mit einiger Sicherheit zu dem Schluss, dass die Lokalität 1 von Zhoukoudian in der Zeit zwischen 780 000 und 400 000 besiedelt war.

Im Jahr 2009 bestätigte das Team um Guanjun Shen von der Nanjing Normal University diese Daten mittels kosmogener Aluminium-Beryllium-Datierungen, d. h. durch die Messung der Restradioaktivität, die in diesen Nukleoiden auf der Erdoberfläche durch kosmische Strahlung entsteht (Oberflächenexpositionsdatierung). Der Sinanthropus lebte also lange vor der Denisova-Ära, wie sie uns aus den Höhlen von Denisova und Baishiya bekannt ist. Ist also er dieser «super-archaische Mensch», von dem Genetiker Spuren im Genom von *Denisova 3* gefunden haben? Wenn dem so ist, dann haben sich Denisovaner und *H. erectus* vermischt, bevor sie auf Neandertaler und Sapiens trafen. Aber wo? Hier kommt die Tatsache ins Spiel, dass *H. erectus* mit Sicherheit zuerst aus dem Süden kam.

Gab es mehrere *H. erecti* in Asien?

Die Verwirrung um Sinanthropus wird noch dadurch gesteigert, dass ein zweiter *H. erectus* auf Java gefunden wurde: der Pithecanthropus. Dieses seltsame Wort wurde in der Mitte des 19. Jahrhunderts von Ernst Haeckel (1834–1919) geprägt, als er seine *Natürliche Schöpfungsgeschichte* (1868) schrieb. Mit der Verbindung der griechischen Begriffe *pithecos* (Affe) und *anthropos* (Mensch) wollte er eine Zwischenstufe zwischen Ur-Primaten und den Menschen beschreiben. Der niederländische Arzt Eugène Dubois (1858–1940) war von dieser Idee fasziniert. Er verwies darauf, dass Gibbons – in Südostasien beheimatete Affen – Primaten sind, die auf zwei Beinen laufen können, und fragte sich, ob wohl die Menschen aus bestimmten tropischen Affen in Südostasien hervorgegangen sein könnten. Konnte Niederländisch-Indien, das damals praktisch diese ganze Weltgegend umfasste, den Beweis dafür erbringen? In den 1890er Jahren war sein Vorhaben von unerhörter Kühnheit. Um dies zu ermessen, braucht man sich nur vor Augen zu halten, dass von den einzigen bis dahin und nur in Europa gefundenen Fossilien früher Menschen drei vom Neandertaler und eines vom Cro-Magnon stammten.

Dubois machte sich also als Militärarzt auf den Weg nach Java. Dort begann er das Schwemmland des Solo in Trinil in der Nähe von Ngawi zu durchsuchen, wo er 1891 und 1892 die ersten Skelettteile entdeckte. Zunächst hielt er sie für Schimpansenknochen, bevor die Bergung eines Schädels und eines Oberschenkelknochens sie als von Menschen stammend erwies. Obwohl Dubois von der falschen Annahme ausging, die Wiege der Menschheit könnte in Südostasien gelegen haben, erbrachten seine Arbeiten ein bedeutsames Ergebnis: das erste frühe menschliche Fossil außerhalb Europas! Es waren Dubois' Hartnäckigkeit und die Entdeckungen von Neandertaler-Fossilien, die den Grundstein für diese Wissenschaft legten, in der versucht wird, die Geschichte der Gattung *Homo* nachzuzeichnen: die Paläoanthropologie.

1895 ließ Dubois seine Mitarbeiter die Ausgrabungen fortsetzen und brachte seine wertvollen Fossilien nach Europa: eine Hirnschale, zwei Backenzähne und einen linken Oberschenkelknochen, der bewies, dass die unter der Bezeichnung *Pithecanthropus erectus* eingeführte Spezies tatsächlich ein Zweibeiner war. Seine Feldarbeit fand sogleich Anerkennung: Die Universität von Amsterdam bot ihm eine Professur an, und 1919 wurde er Ehrenmitglied der Königlichen Akademie der Künste und Wissenschaften der Niederlande. Obwohl ihn diese Ehrungen mit Stolz erfüllten, begann nach seiner Rückkehr ein langer, enttäuschender Kampf um Anerkennung seiner Idee, dass der Pithecanthropus ein «aufrecht gehender Affen-Mensch» sei, *das* Missing Link zwischen Affe und Mensch.

Die danach auf Java entdeckten menschlichen Fossilien sind Gustav von

Koenigswald (1902–1982) zu verdanken. Der deutsche Paläontologe hatte sich mit finanzieller Unterstützung der Carnegie-Stiftung dem Niederländischen Geologischen Dienst auf Java angeschlossen und erkundete zwischen 1931 und 1941 die Insel systematisch. Unter anderem wollte er Dubois' Fossilien, die bis heute nicht sicher datiert sind, zeitlich einordnen. 1935 gab er bekannt, dass er an einer Fundstätte 9,7 Kilometer südwestlich der Stadt Mojokerto im Osten von Java den Schädel eines Kindes gefunden hatte. Das geologische Alter des Fossils, das er auf Anhieb der bereits auf Java gefundenen Spezies zuordnete, schätzte er auf 700 000 Jahre; damit gehörte es zu den ältesten Fossilien von Sinanthropus.

In den 2010er Jahren wurde diese Datierung von einer Gruppe niederländischer Paläontologen bestätigt, die die reiche Fauna in Dubois' Sammlung nutzten, um die Schicht zu datieren, in der das Fossil gefunden worden war. Diese neuen Forschungen datieren den Pithecanthropus auf einen Zeitraum zwischen einer Million und 700 000 Jahren. Im Jahr 2014 ergaben Untersuchungen (mittels Kalium-Argon-Radiometrie und mittels Lumineszenz) von in eingeritzten Muscheln enthaltenem Sediment aus der vermutlich gleichen Schicht ein Alter zwischen 540 000 und 430 000 Jahren. Aber was ist von einer Sammlung zu halten, die vor über 120 Jahren angelegt wurde und in der manche Fossilien von Bauern geliefert wurden, die Dubois dafür entlohnte?

Von Koenigswald war überzeugt, dass die fossilen Menschenformen von Java und Europa miteinander verwandt waren. Bei seinen weiteren Forschungen auf Java richtete sich zwischen 1936 und 1941 sein Interesse auf die Fundstätte Sangiran im Zentrum der Insel. Dort entdeckte er 1937 ein erstes Schädelfragment und danach weitere Fossilien und empfing seinen Landsmann Franz Weidenreich, der zu dieser Zeit in China zum Sinanthropus forschte. Nach diesem Besuch beschlossen von Koenigswald und Weidenreich, ihre Ergebnisse gemeinsam zu veröffentlichen – darunter 1939 auch zu einem neuen Schädel.

Die Merkmale dieses Schädels veranlassten sie dazu, alle asiatischen Fossilien – Sinanthropus oder Pithecanthropus – unter einer einzigen

Abb. 6.5: Die Grabungen von Margarethe Selenka im Jahr 1907 an der Fundstelle Trinil, an der schon Eugène Dubois gegraben hatte.

Bezeichnung zusammenzufassen: *Pithecanthropus erectus*. Während des Zweiten Weltkriegs publizierte Weidenreich weiterhin die Ergebnisse Koenigswalds, den er tot glaubte. Letzterer hatte nämlich die niederländische Staatsbürgerschaft angenommen, war in die niederländisch-indische Armee eingetreten und von den Japanern gefangen genommen worden. Weidenreich fasste schließlich alle Fossilien, die in Mojokerto und in China zutage gefördert worden waren, unter einem einzigen Spezies-Namen zusammen, dem *Homo erectus*. Diese Entscheidung war von historischer Bedeutung für die Paläoanthropologie und wurde nach dem Krieg von Koenigswald, der die Gefangenschaft überlebt hatte, gebilligt. Die beiden trafen sich in New York und arbeiteten eineinhalb Jahre lang gemeinsam.

Die Zusammenfassung der asiatischen Fossilien unter einem einzigen

Spezies-Namen entsprach der Auffassung des deutsch-amerikanischen Biologen Ernst Mayr (s. Kapitel 3). Dieser hatte nämlich 1942 vorgeschlagen, die Gattung *Pithecanthropus* durch die Gattung *Homo* zu ersetzen. In den 1940er Jahren hätte man diese zusammenfassende Umgruppierung als chancenlose Erfindung abtun können, doch sie setzte sich durch und schloss ab den 1970er Jahren sogar Afrika mit ein. Die Vorstellung, dass diese Menschenform generalistisch genug war, um in ganz Asien zu leben, verbreitete sich, sodass es selbstverständlich wurde, dass der *H. erectus* von da an der einzige Asiate war.

Meteoritenalarm!

Diese Vorstellung herrscht noch immer vor, und dennoch ist sie falsch. Dank der Entdeckung zahlreicher weiterer Fossilien aus dem gleichen Zeitraum auf Java, dem chinesischen Festland und in Westeurasien ist die Auffassung der Pioniere der Paläoanthropologie, Eugène Dubois, Wenzhong Pei, Franz Weidenreich und Gustav von Koenigswald, von einer «absoluten Referenz der Menschheit» in Asien komplexer geworden. Die immer genauere Bestimmung des Alters der Fossilien und ihres geologischen und klimatischen Kontextes lässt den Schluss zu, dass wir es in Asien mit zwei oder mehr Arten zu tun haben, die sich gleichzeitig oder zu verschiedenen Zeiten in unterschiedlichen Klimata und an unterschiedlichen Orten entwickelt haben.

Auch in chronologischer Hinsicht hat sich die Lage insofern geändert, als die Fossilien aus den drei altsteinzeitlichen Hauptfundstätten auf Java, Trinil, Sangiran und Mojokerto, neu datiert wurden. Allein auf Java lassen sich anhand der geborgenen Fossilien bereits zwei große Gruppen unterscheiden: eine rezente und eine archaische. Letztere ist für uns von Interesse. Das Team um Shuji Matsu'ura vom National Museum of Nature and Science in Tsukuba, Japan, hat alle verfügbaren chronologischen Indizien miteinander verglichen und datiert die Ankunft von *H. erectus*, der von Eugène Dubois in Trinil auf Java gefunden wurde, auf etwa 1,3 Millionen Jahre, womit der Pithecanthropus grob geschätzt eine halbe Million Jahre älter ist als der Sinanthropus.

In dieser halben Million Jahre muss der Einschlag eines Mega-Meteoriten im Bereich des Chinesischen Meeres jedoch zwangsläufig zu einer Zäsur bei den asiatischen Populationen vor und nach der Katastrophe geführt haben. Dieser gigantische Einschlag – auf den wir in Kapitel 10 noch zu sprechen kommen – hat möglicherweise ganze Populationen Südostasiens und sogar die im Süden des Kontinents ausgelöscht. Und während der halben Million Jahre Evolution, die zwischen Pithecanthropus und Sinanthropus liegen, entstanden in Afrika neue Menschenformen, die biologisch und kognitiv entwickelter waren, sich in Eurasien ausbreiteten und die verschwundenen Populationen Südostasiens ersetzten. Wenn man also den Sinanthropus dem Pithecanthropus zuordnet, werden zwei Formen einander gleichgestellt, die in unterschiedlichen Evolutionsstadien und Umgebungen zu ganz verschiedenen Zeiten lebten.

Was wir soeben festgestellt haben, hat bei den Prähistorikern wie ein großer Meteorit eingeschlagen, denn bei ihnen gilt es als ausgemacht, dass Sinanthropus und Pithecanthropus ein und dieselbe Spezies sind. Diese Auffassung hat sich durchgesetzt, scheint doch die Anatomie diese These zu bestätigen. In der Tat weisen die Knochen von Pithecanthropus und Sinanthropus ähnliche Merkmale auf: Gemein ist ihnen ein geringes Schädelvolumen – 900 Kubikzentimeter –, eine auffällige Knochenstärke, markante Kaumuskelansätze, ausgeprägte Überaugenwulste und Wangenknochen, kräftige Unterkiefer etc. Diese «archaischen», d. h. von einer Urform geerbten Merkmale sind jedoch keine Garantie für die Zugehörigkeit zu ein und derselben Spezies.

Die beiden Menschenformen weisen auch «abgeleitete» Merkmale auf, die für ihre Linien typisch sind, da sie im Lauf ihrer jeweiligen Entwicklung erworben wurden. So sind die Backenzähne des Pithecanthropus und des Sinanthropus zwar beide groß, doch die des Ersteren sind viel größer und haben ein anderes Profil. Die außergewöhnliche Makrodontie des *H. erectus* auf Java rührt daher, dass Hunderttausende von

Abb. 6.6: Franz Weidenreich und Gustav von Koenigswald untersuchen gemeinsam ein Fossil aus Java im American Museum of Natural History in New York.

Jahren lang zähe Pflanzen gekaut wurden – die sogenannten C_4-Pflanzen, die sehr nahrhaft und in Südostasien weitverbreitet sind. Nichts ist einfach in der Paläoanthropologie: Manche ähnlichen abgeleiteten Merkmale können in zwei unterschiedlichen Linien vorkommen, was bei anatomischen Vergleichen Verwirrung stiftet.

Eine von Völkermorden beeinflusste Wissenschaft

Dieser Ausblick lässt uns ermessen, wie vage der Begriff des asiatischen *H. erectus* ist, was seine Beziehung zum Denisovaner noch unklarer macht. Da die beiden Menschenformen Pithecanthropus und Sinanthropus jeweils vor bzw. nach einer Katastrophe und in sehr unterschiedlichen Klimazonen 5 500 Kilometer voneinander entfernt und mit einem zeitlichen Abstand von einer halben Million Jahren gelebt haben, können sie wirklich nicht dieselben sein. Warum also gelten sie als ein und dieselbe Referenz?

Ein Blick zurück in die erste Hälfte des 20. Jahrhunderts erklärt, wie es dazu kam. Zunächst einmal glaubte man damals, dass die Evolution linear (und nicht verzweigt) verlaufe. Zudem hatte man aufgrund fehlender Fossilien keine realistische Vorstellung davon, wie alt die Gattung *Homo* ist und wie schnell sich neue Menschenformen entwickelten. Gravierender noch: Die Vorstellung, dass mehrere Arten gleichzeitig gelebt haben könnten, war undenkbar, weil die Evolution ja ein «Ziel» haben musste: den *H. sapiens*.

Franz Weidenreich war 1934 im Alter von 61 Jahren nach Peking gekommen. Im Lauf seines Lebens hatte er das damals deutsche Elsass seiner Jugend verlassen müssen und seine dortige Stelle an der Universität verloren (er war Stadtrat in Straßburg). Er hatte den Aufstieg der Nazi-Ideologie in Deutschland miterlebt und seine Stelle an der Universität Heidelberg verloren, diesmal wegen seiner jüdischen Abstammung. Dann war er, drei Jahre nach seiner Ankunft in Asien, Zeuge des Massakers von Nanking, eines der größten Kriegsverbrechen, die im 20. Jahrhundert an einer Zivilbevölkerung verübt wurden, die in der archetypischen Ideologie der «Überlegenheit» der Japaner über die anderen Asiaten als «minderwertig» galt.

Somit wird verständlich, dass die wissenschaftlichen und humanistischen Überzeugungen dieses großen Forschers bei der Aufstellung seiner Theorie eine Rolle spielten. So erklärte er:

> «Beim Sinanthropus haben alle oberen Schneidezähne eine charakteristische längliche «Schaufel»-Form. Dieses spezifische Merkmal findet sich auch in den entsprechenden Zähnen der heutigen mongolischen Rasse [...]. Dies und sein Unterkieferwulst scheinen zu beweisen, dass der Sinanthropus seinen Platz in der Abstammungslinie hat, die direkt zum heutigen Menschen führt, und dass innerhalb der jetzt lebenden Menschheit die Mongolen die engste Verbindung mit dem Pekingmenschen haben.»

Diese Erklärung und der Begriff einer Menschen-«Rasse» erscheinen uns heute völlig veraltet, doch die zeitgenössische Sicht auf den *H. erectus* rührt daher. Weidenreich wollte an die beobachtbare Sachlage erinnern, dass im biologischen Sinne alle Sapiens-Populationen untereinander fruchtbar sind und zu einer einzigen Spezies gehören, die über die Ökosysteme der Welt verteilt ist. Inmitten des blutigen Wahns der 1930er und 1940er Jahre war seine Äußerung nicht nur Ausdruck des wissenschaftlichen Gebots der Sachlichkeit, sondern auch der humanistischen Ablehnung der «Rassenhierarchie», auf die sich der Nationalsozialismus und der japanische Nationalismus beriefen. In einem nur zwei Jahre vor seinem Tod veröffentlichten Vortrag erklärte Weidenreich:

> «Alle verfügbaren Fakten deuten darauf hin, dass die Kreuzung keine späte Errungenschaft des Menschen ist, die erst erfolgte, als der Mensch seine moderne Phase erreichte, sondern dass sie in der Evolution des Menschen von Beginn an stattgefunden haben muss.»

Wir sehen also, dass Franz Weidenreich eine wissenschaftliche Theorie aufstellte, die im Gegensatz zum allgemein üblichen Rassismus seiner Zeit stand. Seiner Ansicht nach haben sich die *H. sapiens* aller großen Ökoregionen Afrikas und Eurasiens parallel entwickelt und dabei untereinander Gene ausgetauscht, sodass der Genpool der Menschheit bis auf wenige Nuancen einheitlich blieb. Auch wenn die mongolische, europäische, afrikanische und andere «Rassen» unterschiedlich erscheinen, gehören sie doch zu ein und derselben Spezies. Im Jahr 1984 gab diese Theorie den Anstoß für eine andere, ausgefeiltere Theorie, die in die gleiche Richtung zielt. Damals stellten Milford Wolpoff von der Universität Michigan, Alan Thorne von der Universität Sydney und Xinzhi Wu (1928–2021), Stellvertretender Direktor des IVPP, eine Alternative zur vorherrschenden Idee von der Verdrängung früherer Populationen durch den *H. sapiens* auf: die «multiregionale Theorie». Sie geht davon aus, dass sich alle Populationen von Menschen in den verschiedenen Regionen der Welt gleichzeitig zum *H. sapiens* hin entwickelt haben und dass die Einheit unserer Spezies durch Migrationen entstanden ist und gewahrt wurde. Diesen Gedanken fasste Xinzhi Wu mit dem Begriff «Kontinuität [der Evolution] mit Hybridisierung» zusammen. Die multiregionale Theorie ist zwar eindeutig ein Rückgriff auf Weidenreichs Ideen, doch sie lieferte eine wissenschaftliche Basis für den in China tief verwurzelten Trend zum «Rassennationalismus».

Nach einer in China lange vorherrschenden und teilweise wohl noch immer bestehenden Ansicht muss der Ursprung der modernen Menschheit irgendwie im eigenen Land liegen. In den Augen der Chinesen ist das keine Frage: Als Beleg gilt ihnen ein chinesischer Archetypus, der sich seit dem Sinanthropus durch die Zeiten hindurch erhalten hat. Eine Ideologie, die der Sinologe Barry Sautman von der Hong Kong University of Science and Technology unter die Lupe genommen hat:

> «[…] dieses Phänomen ist nirgendwo so ausgeprägt wie in China, wo diese Fachgebiete den Hintergrund des «rassischen» chinesischen Natio-

> nalismus bilden. Dieser Nationalismus behauptet, dass jeder von uns seine Identität auf eine biologisch und kulturell eigenständige Gemeinschaft zurückführen kann, deren «Wesen» über die Zeit hinweg erhalten geblieben ist. Er unterscheidet sich vom ethnischen Nationalismus nur dadurch, dass er die Identität der Gruppe biologisch begründet und eine rassische Komponente hinzufügt, um die Nation von ihren Nachbarn deutlicher zu unterscheiden.»

Offen gestanden erinnert diese Tendenz an diejenige, die in Frankreich gegen Ende des 19. Jahrhunderts vorherrschte: Die Urgeschichte wurde dort dahingehend instrumentalisiert, dass man anhand dreier Sapiens-Fossilien – Cro-Magnon, Grimaldi und Chancelade – die Ursprünge der Menschen-«Rassen», an die man damals glaubte, die weiße, schwarze und gelbe «Rasse», in Frankreich finden wollte. Als die Europäer Anfang des 20. Jahrhunderts die Wissenschaft der Urgeschichte nach China brachten, erlagen die Wissenschaftler des «Reichs der Mitte» ebenfalls der schmeichelhaften Versuchung, sich für den Mittelpunkt der Welt zu halten.

Denisova im Schatten des *H. erectus*

Die ideologische Rolle, die die Urgeschichte in China spielt, beeinflusst die chinesischen wie auch die westlichen Prähistoriker, die mit ihnen zusammenarbeiten. Immerhin ist es ihnen allen gelungen, sich in der Praxis mit einem höchst seltsamen Vokabular zu verständigen. Die Referenzform des Sinanthropus bezeichnen sie als *homo erectus sensu strictu*, also «*H. erectus* im engeren Sinne», und die europäischen und afrikanischen *H. erectus* nennen sie *Homo erectus sensu lato*, d. h. «*H. erectus* im weiteren Sinne».

Warum ist das so verwirrend? Weil die ältesten Fossilien *des H. erectus* aus Afrika (s. Infobox S. 110 f.) bis zu 1,2 Millionen Jahre älter sind als der Sinanthropus. Wie also kann der *H. erectus «im weiteren Sinne»* älter sein als der *H. erectus «im engeren Sinne»*? Diese Dichotomie erweckt den Anschein, als wäre die Evolution, gegen alle wissenschaftliche Vernunft, von Asien ausgegangen. In Wirklichkeit muss sie von Afrika Richtung Eurasien verlaufen sein und nicht umgekehrt.

Schlimmer noch: Die Formen, die weiterentwickelt sind als der Sinanthropus, werden als «entwickelte *H. erectus*» eingestuft oder, wenn sie sich stark von ihm unterscheiden und Merkmale unserer Spezies aufweisen, als «archaische *H. sapiens*» bezeichnet. Dies trifft zum Beispiel auf den etwa 250 000 Jahre alten Schädel des chinesischen «Dali-Menschen» zu, von dem noch die Rede sein wird. Die Paläoanthropologen, die ihn untersuchten, erkannten sofort, dass er sich vom Sinanthropus unterschied, dessen jüngste Vertreter 400 000 Jahre alt sind. Sie betrachteten ihn zunächst als «späten *H. erectus*», danach – wie ihr Mentor Weidenreich – als Übergangsform zwischen Sinanthropus und *H. sapiens*, die die Entstehung einer «mongoloiden» Form des *H. sapiens* in Asien ankündigte.

Tatsächlich haben sich die Prähistoriker mit einer unhaltbaren Situation abgefunden: In der Einschätzung der frühen Besiedelung Asiens herrscht das größte Durcheinander. Eines ist offensichtlich: *H. erectus* soll Asien seit 1,3 Millionen Jahren ununterbrochen bewohnt haben, d. h. ungefähr die Hälfte der Zeit, in der die Gattung *Homo* existierte, und fünfmal so lange wie *H. sapiens*! Wie hätte in einem so riesigen Gebiet mit so unterschiedlichen Klima- und Umweltbedingungen eine einzige Spezies, *H. erectus*, über derart lange Zeit ohne wesentliche Veränderungen bestehen können? In Europa war das nicht der Fall, wo anerkanntermaßen neue Formen aus Afrika ankamen, die Einheimischen absorbierten, sich differenzierten und die Oberhand gewannen.

Das Unbehagen der Forscher über diese Asymmetrie zwischen dem westlichen und östlichen Eurasien zeigt sich im Übrigen auch in der lexikalischen Komplexität, mit der alle Fossilien mit Bezug auf *H. erectus* bezeichnet werden: *Homo erectus erectus, Homo erectus pekinensis, Homo erectus mauritanicus, Homo erectus modjokertensis, Homo erectus leakeyi, Homo erectus ngandongensis, Homo erectus yanoumensis, Homo erectus bilzingslebensis, Homo erectus tautavelensis,* «archaischer» *Homo erectus, Homo erectus sensu stricto, Homo erectus sensu lato,* entwickelter *Homo erectus,* ja sogar *Homo sapiens erectus!*

So dient also eine einzige Benennung – *H. erectus* – in Asien zur Bezeichnung aller Formen, die zwischen 1,3 Millionen und 100 000 Jahren existiert haben, d. h. die ältesten *H. erectus* in Asien und Denisova und sogar der archaische Sapiens. Verschwommener, falscher und lähmender kann wissenschaftliches Denken kaum sein. Diese Vorstellung von der Besiedelung Asiens stimmt nicht mit den Daten der aufeinanderfolgenden Menschenformen und ihrer schrittweisen Ausbreitung in Eurasien überein. In diesem Kontext erscheint der Denisova-Mensch als das Sandkorn, das das Getriebe der Sinisierung des Ursprungs der Menschheit blockiert.

Was also ist zu tun? Die einzige Lösung ist, dorthin zurückzukehren, wo alles angefangen hat: nach Afrika. Und um den Denisovaner in der Menschheitsgeschichte einzuordnen, zu beobachten, wie die sukzessiven Siedlungswellen die Wiege der Menschheit verlassen und Eurasien erobert haben.

H. erectus, ein zwei Millionen Jahre alter Afrikaner

Der super-archaische Mensch, dem der Denisovaner in Asien begegnete, kam in der Tat aus Afrika, wie alle Menschenformen, die irgendwann nach Eurasien gelangten. Der kenianische Paläoanthropologe Richard Leakey (1944–2022) entdeckte im Jahr 1971 an der Fundstelle Koobi Fora in der Nähe des Turkana-Sees in Kenia die Fossilien KNM-ER 992. Ein Außerirdischer? Nein, ein massiver Unterkiefer, das erste Fossil des «afrikanischen *Homo erectus*», das auf ein Alter von 1,5 Millionen Jahren datiert wird. Im Jahr 1984 förderte Leakeys Mitarbeiter Bernard Ngeneo an derselben Stelle einen noch älteren, auf 1,7 Millionen Jahre datierten Schädel zutage: Seine Merkmale, insbesondere ein massiver supraorbitaler Überaugenwulst und eine fliehende Stirn, ähneln denen des asiatischen *H. erectus*.

Der beeindruckendste «afrikanische *H. erectus*» wurde allerdings 1984 in Nariokotome in Kenia von Kamoya Kimeu, einem anderen Mitarbeiter Richard Leakeys, gefunden: der «Turkana-Junge». Sein nahezu vollständiges Skelett ist 1,6 bis 1,5 Millionen Jahre alt. Im Jahr 2020 entdeckte ein internationales Team in der Drimolen-Höhle in Südafrika den Schädel eines 2 bis 3 Jahre alten Kindes des *frühen «homo erectus»*, der auf ein Alter von 1,9 Millionen Jahren geschätzt wird. 2023 datierte die Arbeitsgruppe um Margherita Mussi von der Universität La Sapienza in Rom das Unterkieferfragment eines Kindes, das am Fundort Garba IV in Äthiopien entdeckt worden war und das Silvana 2023 als zum *H. erectus* gehörend eingestuft hatte, auf über 2 Millionen Jahre zurück. Diese Fossilien, die zusammen mit für *H. erectus* charakteristischen Werkzeugen gefunden wurden, legen nahe, dass der afrikanische *H. erectus* vor 2 Millionen Jahren auftauchte, also mindestens eine halbe Million Jahre vor dem ältesten *H. erectus* von Java!

Die auffälligen *H. erectus*-Merkmale des «Turkana-Jungen» und der anderen *H. erectus*-Fossilien sowie ihr höheres Alter im Vergleich mit den asiatischen brachten die Paläoanthropologen anfangs in Verlegenheit. Um den afrikanischen *H. erectus* zu bezeichnen, schlugen sie den Namen *H. ergaster* (Handwerker-Mensch) vor, doch es sieht so aus, als würde diese Bezeichnung immer seltener verwendet. Jedenfalls lebte der *H. erectus* in der Wiege der Menschheit vor wahrscheinlich über 2 Millionen Jahren, und zwar bis zu einer Million Jahre oder sogar noch länger, also mindestens 600 000 Jahre vor dem *H. erectus* von Java. Das ist auch nicht verwunderlich, lehrt uns doch die Ausgrabungsstätte Ubeidiya in Israel, dass der afrikanische *H. erectus* vor etwa 1,5 Millionen Jahren Afrika verließ und sich dann Richtung Europa und Asien schrittweise ausbreitete. Ein 1,4 Millionen Jahre alter Unterkiefer und ein Stück Gesicht, gefunden in Sima del Elefante in Spanien, belegen, dass die afrikanische Menschenform in das für sie milde Klima Südeuropas kam.

Der Löwe ist eine der großen Arten, die sowohl in Afrika als auch in Asien vorkommen. Zweifellos wurden sie von den Menschen beobachtet in der Hoffnung, vielleicht einen zurückgelassenen Kadaver zu erbeuten, um den sie sich mit den Hyänen streiten mussten.

7 | Das System Erde bringt den Denisovaner hervor

Haben sich die Denisovaner auf einem untergegangenen Kontinent entwickelt? Ja, denn wir wissen aus der Genetik, dass die meisten von ihnen in Südostasien lebten, einer Region, die zeitweise überflutet und zu anderen Zeiten großenteils Festland war. Eine Studie von Harold Voris vom Field Museum of Natural History in Chicago zeigt zum Beispiel, dass während 40 % der letzten 250 000 Jahre der Teil des Sunda-Schelfs, der heute weniger als 40 Meter tief ist, über Wasser lag; außerdem sank weltweit der Meeresspiegel während des größten Teils der letzten 2 Millionen Jahre um über 40 Meter. Wir schließen daraus, dass der Denisovaner die meiste Zeit seiner Evolution auf einem riesigen Kontinent lebte, der den größten Teil des Sunda-Schelfs, Malaysia, Sumatra, Borneo, Java und Festlandasien, umfasste.

Dieser «Sunda-Kontinent» reichte bis zur Wallace-Linie, einem Tiefwasserkanal und damit einer biogeografischen Grenze, die zwei Arten von Fauna voneinander trennt. Diese Linie begrenzt im Süden einen großen tropischen Kontinent; hier kamen die aus Afrika stammenden tropischen Menschen vor allem an, da sie vorzugsweise in Regionen blieben, an deren Klima sie gut angepasst waren. Die Vorfahren der Denisovaner bevölkerten also den riesigen Sunda-Kontinent und vermehrten sich dort. Wie heute zerfiel dieser Kontinent während der Warmzeiten in große Inseln, auf die sich die Populationen eine Zeitlang zurückzogen und sich genetisch miteinander vermischten.

Somit sind die Denisova-Menschen vor allem das Ergebnis der Evolution einer uralten Population, die sich im Süden des asiatischen Festlands und auf dem riesigen Sunda-Kontinent angesiedelt hatte. Wie und warum kam sie gerade dorthin? Um diese Frage zu beantworten, müssen wir nun herausfinden, warum das biogeografische System der Erde die Menschen, die Afrika verlassen hatten, um sich in Eurasien zu verbreiten, immer wieder in das nahezu gleiche Migrationsszenario zwingt.

Das System Erde

Der Begriff «System Erde» ist eine Anspielung auf die *Earth system science*, eine wissenschaftliche Disziplin, die es sich zur Aufgabe macht, unser Wissen über die Vorgänge auf unserem Planeten systematisch zu bündeln, unabhängig davon, ob es sich um geologische, klimatische oder biogeografische Aspekte handelt. Wir werden kurz beschreiben, was man wissen muss, um die Besiedelung Asiens seit dem Auftauchen der Gattung *Homo* zu verstehen.

Zunächst einmal ist eine grundlegende Tatsache zu nennen: Seit etwa 3 Millionen Jahren ist die Verteilung der Landmassen auf der Erdoberfläche weitgehend unverändert geblieben. Dies erklärt, warum es in jeder Hemisphäre der Erde drei große Klimabereiche gibt: polare und subarktische Regionen, gemäßigte und subtropische Klimazonen. In den vergangenen 3 Millionen Jahren ist das Klima in diesen Bereichen im Durchschnitt stabil geblieben, mit einer Einschränkung, die jedoch entscheidend ist.

In geologischem Maßstab steigt und fällt das Weltmeer ständig, wenn in den Eiszeiten die Grenzen zwischen den Klimazonen nach Süden verschoben werden. Es gibt drei Klima- bzw. Ökozonen: die arktische und subarktische, die gemäßigte und die tropische (s. Infobox S. 122). In den letzten drei Millionen Jahren – die Zeit, in der sich die Menschheit entwickelt hat – wurden ihre Grenzen durch Glazialzyklen verschoben, und die Verteilung der Landmassen variierte. Diese sogenannten «plio-qua-

Karte 1

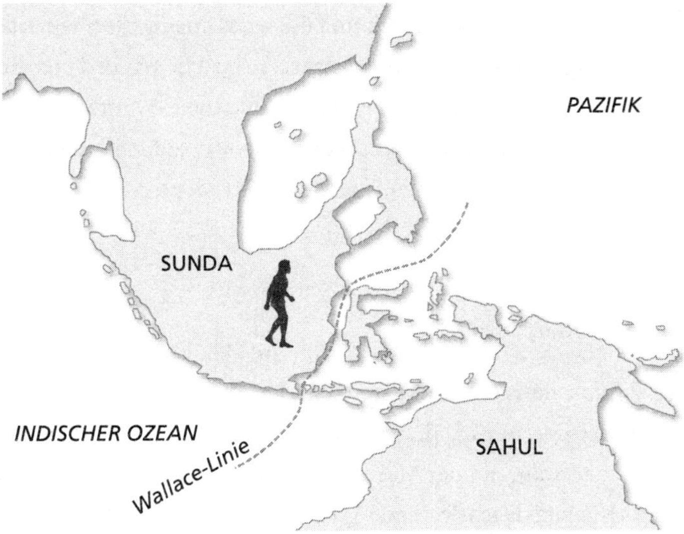

Karte 2

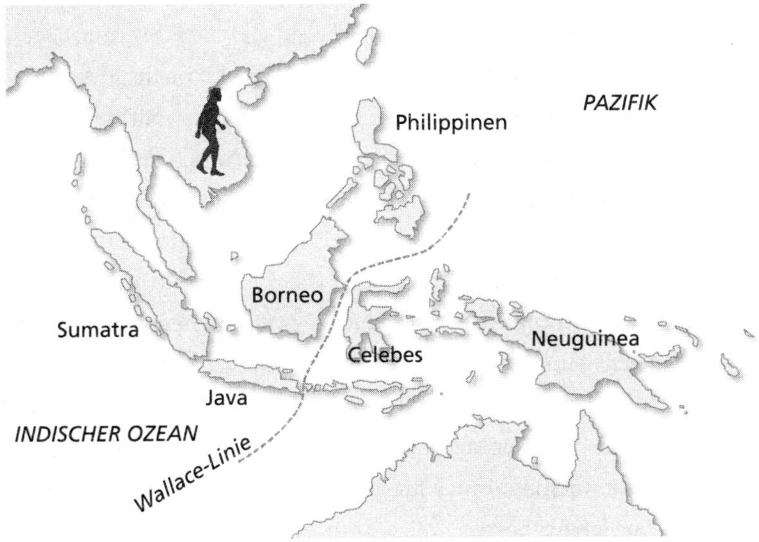

Abb. 7.1: Die Sunda-Kontinentalplatte, die Philippinen, Celebes, Neuguinea, Sumatra, Borneo, Java und Festlandasien in den Eiszeiten (1) und in den Zwischeneiszeiten (2).

ternären» Vergletscherungen bestehen aus einer Reihe von mindestens 25 Zyklen mit je einer Zwischeneiszeit und einer anschließenden Vergletscherung des nördlichen Eurasiens. Vor etwa 800 000 Jahren verlängerte sich die Zeitspanne dieser Zyklen von 40 000 auf 100 000 Jahre, worauf wir noch zurückkommen werden, da dies eine entscheidende Rolle bei der Ankunft der Vorfahren des Denisovaners in Asien gespielt hat.

Eiseskälte

Während der glazialen Maxima, d.h. während der kältesten Jahrtausende des Zyklus, formte Inlandeis, d.h. riesige, mehrere Kilometer mächtige Vergletscherungen, durch Abtragung zahlreiche Ebenen im Norden Eurasiens, während der Meeresspiegel zwischen 50 und 140 Meter tiefer lag als heute. Deshalb waren große Teile der heute überfluteten Kontinentalplatten damals über dem Wasser und von Menschen besiedelt, allen voran die Sundaplatte, mit anderen Worten, Südostasien. Zu Beginn der Interglaziale, die zwischen den glazialen Maxima lagen, speiste dieses Inlandeis mächtige Ströme von Schmelzwasser, das in Zeiten ozeanischen Niedrigwassers nach Süden und dann mit steigendem Wasserstand entweder Richtung Süden in das eurasische Inland abfloss (Donau, Wolga, Dnjepr) oder in die eurasischen Ränder im Westen (Garonne, Loire, Seine, Somme, Rhein, Elbe), nach Norden (Jenissei, Taimyr etc. in Sibirien) und nach Osten (Themse, Amur, Tumen, Huang He, Yangtse, etc.). Diese Flüsse schnitten sich in die Berge ein, schufen riesige, mit Schwemmland gefüllte Täler und bildeten ausgedehnte Sedimentbecken, die in großen fruchtbaren Deltas endeten. Zu allen Zeiten waren diese Täler, Becken und Deltas attraktive Lebensräume für große Pflanzenfresser und damit auch für deren Prädatoren, zu denen auch die Jäger und Sammler gehörten.

Nach den Eisschmelzen breitete sich das gemäßigte Klima nach Norden aus. Südlich der subarktischen Wälder entstanden die eurasische Steppe und, dank der Flüsse, üppige Lebensräume. Dieses Makro-Ökosystem aus Gras- und Buschland, das heute auf Höhe des 40. Breitengrads liegt, bildete den Steppenkorridor, der Zentraleuropa (Ungarn, Rumänien) mit Nordchina (Innere Mongolei) verbindet. Dieser Korridor war für die Jäger und Sammler, die hinter den großen Pflanzenfressern her waren, die sich hier millionenfach vermehrten und in der Steppe leicht auszumachen waren, eine riesige Speisekammer. Dies führte dazu, dass die Jäger und Sammler aller Epochen transkontinentale Distanzen überwanden, was das Zusammentreffen von Neandertalern und Denisovanern im Altai erklärt. Die Steppe stellt somit regelrecht eine «Steppenautobahn» dar, die zu allen Zeiten das westliche und östliche Eurasien miteinander verbunden hat. Das Klima, in dem die Jäger und Sammler lebten, die sich entlang dieser Autobahn in beiden Richtungen bewegten, war kontinental, also im Winter sehr kalt und im Sommer sehr heiß.

Zahllose subtropische Varianten

Die Landflächen mit subtropischem und tropischem Klima erstrecken sich in Afrika von der Sahelzone bis zu den Wüsten des südlichen Afrikas; in Asien vom Süden der Arabischen Halbinsel bis nach Indien und allen Gebieten südlich des Himalaya; in Südostasien über die Sundaplatte bis darüber hinaus nach Nordaustralien; und in Kontinentalasien bis zum Qinling-Gebirge, einer 1500 Kilometer langen Ost-West-Bergkette, die heute an der Westgrenze Chinas die nördliche Grenze des Monsuns markiert (s. Karten S. 123 und 180).

Um nach Asien zu gelangen, mussten die prähistorischen Menschen Afrika verlassen. Das war über die Levante möglich, aber zu manchen Zeiten auch über die Meerenge von Bab-el-Mandeb, die Ostafrika von der Arabischen Halbinsel trennt und deren Tiefe im Lauf von Hunderttausenden von Jahren je nach Tektonik und Meeresspiegel variierte. Allerdings war die Meerenge vermutlich meist unpassierbar für die Menschen; möglich war ein Weg über die Levante bis zur Arabischen Halbinsel. In den feuchten Perioden drang der Monsun bis in die Levante vor und bildete eine Seenlandschaft, die die Halbinsel in einen gangbaren Weg Richtung Asien verwandelte.

Daraus ergibt sich zweierlei. Zum einen konnte die afrikanische Fauna, namentlich der Mensch, durch das Niltal in die Levante und danach auf die Arabische Halbinsel gelangen und sie besiedeln. Zum anderen sanken während der Eiszeiten die Meeresspiegel der Ozeane über sehr lange Zeiträume hinweg um über 50 Meter ab, so dass der Persische Golf, der durchschnittlich 50 Meter tief ist, teilweise trocken war. Dadurch reichte Mesopotamien weiter nach Süden, was der tropischen Fauna den Weg von der Levante und der Arabischen Halbinsel nach Osten erleichterte. Entlang der Küsten des heutigen Iran und Pakistans gelangte sie auf den indischen Subkontinent.

Der Kessel läuft über

Das System Erde, das biogeografische System der Erde, das wir hier beschrieben haben, setzt voraus, dass Afrika wie ein großer Kessel unter Druck von Zeit zu Zeit Wellen von Menschen in Richtung Eurasien entließ. Folgendes Szenario wiederholte sich demnach im Zuge der Ausbreitung einer Welle von Menschen nach Eurasien:

1) Auszug aus Afrika in die Levante und/oder auf die Arabische Halbinsel;
2) Vordringen entlang der südasiatischen Küste bis zur Wallace-Linie in Südostasien und in Festlandasien bis zu den Qinling-Bergen;
3) Halt in Ost- und Westeurasien an der Kältegrenze;
4) Vermischung und kultureller Austausch mit der vorhergehenden Welle, was möglicherweise zum Erwerb von Techniken zur Anpassung an die Kälte führte;
5) nach Beherrschung des Feuers ein Vordringen nach Norden bis zu einem Breitengrad, der umso höher liegt, je besser die Techniken der Anpassung an die Kälte werden;

6) die Ausbreitung nach Norden zwischen dem westlichen und dem östlichen Eurasien über die Steppenautobahn, die Zentraleuropa mit Kontinentalasien verbindet, ermöglicht es den westlichen Populationen, in Kontakt mit den östlichen Populationen zu kommen.

Wie oft hat sich dieses Szenario wiederholt? Unserer Ansicht nach gab es mindestens vier große, von Afrika ausgehende Ausbreitungswellen von Menschen – vielleicht auch andere, frühere, vormenschliche –, die vier aufeinanderfolgenden Entwicklungsstadien des *Homo* entsprechen und vier klar unterscheidbare Formen hervorgebracht haben.

Die erste Form, die nach unserem Kenntnisstand vor zwei Millionen Jahren entstand, entspricht dem afrikanischen *H. habilis*. Zwar sind seine Spuren in Eurasien archäologisch nicht genau bestimmbar, doch legt die 1,8 Millionen Jahre alte Fundstätte von Dmanissi in Georgien an der Grenze zu Europa, wo vergleichbare Skelette ausgegraben wurden, nahe, dass dieser frühe Vorfahr sich in einem warmen Klima nach Eurasien vorwagte und der ebenfalls sich ausbreitenden afrikanischen Fauna folgte.

Die zweite Form, die vor etwa 1,5 Millionen Jahren Afrika verließ, ist der *H. erectus*, über den wir ausführlich berichtet haben, da er mit den Vorfahren des Denisovaners verwechselt wird.

Die dritte Welle, die Afrika vor etwa 800 000 Jahren verließ, ist die des *H. rhodesiensis/heidelbergensis*. In Kapitel 4 haben wir gesehen, dass die genetischen Daten nahelegen, dass der Neandertaler in Europa und der Denisovaner in Asien von dieser Form abstammen.

Die vierte Welle ist einfach die des *H. sapiens*, die sich, da sie am wenigsten weit zurückliegt, am leichtesten nachweisen lässt. Ihr Anfang liegt vielleicht schon 200 000 Jahre zurück, aber die genetischen Daten legen nahe, dass der größte Teil, der, der ein Erbe in allen heutigen Menschen hinterlassen hat, sich vor etwa 60 000 bis 45 000 Jahren auf den Weg gemacht hat.

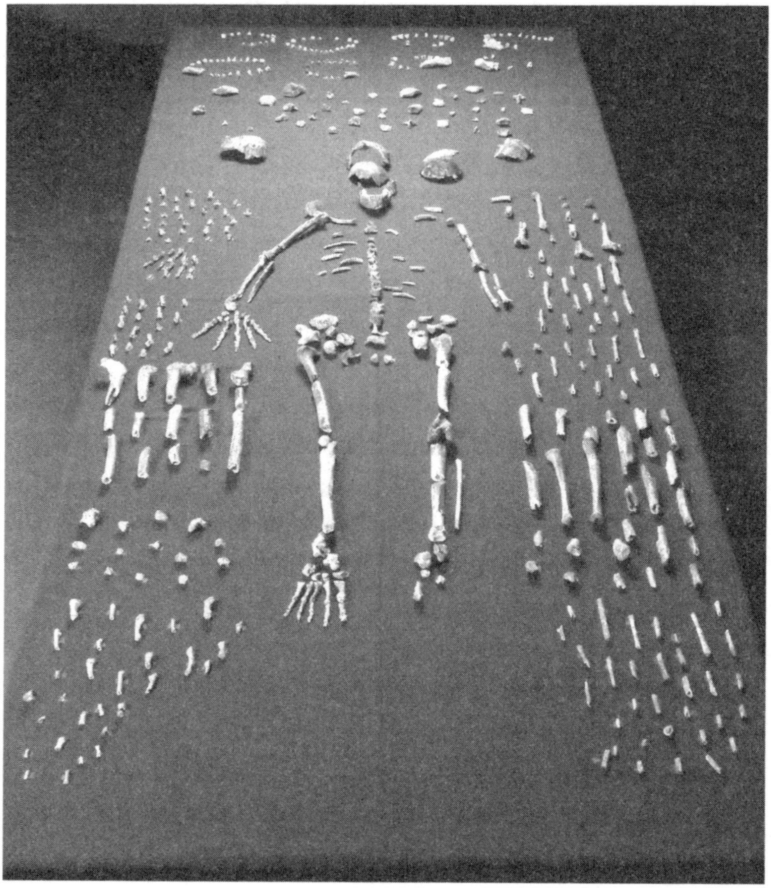

Abb. 7.2: Der *Homo naledi*, dessen Fossilien in einem Höhlensystem in Südafrika geborgen wurden, ist ein Beispiel für eine spezialistische Form der Gattung Mensch. Dieser nur 1,5 Meter große Hominin, der vor rund 300 000 Jahren gleichzeitig mit den ersten *H. sapiens* lebte, war an ein Leben angepasst, das häufiges Klettern auf Bäume und Felsen erforderlich machte.

Alle diese Wellen breiteten sich nacheinander in Eurasien in immer kürzeren Abständen aus, wobei sie je nach ihrer kulturellen Entwicklungsstufe unterschiedliche Dynamiken aufwiesen. Während die ersten beiden Wellen – weil der Umgang mit dem Feuer noch nicht beherrscht wurde – auf verhältnismäßig warme Regionen beschränkt waren, sollte die dritte die gemäßigten und subarktischen Zonen einnehmen und die vierte – die unsere – bis zum Nord- und Südpol vordringen. Wir bezeichnen die mit diesen Wellen gekommenen Menschenformen als «Generalisten», weil sie sich nicht wie andere Menschenarten (die als «Spezialisten» bezeichnet werden) auf ein einziges Ökosystem beschränkten, sondern im Lauf ihrer Evolution in allen Ökosystemen der Alten Welt heimisch wurden. So brachten die mit jeder Evolutionsstufe verbundenen «Generalisten» jeweils eine bestimmte Anatomie – d. h. ihre Knochenform und die damit verbundene kognitive Entwicklung – und eine materielle Kultur – d. h. Werkzeuge und Spuren von Aktivitäten – nach Eurasien. All dies findet sich zuerst in Afrika und erst dann in Eurasien.

Im Fall des *H. erectus* bedeutet dieser sich seit zwei Millionen Jahren wiederholende Prozess, dass es sich um eine afrikanische Form handelt, die sich mindestens eine halbe Million Jahre lang in der Wiege der Menschheit entwickelte, bevor sie es wagte, einen Fuß nach Eurasien zu setzen. Offensichtlich ist auch, dass *H. sapiens,* seit mindestens 300 000 Jahren eine panafrikanische Art, vor 200 000 Jahren anfing, sich in Eurasien auszubreiten; unsere Spezies hat sich dann diesen Kontinent erobert und die anderen Menschenformen vor nur 40 000 Jahren vollends ausgelöscht. Schließlich wurde diese Spezies am 19. Februar 1819 global, als Kapitän William Smith von seinem Schiff *Williams of Blyth* aus den letzten unerforschten Kontinent erblickte: die Antarktis. Davor hat der Denisovaner einen identischen Prozess durchlaufen, als er in Asien ankam. Betrachten wir nun im Einzelnen, wie das System Erde den Denisovaner hervorgebracht hat und wie sich dies genetisch und archäologisch niederschlug.

Die drei Ökozonen der Erde

Jede Hemisphäre des Planeten weist drei klimatische Bänder auf: die Ökozonen. Wir wollen hier vor allem die der Nordhalbkugel betrachten, auf der die prähistorischen Menschen unterwegs waren, mit denen wir uns beschäftigen. Die erste Ökozone besteht aus den polaren und subarktischen Gebieten, die eine ausgedehnte biogeografische Region bilden – bestehend aus Tundra, Tundrawäldern, Taiga, Torfmooren und im Süden aus Mischwäldern (Nadel- und einigen Laubhölzern). Sie erstrecken sich unregelmäßig von Nordnorwegen (65. Breitengrad) im westlichen Eurasien bis nach Zentralsibirien und bis zur nördlichen Kamtschatka im östlichen Eurasien (60. Breitengrad).

Die zweite Ökozone ist die der heutigen gemäßigten Regionen, die derzeit nicht nur weite Gebiete Europas bis nach Skandinavien (60. Breitengrad, geografische Breite von Oslo) umfasst, sondern auch Zentralasien nördlich der Taklamakan und der Wüste Gobi sowie Nordchina ab dem Qinling-Gebirge (34. Breitengrad) bis hin zur Inneren Mongolei und darüber hinaus bis zur Hälfte Ostsibiriens (60. Breitengrad). Die Breitengrade zwischen der subarktischen und der gemäßigten Zone variieren aufgrund der Meeresströmungen und der Gliederung des Landes. Im Zentrum des Kontinents, im Altai-Gebirge, wo sich die Denisova-Höhle befindet, ist das Klima kontinental geprägt, das bedeutet, dass es im Sommer sehr heiß und im Winter sehr kalt sein kann.

Die dritte Ökozone liegt in den Tropen ab dem 25. Breitengrad im Westen der Alten Welt und bis zum 30. Breitengrad im Osten. Das Qinling-Gebirge stellt eine natürliche Barriere für den Monsun dar und ist somit ein ungefährer Anhaltspunkt für die Trennung zwischen gemäßigter und tropischer Zone. In Letzterer liegt die Jahresdurchschnittstemperatur immer zwischen 21 °C und 30 °C und fällt nie unter 18 °C. Im Sommer fallen während der Monsunzeit starke Niederschläge, die Winter sind trocken. Ein wichtiger Punkt: Vor allem in den tropischen Ökosystemen können sich die Menschen aus Afrika ohne große Mühe anpassen: Die Vorfahren der Denisovaner waren in dieser Hinsicht keine Ausnahme.

Kaltzone
Gemäßigte Zone
Tropische Zone
Maximale Vergletscherung während der Eiszeiten

Abb. 7.3: Karte der drei Hauptökozonen in Eurasien und Afrika.

Diese Rekonstruktion eines jungen *H. ergaster* entstand auf der Basis des vollständigsten Skelettes dieser Art, das wir kennen. Es ist 1,6 Millionen Jahre alt und enthält 108 Knochen.

8 | Der Denisovaner, Kind der Vermischung

Die DNA in den Sedimenten der Denisova-Höhle verrät, dass die ersten Denisovaner sich vor 200 000 Jahren in die kalten Täler des Altai-Gebirges vorwagten, wahrscheinlich aber schon viel früher. Ihr Abenteuer erinnert an die französischen Eroberungen in Nordamerika. Die Europäer fühlten sich den Amerindianern weit überlegen, aber trotz ihrer enormen technischen Vorteile brauchten sie nicht weniger als drei Jahrhunderte, um den nordamerikanischen Kontinent zu erobern. In diesen 300 Jahren spielten Pioniere mit französischer und indianischer Kultur eine entscheidende Rolle.

Schon seit Samuel de Champlain (1567–1635), dem Gründer von Québec, entwickelten die Franzosen in «Neufrankreich», besorgt wegen ihrer vergleichsweise geringen Zahl gegenüber den «Engländern von Boston», eine eigene Strategie: Sie überließen den Indianerstämmen in ihrer Umgebung französische Jungen zur Adoption, die mit beiden Kulturen vertraut wurden und bei den französisch-indianischen Allianzen als Vermittler dienten. Nach der Eroberung Québecs durch die Engländer im Jahr 1759 wurde diese aufgeschlossene Haltung der Franzosen gegenüber den indigenen Kulturen in der Tradition der «*coureurs des bois*», der Waldläufer, fortgesetzt. Diese bikulturellen französischen Akteure, die nicht nur mehrere Sprachen der Ureinwohner beherrschten, sondern sich auch indianische Fertigkeiten wie zum Beispiel das Befahren der Großen Seen und des ausgedehnten nordamerikanischen Flusssystems mit Kanus angeeignet hatten, waren die ersten Europäer, die den nordamerikanischen Kontinent genauer erforschen konnten, was sich in Tausenden französischer Ortsnamen – Detroit, Des Moines, Baton Rouge, Saint-Louis, Champaign etc. – oder anglisierter französischer Namen wie Illinois, Louisiana, Maine, die über Kanada und die Vereinigten Staaten verstreut sind, niederschlug.

Als nachhaltige Spur dieser größeren Bereitschaft der Franzosen zur Vermischung tragen heute viele Amerindianer der Vereinigten Staaten französische Namen. In den Great Plains ist sogar eine Kultur lebendig, die sowohl europäische als auch indianische Traditionen vereint: die Ethnie der Métis. Sie wird von der kanadischen Regierung als eigenständiges indigenes Volk anerkannt, genauso wie die Inuit und die First Nations. Es heißt, dass heute zwischen 53 und 78 % der Kanadier mindestens einen amerindianischen Vorfahren haben. Dieser historische Vorgang veranschaulicht, wie eine Einwanderungswelle in einem neuen Territorium funktioniert: Sie folgt vermischten bikulturellen Pionieren und setzt sich, sobald sie groß genug ist, durch, nachdem sie einen Teil der Gene und kulturellen Merkmale der vorhergehenden Bevölkerung übernommen hat. Denny aus der Denisova-Höhle – ein Mischling der ersten Generation (s. Kapitel 2) – illustriert diesen Vorgang und zeigt, dass der Denisovaner wie auch der Neandertaler, auf den er traf, ein Kind von Migranten war. Woher stammten seine Vorfahren? Handelt es sich um *H. erectus*? Nein!

Vermischung, eine Konstante der Evolution des Menschen

Wir haben einen Hinweis darauf, dass sich die Vorfahren der Denisovaner, ähnlich wie die kanadischen Trapper, die in die unbekannten Weiten des nordamerikanischen Kontinents vordrangen, mit den Einheimischen – den «Super-Archaischen» – vermischten. Diese unaufhaltsame Tendenz der Gattung *Homo*, sich zu vermischen, lässt sich im Falle des *H. sapiens* besonders deutlich ablesen. In paläolithischen, neolithischen, protohistorischen und historischen Epochen vermischten sich diese generalistischen Menschen mit allen, die sie auf ihrem Weg antrafen; jedes Mal übernahmen sie zunächst die Techniken ihrer «Gastgeber» und gliederten sich in deren Gruppen ein; im Fall, dass sie ihnen dann zahlenmäßig überlegen waren, absorbierten sie sie. Dieses Phänomen ist zum Beispiel im Zuge der europäischen Expansion nach Nord- und Südamerika, Australien, Nordasien etc. zu beobachten. Alles andere als eine Randerscheinung, ist die Vermischung im Gegenteil der entscheidende soziale Wesenszug aller Menschen, der es ihnen ermöglichte, sich überall anzupassen.

Dass es im Paläolithikum häufig zu Vermischungen kam, wurde vom Team um Alan Rogers von der Universität Utah in den USA eindrucksvoll belegt. Die Paläogenetiker erstellten anhand der Gene von Franzosen, Engländern, Westafrikanern, eines europäischen Neandertalers, eines Altai-Neandertalers und eines Denisovaners ein statistisches Modell der Generationenfolge seit den frühesten Auswanderungen aus Afrika. Dieses Evolutionsmodell legt nahe, dass sich die Genome der heutigen Menschen am besten erklären lassen, wenn man von drei großen aufeinanderfolgenden Vermischungen in Eurasien ausgeht.

Demnach fand die erste zwischen den Denisovanern und einer unbekannten Population statt, den in Kapitel 4 erwähnten «Super-Archaischen», von denen man annimmt, dass sie dem *H. erectus* entsprechen; die zweite fand zwischen den Vorfahren des *H. sapiens* und denen des *H. neanderthalensis* vor über 200 000 Jahren wahrscheinlich in der Levante statt; die dritte zwischen den späten Neandertalern und den neu in Eurasien angekommenen *H. sapiens* vor über 50 000 Jahren. Hinzuzufügen ist die Hybridisierung zwischen Denisovanern und Neandertalern in Nordasien. Die Genetik bestätigt also, dass sich die generalistischen Menschen immer wieder untereinander vermischt haben.

Welche Auswirkungen haben diese Begegnungen unterschiedlicher Menschenformen? Zunächst einmal vollzog sich die Ankunft einer generalistischen Menschenform, die eine Biologie, eine Demografie und eine materielle Kultur mitbrachte, nie in kurzen Zeiträumen. Anfangs bringt das Zusammentreffen von Gruppen bikulturelle Mischlinge hervor; diese Individuen vermehren sich so stark, dass möglicherweise Übergangskulturen entstehen; und schließlich vervielfacht die Dynamik der zugewanderten Population ihre biologischen und kulturellen Merkmale in der aus der Mischung hervorgegangenen hybriden Population. Die ursprüngliche Bevölkerung, die ihrerseits von früheren Migrationswellen abstammt, übernimmt die Biologie und die Kultur der generalistischen Form, die manchmal, lange nach ihrer Ankunft, tendenziell zur Mehrheit wird, wobei sie viele der alten, für das Überleben vorteilhaften Gene und kulturellen Merkmale behält (Folge der positiven Selektion, s. Kapitel 3), aber auch jene beseitigt, die die Fortpflanzung behindern (negative Selektion). Die Ausbreitung einer Welle generalistischer Formen hat also eine Konstante: Sie bewirkt vor allem einen tiefgreifenden Vermischungsprozess, bei dem die biologischen und kulturellen Merkmale der neu hinzukommenden zahlenmäßig dominanten Population schrittweise die Oberhand über die der lokalen, aus früheren Wellen hervorgegangene Population gewinnen, ohne dass alle Merkmale der letzteren vollständig verloren gehen.

Diese Dynamik hat sich im Lauf der Evolution der Menschen mehrfach wiederholt. Die Ankunft der Europäer in Nord- und Südamerika liefert hierfür ein anschauliches, weil aus jüngerer Zeit stammendes, Beispiel. Die Kreuzung von *H. sapiens* und Neandertaler während der Urgeschichte ist ein weiteres Beispiel, das erklärt, warum die Eurasier zwischen 1 und 3 % Neandertaler-DNA besitzen. Dieses Neandertaler-Erbe half dem frühen Sapiens, in Eurasien zu überleben, indem es ihn mit einer besseren Kälteresistenz ausstattete und einen effizienten Fettstoffwechsel etc. förderte. In ähnlicher Weise bewahrten die Tibeter Denisova-Gene, die sie weniger anfällig für die Höhenkrankheit machen. Auch verschiedene Anpassungen der heutigen Populationen haben ihren Ursprung in der Vermischung mit alten Formen.

I: Die Denisova-Höhle – in den Augen eines Urmenschen eine luxuriöse Wohnung in den Bergen – an einer Felswand im Tal der Sibiryachikha im Altai-Gebirge.

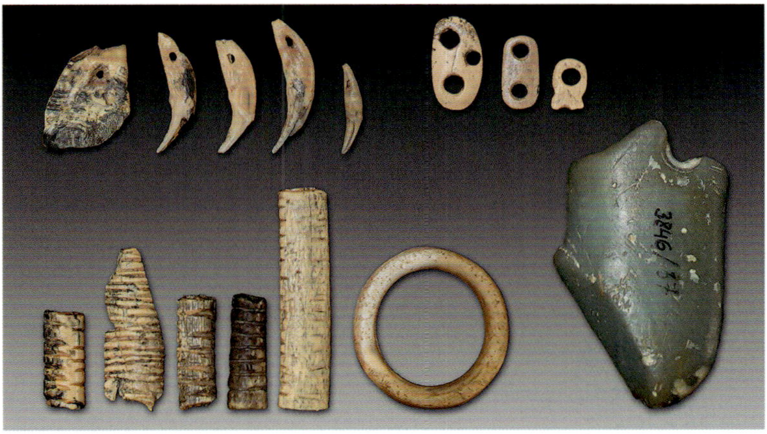

II: Die in den oberen Schichten der Höhle entdeckten Objekte sind erstaunlich: Perlen aus Hirschgeweih und aus Knochen, Fragmente eines Armreifs aus Chlorit, verschiedene Gegenstände unbekannten Zwecks aus geriffelten Knochen. Sie sind zwischen 50 000 und 40 000 Jahre alt, die Zeit des Übergangs vom Denisova-Menschen zum *Homo sapiens* im Altai-Gebirge.

III: Eine Gruppe von Forschern besichtigt die Sedimentschichten in der Denisova-Höhle, die einen Zeitraum von über 200 000 Jahren nachverfolgen lassen.

IV: In dieser Höhle auf der indonesischen Insel Flores südlich der Wallace-Linie kamen Spuren einer merkwürdigen, kleinwüchsigen spezialisierten Menschenform ans Licht: des Flores-Menschen.

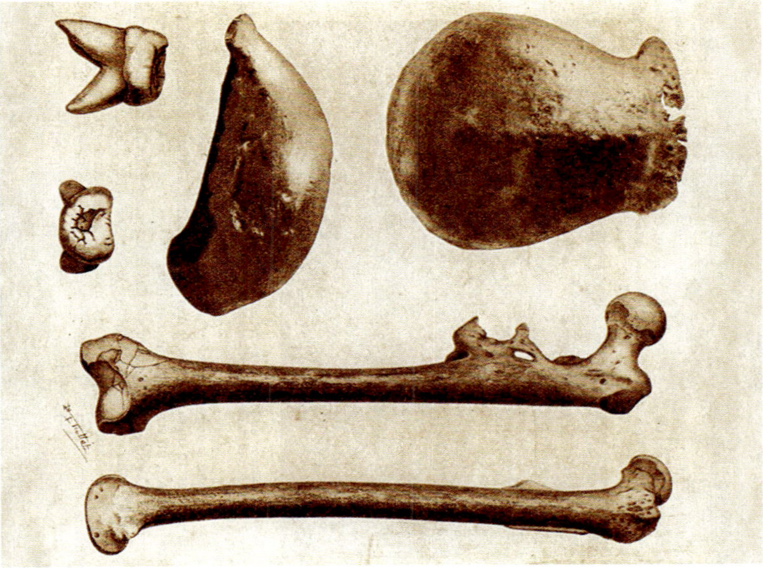

V: Die Schädelkalotte, der Oberschenkel und der Backenzahn von *Pithecanthropus erectus*, die der Niederländer Eugène Dubois Ende des 19. Jahrhunderts auf Java zutage förderte, sind die ersten in Asien gefundenen menschlichen Fossilien.

VI: Die Baishiya-Höhle, der Fundort des Unterkiefers von Xiahe, liegt in der Provinz Gansu in Zentralchina. Ein Mönch, der an diesen Ort zum Meditieren kam, fand das Fossil zufällig in den Tiefen der Höhle.

VII: Ein Grabungsteam der Universität Lanzhou bei der Analyse der Schichten der Baishiya-Höhle. Da sich diese auf einer Höhe von 3281 Metern befindet, arbeiten die Forscher bei Eiseskälte.

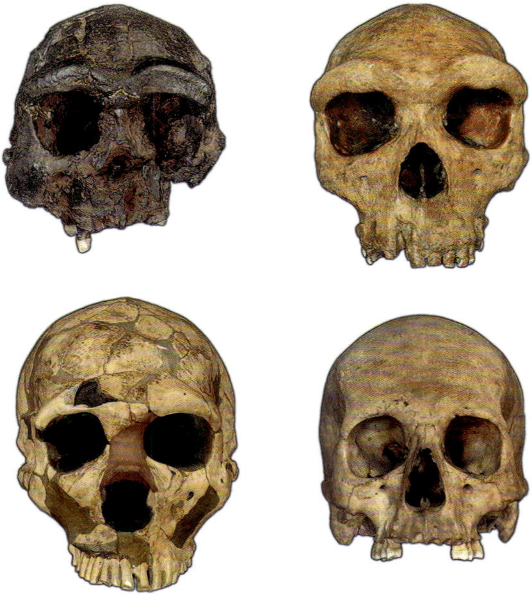

VIII: Der *H. rhodesiensis/heidelbergensis* – oben rechts: der Schädel von Broken Hill teilt archaische Merkmale mit anderen Fossilien wie *H. erectus* – oben links: *Sangiran 17*; – unten links: Neandertaler *(La Ferrassie 1)*, der wenig Gemeinsamkeiten mit *H. sapiens* hat, seinem letzten Nachfahren (unten rechts).

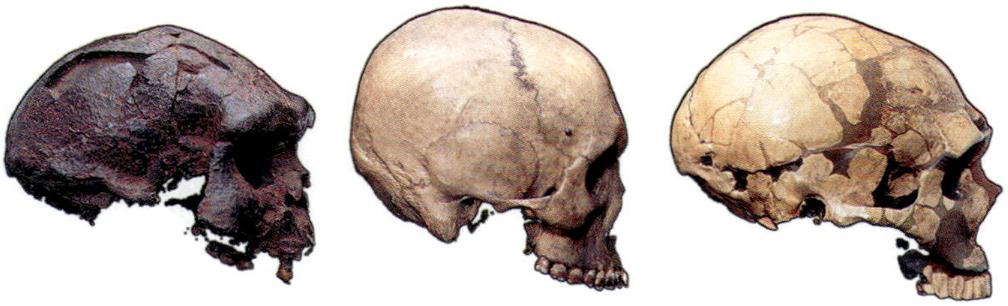

IX: Anders als *H. erectus* – *Sangiran 17* (links) – und Neandertaler – *La Ferrassie 1* (rechts) –, die nach hinten verlängerte Schädel aufweisen, entwickelt sich der Schädel von *H. sapiens* nach oben gewölbt (Mitte).

X: Dieses Werkzeug, gefunden im Jahr 1867 auf dem Gebiet der Gemeinde Abbeville, ist das Paradebeispiel für einen raffinierten Faustkeil, wie er von *H. heidelbergensis* und seinem Nachfahren *H. neanderthalensis* gestaltet wurde.

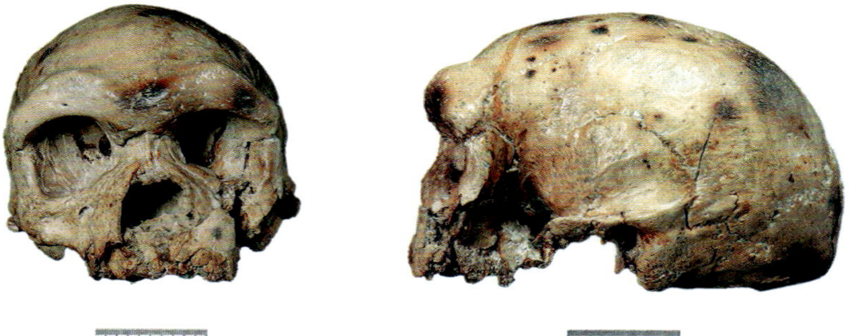

XI: Der 1978 entdeckte Schädel von Dali weist mehrere typisch denisovanische Züge auf wie die kräftigen, in der Mitte unterbrochenen Überaugenwulste und das breite Gesicht. Ist er der erste Denisovaner?

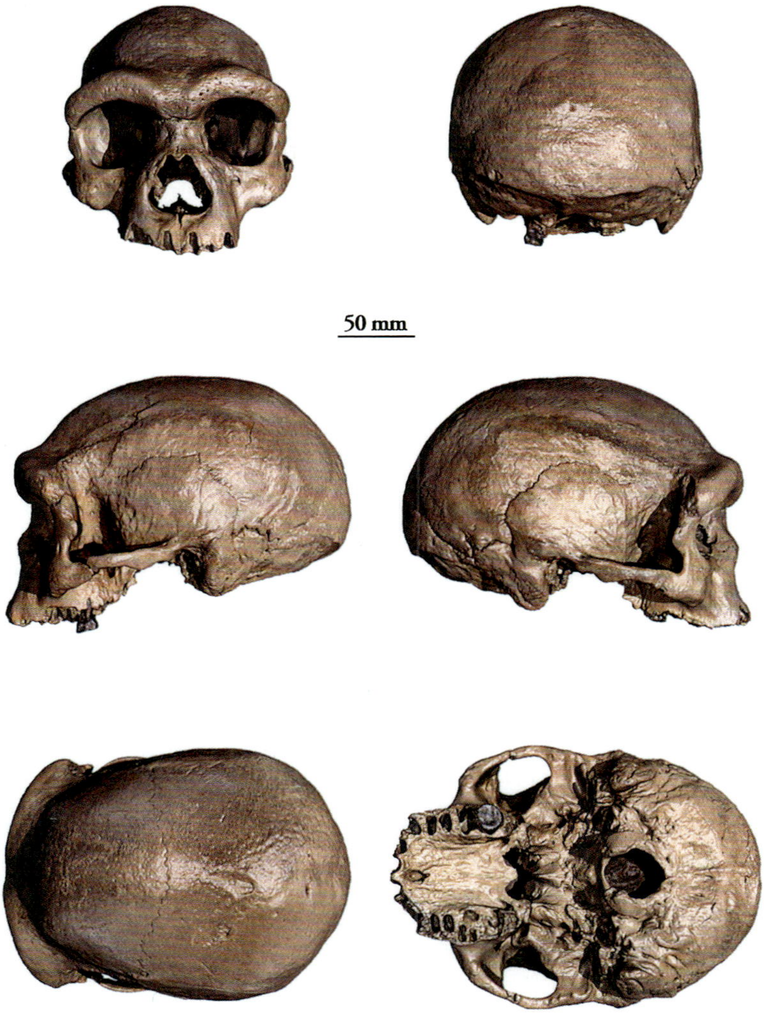

XII: Der Harbin-Schädel ist das am besten erhaltene Denisova-Fossil. Entdeckt wurde er 1933 während der japanischen Besatzung. Er stammt vom Ufer des Songhua unweit der Stadt Harbin, Hauptstadt der Provinz Heilongjiang in China.

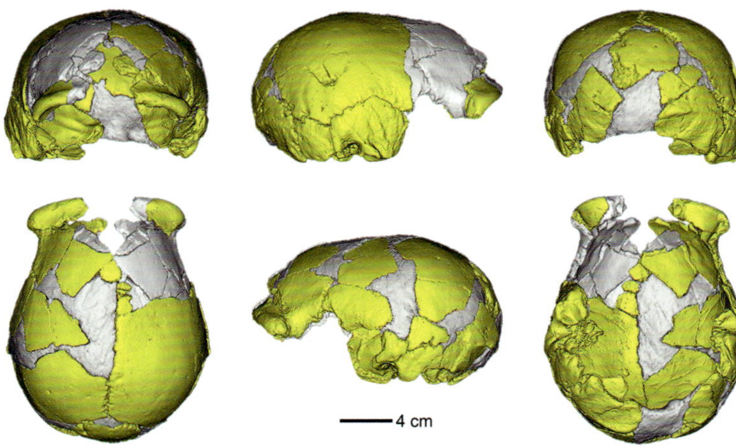

XIII: Die Schädel von Lingjing weisen mehrere charakteristische Denisova-Merkmale auf: die Form eines Rugbyballs und ein so großes Gehirnvolumen wie der Neandertaler sowie Überaugenwulste, die beidseitig über das Gesicht hinauszureichen scheinen.

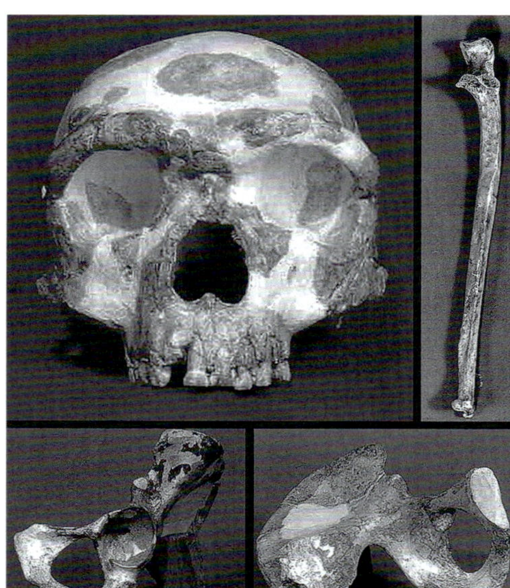

XIV: Obwohl es nur teilweise erhalten ist, gibt uns das Skelett von Jinniushan Aufschluss über seine Größe, sein Gewicht und sein Geschlecht: Es ist eine Frau! Es ist das einzige Denisova-Skelett, das wir kennen.

Die Suche nach den generalistischen Menschenformen

Wie ist es möglich, die Spur einer generalistischen Menschenform in Eurasien zu verfolgen? Anhand der Gene? Das gelingt zum Teil nur für die vorletzte generalistische Welle, weil die letzte Welle, die des *H. sapiens,* sie überlagert hat. Daher bleiben uns nur die Hinweise, die von den durchziehenden Jäger- und Sammlergruppen hinterlassen wurden.

Fossilien sind die aussagekräftigsten, aber auch seltensten Überbleibsel. In tropischen Breiten bedarf es außergewöhnlicher Umstände, dass Fossilisierungen entstehen, denn unter der Hitzeeinwirkung erfolgt die Zersetzung sehr schnell und meist vollständig. Das wichtigste Denisova-Areal veranschaulicht diesen Umstand besonders gut: Im Süden Asiens ziehen die Prähistoriker nur zwei mutmaßlich denisovanische Fossilien und einen Zahn in Betracht.

Anders als Fossilien sind Steinwerkzeuge sehr gut erhalten und überall zu finden. Die einzige praktikable Möglichkeit, eine Welle außerhalb Afrikas zu verfolgen, besteht darin, den Typ Werkzeug aufzuspüren und zu datieren, der damals benutzt wurde. Die Methode funktioniert sehr gut in Afrika, Europa und Indien, nicht aber in Asien. Warum? Wie oben erläutert, erfolgt die Übernahme der von den Migranten mitgebrachten Techniken nur langsam und mit zeitlichen Verzögerungen, die es abzuschätzen gilt. In Asien, dem Teil Eurasiens, der am weitesten von Afrika entfernt ist, werden diese Verzögerungen sehr groß, und wir werden sehen, dass die Spur der Steinwerkzeuge nur bis Ostindien leicht zu verfolgen ist. Darüber hinaus verliert sich die Spur. Was also ist zu tun, um möglichst viel Klarheit zu gewinnen? Am besten behält man bei der Interpretation der Spuren immer im Hinterkopf, dass innerhalb der Gattung *Homo* drei Gesetze der Evolution gelten:

- Es sind die kulturellen Aktivitäten, die die menschlichen von den tierischen Abstammungslinien unterscheiden.

- Der afrikanische Ursprung der Menschenlinien bedeutet, dass die Entwicklung von einer Kulturstufe zur nächsten in Afrika der gleichen Entwicklung in Eurasien vorausgeht.
- Die Ankunft einer neuen biologischen Form geht manchmal lange der kulturellen Innovation voraus, die sich von Afrika her ausbreitet und/oder von der dortigen Umwelt angestoßen wird.

Von biologischen zu Kulturstufen

Da wir vier Wellen generalistischer Menschen identifiziert haben, deren Biologie den afrikanischen Formen von *H. habilis, H. erectus, H. rhodesiensis/heidelbergensis* und *H. sapiens* entsprechen, müssen wir außerdem vier aufeinanderfolgende kulturelle Stufen definieren, die mit ihnen in Verbindung gebracht werden können. Für den ganzen Planeten empfiehlt sich das einfache, jedoch sehr effektive System des britischen Prähistorikers Grahame Clark (1907–1995). Er war sicherlich einer der ersten Wissenschaftler, der das Chaos der vielen verschiedenen Arten der Steinwerkzeugherstellung ordnete, um vor allem große kulturelle Entwicklungsstufen sichtbar zu machen, die in Europa und in manchen Teilen Afrikas (nicht in allen) klar zu erkennen waren. Clark unterscheidet vier Hauptstadien im Zuschnitt der Werkzeuge, die er als «Bearbeitungsmodi» 1,2,3 und 4 bezeichnet (s. S. 138 f., Vier Hauptklassen von Werkzeugen):

Modus 1 korreliert mit der sogenannten olduvayischen Steinwerkzeugherstellung (vor 2,8 Mio. Jahren in Afrika), deren erster menschlicher Handwerker *H. habilis* war.

Modus 2 korreliert mit der Acheuléen-Steinwerkzeugherstellung, deren erster Handwerker in Afrika *H. erectus* war.

Modus 3 korreliert mit der Werkzeugherstellung durch Abschlag, die als erste von *H. rhodeniensis/heidelbergensis* und danach von deren Nachfahren praktiziert worden sein soll.

Modus 4 korreliert mit einer Schleiftechnik, die sich in Richtung einer Feinbearbeitung entwickelt, die allein von *H. sapiens* angewendet wird.

Auch wenn das System von Clark nicht unumstritten ist und seine vier Modi sich auch zeitlich überschneiden können, ist es doch eine große Hilfe, wenn man die kulturelle Entwicklung des Menschen anhand archäologischer Daten ablesen will. Und in der Tat erweisen sich Clarks Bearbeitungsmodi in Afrika (außer im Regenwald), überall in Europa, in Indien, Zentral- und Nordasien, nicht jedoch im tropischen Asien als tauglich.

Eine erste generalistische Welle?

Damit eine erste Welle nach Eurasien gelangte, musste sie zuvor in Afrika angekommen sein. Der Anwärter auf den Status der ersten afrikanischen generalistischen Menschenform ist offensichtlich *H. habilis*, der für die Zeit zwischen 2,3 und 1,5 Millionen Jahre nachgewiesen ist. Dieser 1,3 bis 1,4 Meter große und 35 bis 40 Kilogramm schwere Zweibeiner besaß ein Schädelvolumen von nur 550 bis 700 Kubikzentimeter. War er die erste hominine Form, die Afrika verließ?

Es gibt Hinweise darauf: Eine fossile, dem *H. habilis* vergleichbare Form tauchte in Dmanissi in Georgien vor ungefähr 1,8 Millionen Jahren auf. In Europa weist nichts darauf hin, dass dieser Mensch nach Westen gezogen wäre. Vielmehr scheint er sich Richtung Osten gewendet zu haben, obwohl die Fossilien, die zeitlich zu einer ersten Welle von Generalisten in Asien passen, nur schwer mit *H. habilis* in Verbindung zu bringen sind. Immerhin lassen in Longgudong fossilisierte, zweifellos menschliche archaische Zähne auf *H. habilis* schließen. Noch bedeutsamer ist der älteste Menschenschädel Chinas: der des «Lantian-Menschen». Er ist stark deformiert, aber eindeutig archaisch; ausgegraben wurde er an der nördlichen Monsungrenze bei Gongwangling in der Provinz Shaanxi. In seiner Nähe wurden Werkzeuge olduvayischen Typs

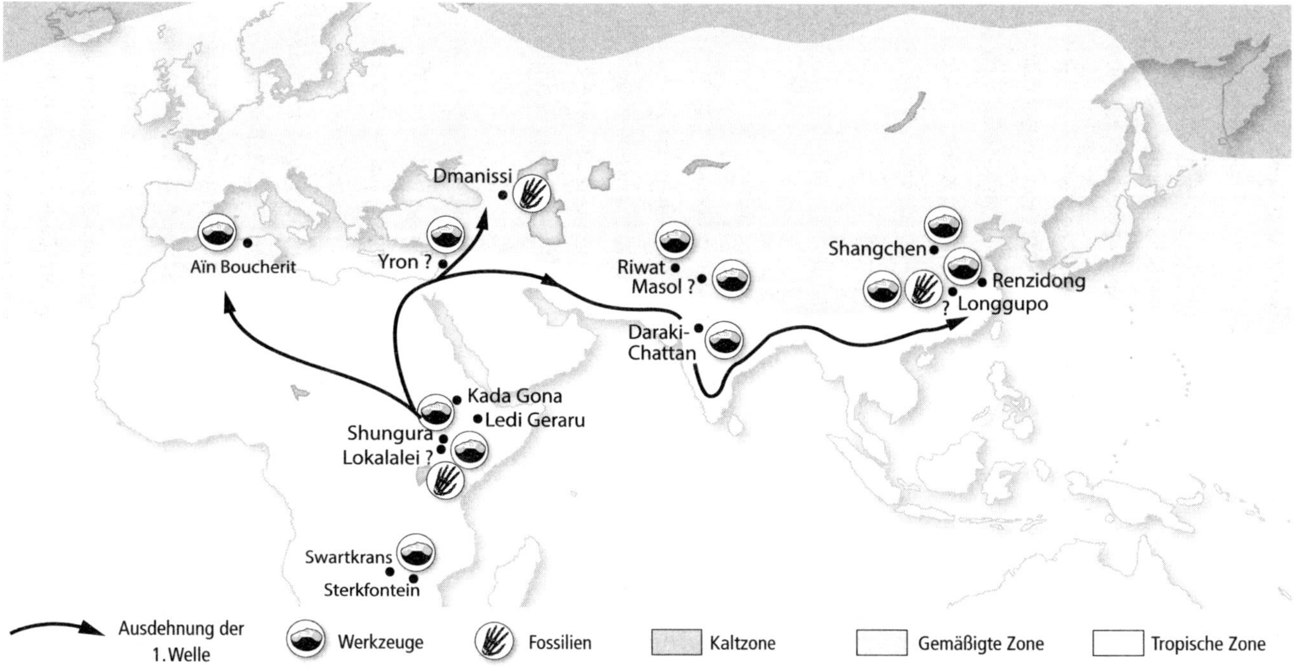

Abb. 8.1: Karte des ersten Auszugs der Gattung *Homo* aus Afrika (vor mehr als 2 bis 1,5 Millionen Jahren). Die erste generalistische Menschenform folgte den Südküsten Eurasiens und wagte sich während einer Warmzeit auch nach Norden vor bis nach Georgien, wo sie in Dmanissi Spuren hinterließ.

gefunden, und nach vielen Diskussionen wurde sein Alter auf 1,6 bis 1,54 Millionen Jahre geschätzt.

Bei den Werkzeugen ist die Situation eine andere: Auf dem asiatischen Kontinent überraschen Werkzeuge des olduvayischen Typs 1 durch ihr hohes Alter. In der Longgupo-Höhle, einer Fundstätte in der chinesischen Provinz Chongking, wurden Werkzeuge des olduvayischen Typs (einseitig bearbeiteter Silex) geborgen, deren Alter erstaunt: 2,2 bis 2,5 Millionen Jahre! Der Fundort Renzidong, der auf ein Alter von 2,25 Millionen Jahre datiert wird, wirft aus demselben Grund Fragen auf. Die Anwesenheit von Menschen in Ostasien vor 2 Millionen Jahren wurde durch zwei weitere Fundstellen von einseitig bearbeitetem Silex untermauert: Shangchen (2,12 bis 1,26 Mio. Jahre) in der Provinz Shaanxi, und Longgudong (2 Mio. Jahre) in der Provinz Hubei (s. Karte links).

Gab es also eine generalistische erste Welle? Offenbar gab es so etwas, doch es bleibt noch vieles zu klären, da die Daten unsicher sind. Außerdem könnte die erste Welle Afrika zu einer Zeit verlassen haben, als die Abgrenzung zwischen Mensch und Australopithecus noch nicht so klar war.

Eine zweite Welle

In welche Richtung könnte *H. erectus* aus Afrika ausgewandert sein? An der israelischen Ausgrabungsstätte Ubeidiya wurden der Wirbel eines Jugendlichen, zwei Zähne und ein Faustkeil geborgen, die bestätigen, dass vor 1,5 Millionen Jahren in der Levante Menschen der zweiten Welle von Generalisten lebten, die den Acheuléen-Modus 2 praktizierten.

Der 1,3 Millionen Jahre alte Schädel von Kokabaş, der ohne Kontext in der Türkei gefunden wurde, deutet jedoch darauf hin, dass *H. ergaster/erectus*, die den olduvayischen Modus 1 praktizierten, nach Norden und dann nach Europa vordrangen, auf einen Kontinent, der nur 2000 Kilometer von der Levante entfernt liegt. In Europa liefert diese Welle ein erstes Beispiel für eine klare Diskrepanz zwischen dem Auftreten einer

Abb. 8.2: Die Fundstelle Ubeidiya im Jordantal (Israel) ist atypisch, denn die geologischen Schichten wurden durch die Tektonik senkrecht gerichtet, sodass die Ausgräber stehend arbeiten.

generalistischen Menschenform und dem Bearbeitungsmodus, den sie in Afrika praktiziert. Anscheinend rückte sie entlang der Südküsten vor und hinterließ an etlichen Stellen ihre bearbeiteten Kiesel und andere nach dem olduvayischen Modus 1 gefertigte Werkzeuge. Die am weitesten im Osten gelegene Fundstätte ist die Höhle von Kozarnika in Bulgarien, die geomagnetisch auf ein Alter zwischen 1,6 und 1,4 Millionen Jahre datiert wurde. Ein *H. ergaster/erectus*-Clan hinterließ dort einen Backenzahn und bearbeitete Kiesel. Zudem verbindet eine ununterbrochene Kette von Fundstätten – Pirro Nord in Süditalien (1,6 bis 1,2 Mio. Jahre), Lézignan-la-Cèbe, Lunéry Rosières, Pont-de-Lavaud, Vallonet in Frankreich (1,2 bis 1 Mio. Jahre), Barranco León und Orce, Nueva 3, Sima del Elefante in Spanien (1,2 bis 1,4 Mio. Jahre) – den Südosten mit dem Südwesten Europas. Letztgenannte Fundstelle im Norden der Iberischen

Halbinsel lieferte auch Teile des Unterkiefers und des Gesichts des ältesten bekannten Europäers (s. Karte S. 136).

Im Osten hingegen scheinen die Vertreter der zweiten Welle von Generalisten lange Zeit Fortschritte gemacht zu haben, als sie außer den nach olduvayischem Modus 1 gefertigten Werkzeugen auch solche nach dem Acheuléen-Modus 2 herstellten. Das kann man zum Beispiel an der Fundstätte von Attirampakkam im südindischen Bundesstaat Tamil Nadu sehen. Ist *H. erectus* über die Tropen noch weiter nach Osten vorgedrungen? Die beträchtliche Anzahl von über 1,4 Millionen Jahre alten Acheuléen-Stätten in Ostindien deutet stark darauf hin.

Und kam er noch weiter nach Osten? Die Fundorte auf Java, über die wir bereits ausführlich berichtet haben, belegen, dass die zweite Welle von Generalisten vor mindestens 1,3 Millionen Jahren oder noch früher dort angekommen ist. In Indonesien und auf den Philippinen haben die Prähistoriker zahlreiche Faustkeile am Boden gesammelt. Gustav von Koenigswald berichtet, er habe davon «kistenweise» in Sangiran gefunden. Die meisten Prähistoriker weigern sich heute dennoch, ihnen ein so hohes Alter zuzuschreiben, und behaupten, dass diese Artefakte von *H. sapiens* vor 12 000 Jahren gefertigt worden seien. Doch auch wenn sich diese Annahme eines Tages bestätigen sollte, schließt sie nicht die Möglichkeit aus, dass *H. erectus* seinen Weg nach Osten fortgesetzt hat.

So wurden einige bemerkenswerte Entdeckungen gemacht: Bei Ausgrabungen in Wolo Sege, einer Fundstätte in offenem Gelände in den Bodenablagerungen der Ola-Bula-Formation im Zentrum von Flores (Indonesien), wurden drei über eine Million Jahre alte Faustkeilspitzen geborgen: Werkzeuge vom Acheuléen-Typ, die mit großen Abschlägen bearbeitet worden waren. Ein anderer Fall: Alfred Pawlik und seine Kollegen von der Universität der Philippinen entdeckten bei Ausgrabungen an der Fundstelle Arubo auf der Insel Luzon echte Acheuléen-Faustkeile, die auf das frühe Paläolithikum datiert worden wären, wenn man sie in Afrika gefunden hätte. Es scheint also in Südostasien aus einem Nukleus

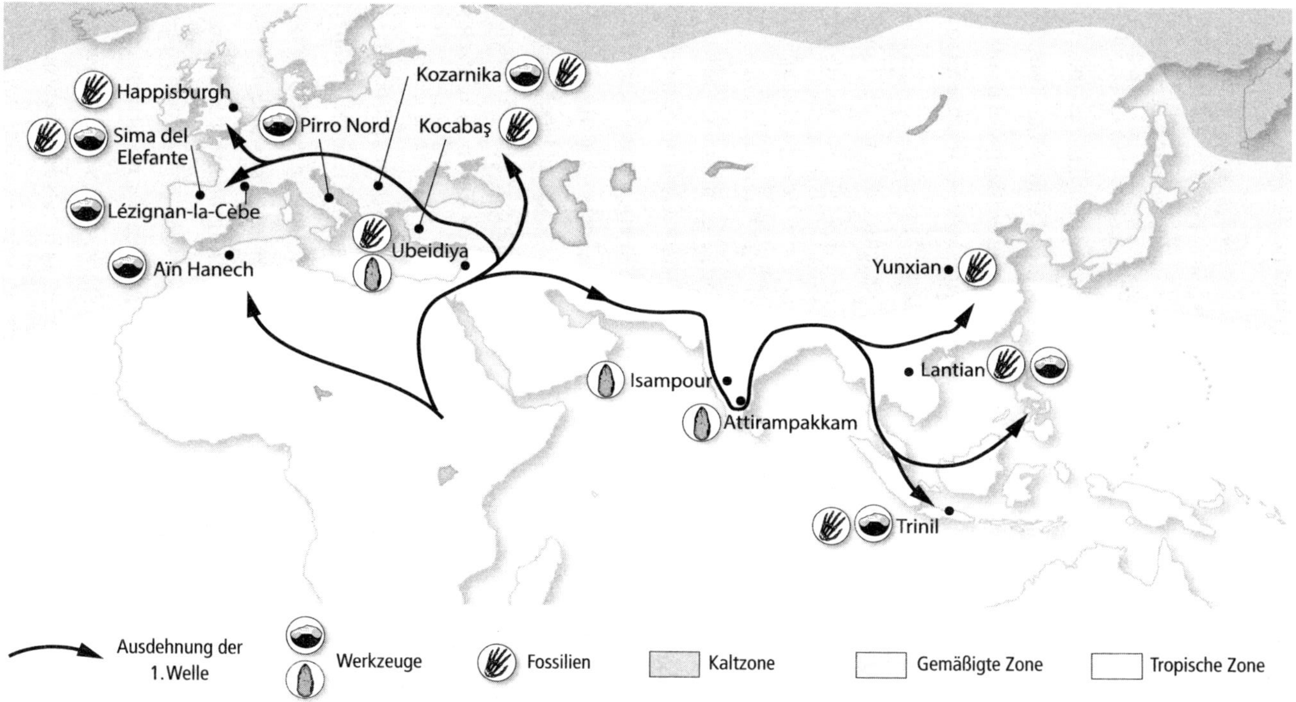

Abb. 8.3: Karte des zweiten Auszugs der Gattung *Homo* aus Afrika (vor 1,5 Millionen bis 800 000 Jahren). Wie schon die erste generalistische Menschenform folgte auch die zweite den Südküsten Eurasiens. Ihre Vertreter waren die ersten Menschen in Europa.

gefertigte, beidseitig bearbeitete Faustkeile zu geben, doch ob sie über eine Million Jahre alt sind, bleibt umstritten.

Diese Unklarheit ist wahrscheinlich darauf zurückzuführen, dass in den von Regenwald bedeckten Gebieten Südostasiens für Werkzeugherstellung geeignetes Gestein schwer zu finden ist, während Holz, und vor allem Bambus, überall zur Verfügung steht und die Möglichkeit bietet, Steinwerkzeuge durch «Holzwerkzeuge» zu ersetzen. Wir werden im Fall der dritten Welle generalistischer Menschen, die ebenfalls in den Regenwald Asiens vordringen, noch ausführlich darauf eingehen.

Problemfall China

Wie ist die Lage auf dem asiatischen Festland? In den dortigen Fundstätten ist die Datierung problematisch, weil sie oft schon vor langer Zeit und mit veralteten Methoden erfolgte. So haben wir zwar den Schädel des «Lantian-Menschen» aufgrund seines Alters von 1,6 Millionen Jahren der ersten Welle von Generalisten zugeordnet, doch die Unsicherheit der Datierung und die starke Verformung lassen uns zögern. Neben dieser ersten Spur stammen die ältesten Fossilien Chinas aus Xuetang Liangzi in der Provinz Hubei. Die Fundstelle liegt heute etwa 100 Meter vom Fluss Yan in Shiyan im Kreis Yun. Nachdem ein Bauer das Fragment des Stoßzahns eines Elefanten entdeckt hatte, kam 1989 Wang Zhenhua, der Konservator des Archäologischen Museums von Wuhan, zur Ausgrabungsstätte. Ein erster Schädel – *Yunxian 1* – wurde in einer äußerst harten Sedimentkonkretion freigelegt, zusammen mit einer Fülle von einseitig bearbeiteten Feuersteinen (eine Handvoll war beidseitig zugerichtet). Seither haben chinesische Prähistoriker mehr als 2000 Knochen von über 20 Arten des tropischen Regenwalds ausgegraben, darunter der Große Panda, der Elefant etc. Nach dieser Entdeckung durchsuchte das Team um Li Tianyan vom Archäologischen Institut von Hubei systematisch die Stelle und fand, nur 3 Meter vom ersten Schädel entfernt, einen zweiten – *Yunxian 2* –, jedoch 40 Zentimeter tiefer in derselben

Vier Hauptkategorien von Werkzeugen

Die Vielfalt der prähistorischen Steinwerkzeugherstellung macht die Orientierung auf diesem Gebiet sehr schwierig. In absteigender Reihenfolge ihres Alters klassifiziert Clark die Modi der Bearbeitung wie folgt:

- Der älteste ist der Modus 1. In Afrika tauchen die sogenannten olduvayischen Steinwerkzeuge bereits vor 2,8 Millionen Jahren auf, höchstwahrscheinlich bei Vormenschen. Innerhalb der Gattung *Homo* war *H. habilis* der erste Hersteller von Steinwerkzeugen, dem der werkzeugherstellende Australopithecus vorausging. Bei diesem Modus wurden Geröllsteine nur einseitig bearbeitet, um eine scharfe Schneide *(chopping tools)* und scharfkantige Abschläge zu bekommen. Experimente deuten darauf hin, dass diese Werkzeuge in erster Linie dazu dienten, die Langknochen von Pflanzenfressern aufzubrechen, um an das Mark zu gelangen oder Fleischreste von Knochen abzuschaben, die von großen Beutegreifern übriggelassen worden waren. Es scheint sich also hauptsächlich um Werkzeuge aasfressender Menschen zu handeln.
- Modus 2 korreliert mit der Acheuléen-Steinwerkzeugherstellung. Ihr erster Vertreter ist der *H. ergaster/erectus* vor 2 Millionen Jahren, ab 0,8 Millionen Jahren perfektionierte der *H. rhodesiensis/heidelbergensis* diese Herstellungstechnik, bei der die Steine meist auf beiden Seiten bearbeitet sind, sodass manchmal daraus symmetrische Faustkeile oder Äxte werden; beim Abschlagen des Nukleus entstehen auch (große) scharfkantige Scherben, die ihrerseits zu Werkzeugen verarbeitet werden können. Diese «Abschlagswerkzeuge» dienten zum Schneiden, Sägen, Schaben etc., konnten aber auch wie Faustkeile benutzt werden. Es waren multifunktionale Werkzeuge für Jäger und Tierzerleger, die nicht mehr nur auf Aas angewiesen waren.

- Modus 3 korreliert mit den Abschlagstechniken, deren erster Vertreter in Afrika der *H. rhodesiensis/heidelbergensis* sein dürfte. Modus 3 wird nicht nur mit dem *Middle Stone Age* (Mittlere Steinzeit) in Ost- und Südafrika in Verbindung gebracht (afrikanisches Mittleres Paläolithikum, vor etwa 400 000 bis 50 000 Jahren), sondern auch mit dem Mittleren Paläolithikum in Europa, Nordafrika, Westasien (vor etwa 350 000 bis 45 000 Jahren), wo er als Moustérien bezeichnet wird. Diese Bearbeitungstechnik wird vom *H. sapiens* in Nordafrika und der Levante sowie vom Neandertaler und dem Denisova-Menschen in Eurasien praktiziert. Bei dieser Art der Bearbeitung werden von einem Nukleus Abschläge gemacht, die danach manchmal mit einem «Retoucheur» aus einem Hirschgeweih, also einem weicheren Schlaginstrument, nachbehandelt werden. Diese Abschläge werden zu «Messern» (scharfen Klingen), Schabern etc. verarbeitet. Selbst wenn gelegentlich an diesen Fundstätten auch Faustkeile gefunden werden, so sind die Werkzeuge des Moustérien in erster Linie Klingen, die teils als Messer, teils als Armierung von Wurfwaffen dienen; also Kompositwerkzeuge, die zum Teil mithilfe von Feuer hergestellt wurden. Die Menschen, die auf der Stufe des Modus 3 angelangt sind, sind Jäger!
- Modus 4 korreliert mit einer Feinbearbeitung der Klinge, die nur vom *H. sapiens* praktiziert wird. Man bringt sie in Verbindung mit dem Late Stone Age (LSA, der Jungsteinzeit vor 50 000 bis 25 000 Jahren) im subsaharischen Afrika und dem Jungpaläolithikum in Europa und Asien (vor 50 000 bis 12 000 Jahren), beginnend mit der sogenannten Aurignacien-Industrie. Hergestellt werden vor allem Klingen, die als Messer oder Armierung von Wurfwaffen dienen, und charakteristisch ist auch die häufige Verwendung von Knochen als Werkstoff. Modus 4 und der sich anschließende Modus 5 (Feinbearbeitung) sind nach heutigem Kenntnisstand nur mit *H. sapiens* verbunden und damit irrelevant für die Spurensuche nach dem Denisovaner.

Schicht. Schließlich wurde im Jahr 2022, etwa 35 Meter von den beiden anderen Fossilien entfernt, ein dritter Schädel – *Yunxian 3* – in einem ähnlichen Kontext geborgen. Anhand des Zahnschmelzes von Tieren, die in der Schicht von Nummer 2 gefunden worden waren, konnten sehr zuverlässige Datierungen mittels Paläomagnetismus und Elektronenspinresonanz vorgenommen werden. Sie ergaben ein Alter von 936 000 Jahren.

Leider sind die Schädel 1 und 2 durch das Gewicht der Sedimente stark deformiert, sodass nur computergenerierte 3D-Modelle Auskunft über ihre allgemeine Form geben können. Wenig überraschend ist der Schädel niedrig und länglich wie bei allen archaischen Menschen. Die Stirn ist auffallend fliehend, die maximale Breite des Schädels ist gering, was zu einem fast dreieckigen Schädeldach führt. Ihre Schädelvolumina werden auf etwa 1050 Kubikzentimeter veranschlagt, womit die Menschen von Yunxian eindeutig in das Spektrum des *H. erectus* fallen. Die Mischung aus archaischen und von den Yunxian-Menschen abgeleiteten Merkmalen ist Ausdruck einer lokalen Entwicklung seit der Ankunft der zweiten Welle von Generalisten in Asien. Dennoch handelt es sich tatsächlich um *H. erectus.*

Neben Xuetang Liangzi (Yunxian) hat China eine ganze Anzahl weiterer Fundstätten mit Artefakten olduvayischen Typs zu bieten, jedoch ohne oder nur mit fragmentarischen, schlecht datierten Fossilien, die nicht in den Zeitabschnitt des Denisova-Menschen gehören, der vor etwa 400 000 Jahren beginnt (Yuanmou, Guojiabao, Coloquinte, Chenjiawo, Yiyuan …). Eines fällt allerdings auf: Diese Orte liegen vor allem nördlich der tropischen Klimazone Chinas. Die Objekte wurden dort gefunden, wo die Wahrscheinlichkeit am größten war, dass sie trotz des feuchtwarmen Monsunklimas erhalten blieben, während es in einem ausgesprochen tropischen Klima so gut wie keine Fossilien gibt. Damit wird unsere Annahme gestützt, dass die Generalisten der zweiten Welle zunächst an der Südküste Eurasiens entlangzogen und sich dann in Südostasien ausbreiteten, bevor sie nach Norden ins heutige China gelang-

Fett gegen Kälte

Das Beispiel der Bewohner von Feuerland, denen Charles Darwin im Jahr 1832 begegnete, zeigt die Möglichkeit auf, in der Kälte zu überleben, was den Vertretern der zweiten Welle der Generalisten vielleicht gelang, wenn sie sich nach Norden wagten. Zugegeben, die Bewohner von Feuerland kannten das Feuer. Aber diese Jäger und Sammler fischten in ihrer eisigen Region vielfach nackt. Sie trugen nur wenig Kleidung und schützten sich lieber vor Kälte und Nässe, indem sie ihren Körper mit Tierfett einrieben. Dass die Frühmenschen Techniken beherrschten, um niedrigen Temperaturen zu trotzen, wurde von sowjetischen Archäologen nachgewiesen, die die Einwanderung von Menschen «vor 900 000 bis 600 000 Jahren» in die im Winter eiskalten Ebenen und Berge Kasachstans belegen konnten.

Schon 1966 wies Stanislav Arkhipov von der Russischen Akademie der Wissenschaften darauf hin, dass die ersten Anzeichen der Präsenz von Menschen entlang des Irtysch etwa 800 000 Jahre alt sind. Im Qaratau-Gebirge soll es sogar vor etwa 1 Million Jahren eine Kultur aus der frühen Altsteinzeit mit einer Industrie olduvayischen Typs 1 gegeben haben. Diese Daten stimmen mit den Erkenntnissen aus Happisburgh in England überein, wo Menschen vor 1 bis 0,8 Millionen Jahren Fußspuren an einem Strand hinterließen, die versteinerten. Nach einem außergewöhnlichen Sturm freigelegt, konnten sie fotografiert werden, bevor sie endgültig von der Flut weggewaschen wurden.

So entsteht der Eindruck, dass ein kleiner Teil der zweiten Welle von Generalisten einen Weg in die reichen Grassteppen der gemäßigten Zone sowohl in Europa als auch in Asien gefunden hat und dort wahrscheinlich von West nach Ost und von Ost nach West gezogen ist. Tatsächlich hatten Jäger und Sammler schon vor etwa 780 000 Jahren die kalte Ebene von Peking besiedelt, wie die Funde in Zhoukoudian zeigen. In den 1920er Jahren glaubten die ersten Ausgräber von Zhoukoudian, in den ältesten Schichten der Fundstätte Hinweise auf Pyrotechnik gefunden zu haben, die heute als unzureichend gelten. Aber was, wenn sie doch Recht gehabt hätten?

ten. Die Verteilung der Siedlungsplätze legt die Vermutung nahe, dass sie sich überwiegend auf relativ warme Klimazonen beschränkten, da sie nicht an Kälte angepasst waren.

Und was ist mit Sinanthropus, der mit der zweiten Welle von Generalisten kam? Die ältesten Vertreter des *H. sinanthropus* weisen ein Schädelvolumen auf, das für das Ende der zweiten Welle der Generalisten typisch ist – weniger als 1100 Kubikzentimeter –, sodass ihr Alter von etwa 780 000 Jahren darauf hindeutet, dass diese archaisch anmutenden Menschen *H. erectus* sind. Die Fundorte in der Nähe von Peking, also in einem gemäßigten Kontinentalklima mit kalten Wintern, deuten darauf hin, dass die Biologie der Homininen der zweiten Generalisten-Welle so weit entwickelt war, dass sie sich mit einfallsreichen Mitteln gegen die Kälte behaupten konnten (s. Infobox S. 141). Vielleicht verfügten sie sogar über das Feuer, wie die Ausgräber der Schicht 10 von Zhoukoudian zu Beginn des 20. Jahrhunderts behaupteten. Wie dem auch sei, ihre Nachfolger, die Vorfahren der Denisovaner, beherrschten es jedenfalls ganz sicher.

9 | Der Vorfahr des Denisovaners und des Neandertalers

Die Fundstätte «Brücke der Töchter Jakobs» am Jordan (auf Hebräisch *Gesher Benot Ya'aqov*) wird unter Prähistorikern mit den drei Initialen GBY bezeichnet. Diese 790 000 Jahre alte, seit den 1930er Jahren bekannte Siedlung im Freien ist von enormer wissenschaftlicher Bedeutung. Im Jahr 2009 wies das Team um Naama Goren von der Hebräischen Universität Jerusalem nach, dass die Bewohner des Ortes ihren Lebensraum in spezielle Bereiche unterteilten: Kochstelle, Werkstatt etc. Den Forschern zufolge verweist dieses Verhalten auf fortgeschrittene kognitive Fähigkeiten, die mit einem größeren Gehirn in Verbindung gebracht werden können.

Diese höher entwickelte Kognition zeigt sich insbesondere in der Bearbeitung zahlreicher Steinwerkzeuge, die zu einem «weiterentwickelten» Acheuléen-Typ gehören. Das heißt: In GBY sind die Faustkeile sehr symmetrisch, viel symmetrischer als in Ubeidiya, dem Durchzugsort der zweiten Emigrationswelle aus Afrika. Sie zeugen von der Ankunft neuer Menschen. Die Spuren, die sie hinterlassen haben, verraten eine kulinarische Innovation: Die Bewohner von GBY beherrschten das Garen von Fisch.

Das Team, das GBY erforschte, hat nämlich nachgewiesen, dass die Jäger und Sammler dieser Stätte riesige, bis zu 2 Meter große Karpfen zubereiteten, die sie in einem nahegelegenen See fingen. Zahlreiche Mikro-Artefakte aus Silex deuten auf Feuerstellen hin. In denselben

Der europäische *H. heidelbergensis* war der Vorfahr des *H. neanderthalensis.*

Schichten, in denen die versengten Steine lagen, fanden die Forscher ungefähr 40 000 Pharyngeal-Zähne, die einzigen Zähne der Karpfen, die sich an ihrem Schlund befinden. Diese Zähne sind alles, was von den Karpfen übriggeblieben ist, weicht die Hitze doch das Knorpelskelett der Fische auf, sodass nichts davon erhalten bleibt. Dies deutet darauf hin, dass der Fisch bei kontrollierter Temperatur gegart wurde.

Obwohl man nicht weiß, wie die Bewohner von GBY zu ihrem Feuer kamen, sind wir uns sicher, dass sie den Fisch geschmort und nicht einfach nur gebraten haben. Die Forscher haben sogar durch Röntgendiffraktometrie festgestellt, dass die thermische Ausdehnung der Nanokristalle, aus denen der Zahnschmelz besteht, belegt, dass die Zähne geringer bis mäßiger Hitze ausgesetzt waren. Konkret: weniger als 500 °C, wohingegen ein Holzfeuer Temperaturen zwischen 800 °C und 1000 °C erreicht. Vermutlich wickelten die Frühmenschen die Karpfen in große Blätter der Seerose, die sie im nahegelegenen See sammelten, und gruben sie dann in der Nähe der Feuerstelle ein.

Die höheren kognitiven Fähigkeiten, die diese Art der Zubereitung sowie die Beherrschung des Feuers und die weiterentwickelte Bearbeitung der Steinwerkzeuge voraussetzt, belegen, dass die Menschen von GBY, die gerade erst Afrika verlassen hatten, sich von denen der zweiten Welle von Generalisten unterscheiden. Es handelt sich um neue Menschen, die vor etwa 800 000 Jahren nach Eurasien einwanderten. Dies wurde von den Genetikern bestätigt, denen zufolge die Trennung zwischen dem afrikanischen und dem eurasischen Zweig vor etwa 750 000 Jahren stattfand. Danach sollte sich die dritte generalistische Menschenform weiterentwickeln und den *H. sapiens* in Afrika, den Neandertaler in Europa und den Denisovaner in Asien hervorbringen.

Die dritte generalistische Form? Sie wurde bereits im 4. Kapitel genannt: *H. rhodesiensis/heidelbergensis.* Wenn der *H. rhodesiensis* in Europa angelangt ist, wird er *H. heidelbergensis* genannt, auch wenn es sich um dieselbe Spezies handelt.

Abb. 9.1: Ausgrabung an der archäologischen Fundstätte «Brücke der Töchter Jakobs» in Israel, bekannt unter dem Kürzel GBY (für *Gesher Benot Ya'aqov*).

H. heidelbergensis in Afrika

Doch beginnen wir von vorn: In der Wiege der Menschheit reichen die Fossilien, die der dritten Form generalistischer Menschen zugeschrieben werden können, bis auf ein Alter zwischen 700 000 und 300 000 Jahren zurück. Der britische Prähistoriker Arthur Smith Woodward gab ihr den Namen *H. rhodesiensis* im Rückgriff auf ein unter der Bezeichnung «Rhodesian Man» bekanntes Fossil. Im Jahr 1921 fanden der Schweizer Bergmann Tom Zwiglaar und ein afrikanischer Arbeiter, dessen Namen die Geschichte – zu Unrecht! – nicht behalten hat, dieses Fossil in der Broken-Hill-Mine (heute Kabwe) in Nord-Rhodesien, dem heutigen Sambia. Zum Fundumfang gehörten neben dem Schädel ein Oberkiefer, ein Kreuzbein, ein Schienbein und zwei Fragmente eines Oberschenkelknochens. Da die Zerstörung der Fundstelle durch den Bergbau eine stratigrafische Datierung verhinderte, wurde ihr Alter im 20. Jahrhundert immer wieder neu bewertet, bis eine direkte Datierung des Schädels ein Alter von etwa 300 000 Jahren ergab.

Wenn Sie sich an das Kapitel 7 und das Auftauchen von *H. sapiens* erinnern, dürfte Sie dieses Datum überraschen, denn es bedeutet, dass die letzten Vertreter des *H. rhodesiensis* noch auf afrikanischem Boden wandelten, als der archaische *H. sapiens* bereits auf der Bildfläche erschienen war. Dass der *H. sapiens*, der sich in Afrika aus dem *H. rhodesiensis* entwickelt hat, gleichzeitig mit dessen letzten Vertretern lebte, verdeutlicht einmal mehr den verzweigten Charakter der Evolution.

Dies könnte Verwirrung stiften, doch zum Glück ist die dritte Welle von Generalisten auch aus älteren Fossilien bekannt, die in ganz Afrika verteilt sind. So ist der 600 000 Jahre alte Schädel von Bodo im Awash-Gebirge in Äthiopien dem ebenso alten Schädel von Kabwe und dem von Saldanha in Südafrika sowie dem 500 000 Jahre alten Schädel vom Ndutu-See in Nord-Tansania sehr ähnlich. Andere afrikanische Fossilien, die dem *H. rhodesiensis* zugeordnet werden können, sind die auf ein Alter von 700 000 Jahren geschätzten beiden Unterkiefer, der Scheitelknochen und die Zähne von Tighennif, die 1950 in Algerien in der Nähe von Oran ausgegraben wurden.

Kann man also ein Phantombild von *H. rhodesiensis* entwerfen? Betrachtet man die Fossilien insgesamt, ergibt sich eine große, schlanke Gestalt, was darauf hinweist, dass er an die tropischen Bedingungen angepasst war. Mit einem Schädelvolumen zwischen 1100 und 1300 Kubikzentimeter liegt er im Variabilitätsbereich des Volumens von *H. sapiens*. *H. rhodesiensis* ist archaisch und zugleich entwickelt. Zu den archaischen Merkmalen gehören sein massives Gesicht, die auffällig starken Überaugenwulste und sein schmales, fliehendes Stirnbein, das in die gewölbte und verlängerte Parietalia übergeht – der Knochen an der Oberseite des Schädels –, sowie die ausgeprägten Reliefstrukturen, die das ganze Schädeldach kennzeichnen. Das auffälligste Merkmal, das *H. rhodesiensis* seinem Nachfahren *H. sapiens* näherbringt, ist sein großes Schädelvolumen. Wir befinden uns tatsächlich in dem Dunstkreis, den die Paläoanthropologen «muddle in the middle» nennen, das Kuddelmuddel in der Mitte. Dieser seltsame englische Ausdruck bezeichnet den Zeitraum zwischen 800 000 und 100 000 Jahren, in dem die Fossilien der Alten Welt sowohl Merkmale aufweisen, die sie vereinen, als auch solche, die sie voneinander unterscheiden. Dadurch entsteht ein verwirrender Gesamteindruck.

Auch wenn es nicht viele Fossilien des *H. rhodesiensis* gibt, zeigt ihr Vorkommen in ganz Afrika und ihr Alter, dass dieser Hominine bis vor 800 000 Jahren den größten Teil Afrikas besiedelt hatte: Er war Generalist geworden. Da er sich nun an alle Klimata und Ökosysteme Afrikas angepasst hatte, war er nach 800 000 Jahren bereit, Europa zu erobern.

Auf der Jagd nach Faustkeilen

Wie kann man ihn auf diesem riesigen Kontinent aufspüren? Mit der Methode, die Ihnen inzwischen vertraut ist: über die Fossilien und die kulturellen Marker. Wie bereits im Zusammenhang mit GBY angedeutet, sind die Marker der dritten Welle des generalistischen Menschen neben einer an den Fossilien ablesbaren neuen Biologie seine weiterentwickelten Faustkeile, seine Klingen und das Feuer.

Faustkeile? Bereits erwähnt wurden diese «Schweizermesser der Urgeschichte», als wir kurz die Ausbreitung der zweiten Welle außerhalb Afrikas beschrieben und ihre Verbreitung im Nahen Osten und in Indien erwähnten, wahrscheinlich vor 1,5 Millionen Jahren. Allerdings handelte es sich um recht unsymmetrische und plumpe Faustkeile, ganz anders als die von GBY, die den Beginn einer Entwicklung hin zu einer immer ausgewogeneren Symmetrie dieser Werkzeuge ankündigt. Das höchste Maß an Präzision stellen zweifellos in Europa geborgene, qualitativ hochwertige, etwa 500 000 Jahre alte Silex-Faustkeile dar (s. Faustkeil im Tafelteil X).

Der zweite wichtige Aspekt der Steinwerkzeugherstellung der dritten Welle ist die Produktion äußerst scharfer Klingen. Diese «Messer» sind nicht mehr nur einfache Abschläge, sondern das Ergebnis einer ausgeklügelten Reihe von Arbeitsschritten, was eine kognitive Komplexität verrät, die eine zielgerichtete Planung und eine Produktionsstrategie voraussetzt. Die Herstellung solcher Klingen wurde vor 500 000 Jahren in Ost- und Südafrika perfektioniert und erreichte schließlich die hohe Effizienz der in Europa praktizierten Abschlagstechnik. Dabei präpariert der Werkzeugmacher einen rohen Steinkern – den Nukleus – und bearbeitet ihn so, dass eine Reihe möglichst langer und messerscharfer Abschläge gewonnen wird.

Am Anfang war das Feuer

Neben den Werkzeugen war der zweite kulturelle Marker der dritten Welle generalistischer Menschen die Beherrschung des Feuers, eine Innovation, die weitreichende Auswirkungen auf die Evolution des Menschen hatte, angefangen damit, dass sie den Zugang zu nicht-tropischen Klimazonen ermöglichte. Von der Zeit kurz nachdem die dritte Welle Afrika verlassen hatte, vor etwa 800 000 Jahren, gibt es nur wenige Spuren, die Feuer belegen: GBY ist in dieser Hinsicht außergewöhnlich. Die Überreste von Feuerstellen hier sind vielleicht nur die des «gezähmten Feuers», das man ständig unterhalten musste. Vor 400 000 Jahren und danach finden sich jedoch an den Besiedlungsstätten regelmäßig Spuren von Feuerstellen: Das Feuer wurde jetzt beherrscht. Man konnte es nach Belieben entfachen und für vielerlei Zwecke nutzen. Wir wissen nicht, ab wann die Fähigkeit, Feuer zu entzünden, erworben wurde, aber die ältesten Feuerstellen, über die Konsens herrscht, sind ebenjene von GBY, die 790 000 Jahre alt sind.

Und in Europa? GBY, der Siedlungsort, an dem 50 000 Jahre lang Feuer brannten, legt nahe, dass *H. rhodesiensis/heidelbergensis* bereits vor seiner Verbreitung in den gemäßigten Zonen Eurasiens das Feuer im Alltag nutzte. Vielleicht hatte er den Umgang mit dem Feuer zu dieser Zeit sogar schon gemeistert.

Jedenfalls gab es Feuer in Europa schon vor 700 000 Jahren in Přezletice in Tschechien, vor 450 000 Jahren in Vértesszőlős in Ungarn und auch in Menez Dregan in der Bretagne, und ab dem Zeitraum vor etwa 400 000 Jahren scheint das Feuer ständig genutzt worden zu sein. Wenn *H. heidelbergensis* zwischen 700 000 und 400 000 bereits in Europa präsent war, war er wahrscheinlich noch schlecht an die Kälte angepasst, sodass er während der Warmzeiten bis zur gemäßigten Zone vordrang und sich während der Kaltzeiten nach Süden zurückzog. Die lange Zeitspanne zwischen der ersten Nutzung des Feuers in GBY und dem Auftreten des Feuers in Europa erklärt sich daher wahrscheinlich durch die notwendige Lernzeit beim Umgang mit der Kälte. Die zunehmende Beherrschung des Feuers dürfte dabei eine entscheidende Rolle gespielt haben. In Asien, in Zhoukoudian, ist das Feuer für die Zeit vor etwa 400 000 Jahren nachgewiesen (vermutlich war es schon früher in Gebrauch), ebenso wie wahrscheinlich an zahlreichen anderen Orten.

Die Beherrschung des Feuers brachte große technische Vorteile, was besonders an zwei europäischen Fundorten deutlich wird: In Clacton-on-Sea in England wurde ein etwa 400 000 Jahre alter Spieß gefunden, der von Jägern angespitzt und anschließend im Feuer gehärtet worden war; in Schöningen in der Nähe von Helmstedt hatten *H. heidelbergensis*-Jäger am Ufer eines Sees vor 300 000 Jahren acht Speere aus Kiefer oder Fichte zurückgelassen. Die 1,8 bis 2,5 Meter langen Lanzen mit einem Durchmesser zwischen 2,9 und 4,7 Zentimeter wurden zusammen mit Skeletttteilen von Pferden gefunden, wahrscheinlich die Beutetiere. Die Untersuchung dieser Waffen mit feuergehärteten Spitzen ergab, dass sie sorgfältig gefertigt waren, mit dem Schwerpunkt an der Spitze; das gewährleistete, dass der Wurfspeer sich zu seinem Ziel hin absenkte, ein Hinweis darauf, dass die Jäger ballistische Kenntnisse besaßen.

Bei den Neandertalern, den europäischen Nachfahren des *H. heidelbergensis*, ist die Beherrschung des Feuers noch offensichtlicher, denn 2018 wies ein Team um Andrew Sorensen von der Universität Leiden in den Niederlanden nach, dass sie eine Art «Feuerbesteck» benutzten, mit dem sie nach Belieben Flammen entfachen konnten. An mehreren Neandertaler-Fundorten entdeckten die Forscher auf Dutzenden von Faustkeilen makroskopische und mikroskopische Spuren, die wohl auf energische Schläge und Abrieb mit einem harten mineralischen Material zurückzuführen sind. Tests ergaben, dass die Bewohner dieser Orte wahrscheinlich die Faustkeile mit Pyritfragmenten (FeS_2) bearbeiteten, um Funken in ein brennbares Material, wahrscheinlich Zunder, zu schlagen. Nach dem Trocknen wird diese schwammige Substanz aus verschiedenen Pilzen leicht entzündlich. «Ötzi», ein Mann aus der Bronzezeit, der vor ca. 5000 Jahren umkam und 1991 in den Ötztaler Alpen aufgefunden wurde, hatte jedenfalls so etwas bei sich. Eine weitere Anwendung des Feuers: Die Neandertaler hatten ein thermisches Verfahren entwickelt, um aus Birkenrinde einen natürlichen Teer, das Birkenpech, zu gewinnen. Damit befestigten sie vor allem Klingen an den Schäften ihrer Wurfwaffen, und wahrscheinlich diente es auch als Klebstoff für viele andere Dinge.

Die Kultur prägt die Anatomie der Menschen

Aus dem eben Beschriebenen wird deutlich, dass die Beherrschung des Feuers mit der Zunahme der kognitiven Fähigkeiten der Generalisten der dritten Welle einhergeht. Betrachten wir nun, wie sich die Möglichkeit, Nahrung zu kochen, auf die Biologie der Menschen ausgewirkt hat. Das Kochen der Nahrung ist eine Form der Vorverdauung: Es erhöht den Kalorienwert mancher Nahrungsmittel. Studien zeigen, dass der Mensch 35 % gekochter, aber nur 12 % roher Stärke verdauen kann, und 78 % gekochte Proteine, aber nur 45 % rohe Proteine. Kochen hat außerdem den Vorteil, dass viele Nahrungsmittel desinfiziert und genießbar gemacht werden, die sonst giftig wären, wie z. B. Eicheln, viele Hülsenfrüchte, nicht mehr ganz frischer Fisch, manche Pilze und vieles mehr.

Das Kochen beschleunigte also die Evolution. 1996 untersuchten Leslie Aiello von der Universität London und ihr Kollege Peter Wheeler von der Universität Liverpool die Organisation des Körpers in Hinblick auf den Energieverbrauch unserer Organe und stellten fest, dass die Größe des Darms mit der Größe des Gehirns korreliert. Sie stellten daraufhin die «Hypothese der teuren Gewebe» auf, d.h. die Idee, dass die Umverteilung von im Verdauungssystem eingesparter Energie auf andere Organe das Großhirn des Menschen erklärt. In der Tat verbraucht das Gehirn, das nur 2 % der Masse des menschlichen Körpers ausmacht, 20 % seiner Energie.

Diese Umorganisation machte es möglich, dass das Verdauungssystem im Vergleich zu anderen Primaten um 40 % kleiner wurde, sodass die Verdauung heute kaum mehr als 10 % der Energie benötigt, die für die Basisfunktionen unseres Organismus gebraucht wird. So wurden die Kaumuskeln verschlankt, ihre Befestigungsflächen im Gesicht und am Schädel reduziert und Abstammungslinien der Menschen hervorgebracht, die weniger lange kauen. Diese Anpassungen haben der Kognition mehr Energie zugewiesen. Wenn Sie kauen, zerbrechen Sie sich nicht den Kopf: Warten Sie einfach, bis Sie Ihre gekochte Nahrung verdaut haben.

Die Theorie von Aiello und Wheeler wurde von anderen Forschern bestätigt und präzisiert, und nun ist die Evolutionsgeschichte des Gehirns klar: Solange unsere Vorfahren Pflanzen und rohes Fleisch verzehrten, nahm ihr Gehirnvolumen nur proportional zu ihrer Körpergröße zu; sobald sie jedoch anfingen, gekochte Nahrung zu sich zu nehmen, endete diese Proportionalität. Das Gehirn wurde also größer, bis es ein Volumen erreicht hatte, das mit dem unseren vergleichbar ist. Beim *H. heidelbergensis* sind demnach die grundlegenden Umstrukturierungen im Stoffwechsel, die eine optimale Körpergröße – 1,6 bis 1,8 Meter bei männlichen Vertretern – und ein großes Gehirn – zwischen 1100 und 1300 Kubikzentimetern – hervorgebracht haben, auf den Verzehr gekochter Nahrung zurückzuführen. Größe und Gehirn werden bei den Nachfahren des *H. heidelbergensis*, also dem *H. sapiens* in Afrika, dem Neandertaler in Europa und dem Denisovaner in Asien weiter zunehmen. Eine kulturell bedingte Evolution!

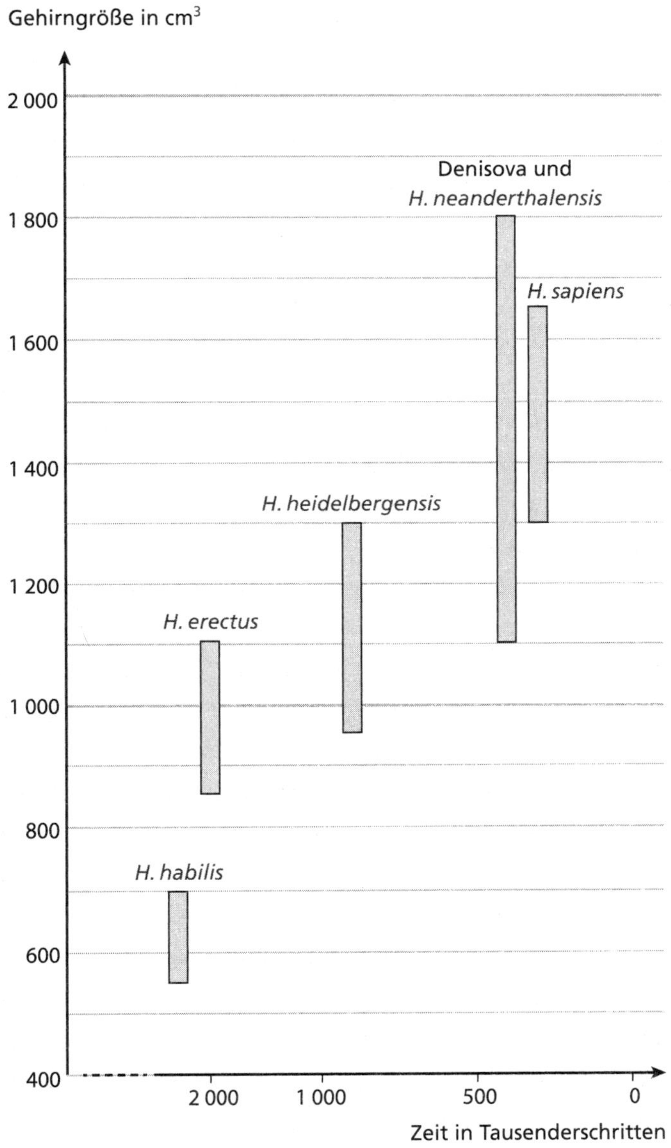

Abb. 9.2: Die Zunahme des Schädelvolumens der wichtigsten Menschenformen (zeitlich eingeordnet nach ihrem mutmaßlichen Auftreten) im Lauf der letzten zwei Millionen Jahre spiegelt die Vergrößerung des Gehirns und damit die Zunahme kognitiver Fähigkeiten wider.

Auf den Spuren des *H. heidelbergensis*

Fossilien, Faustkeile und Feuer können uns also helfen, die Spur des *H. heidelbergensis* in Europa zu verfolgen. Seine Ankunft wird zunächst durch weiterentwickelte Faustkeile, dann durch Fossilien neben Faustkeilen angezeigt. Die ältesten bekannten Faustkeile sind 700 000 Jahre alt und stammen aus Notarchirico-Venosa in Süditalien und aus Noira in Frankreich und gehören alle zum weiterentwickelten Typus; weniger als 650 000 Jahre alt sind die aus La Caune de l'Arago, Moulin Quignon in Abbeville in der Picardie, aus der Gran Dolina in Spanien und von Warren Hill in England. Auch das Aufkommen des Zuschnitts scharfer Klingen spiegelt diese kulturelle Neuerung wider.

Das älteste Fossil ist der Unterkiefer von Mauer, der 1907 von einem Arbeiter in einer Sandgrube in der Nähe von Heidelberg entdeckt und in mehreren mühsamen Schritten auf ein Alter von 600 000 Jahren geschätzt wurde. Man wusste es damals nicht, aber dieser mächtige Unterkiefer mit auffallend großen Zähnen, nach dem die Art *H. heidelbergensis* benannt wurde, war der erste Beleg für die Ankunft der dritten Welle in Europa. Wäre der *H. rhodesiensis* damals schon entdeckt gewesen, würden wir wahrscheinlich den Namen *seiner* Spezies verwenden, aber da die Bedingungen für eine Fossilisierung in Europa weit günstiger waren als in den Tropen, war die Wahrscheinlichkeit, die biologischen Spuren des *H. heidelbergensis* in Europa zu finden, höher, und davon gibt es viele! Neben dem Unterkiefer von Mauer wurden unter anderem 28 Skelettteile in Atapuerca in Spanien, Schädel und weitere Unterkiefer und Knochenfragmente in La Caune de l'Arago in Frankreich, ein Zahn in Vergranne im Département Doubs, ein prächtiger Schädel in Petralona in Griechenland, ein Schienbein in Boxgrove in England sowie ein Schädel in Ceprano, Italien, gefunden. Einen zusammenfassenden Überblick bietet die Karte auf der folgenden Seite.

Wie die fossilen Schädel aus Afrika weisen die von der dritten Welle

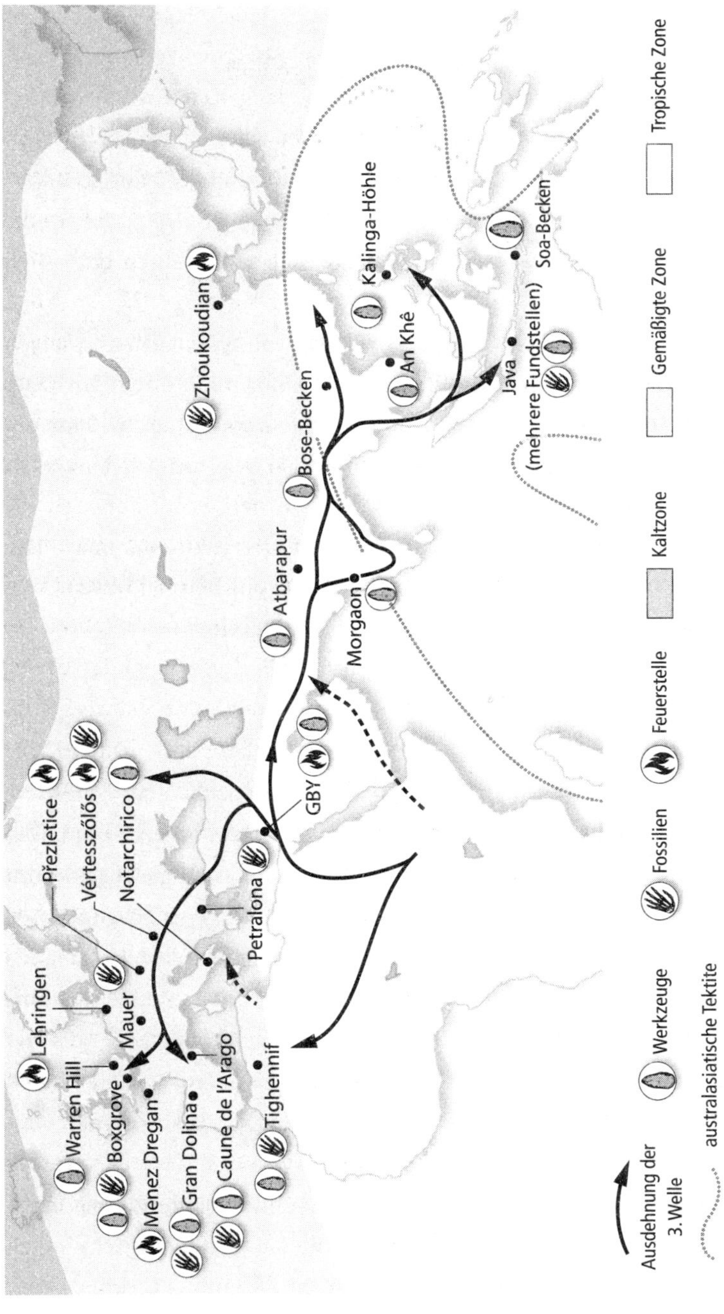

Abb. 9.3: Karte des dritten Auszugs der Gattung *Homo* aus Afrika (vor 800 000 bis 300 000 Jahren). Wie schon die früheren generalistischen Menschenformen folgte auch die dritte Form zunächst den Südküsten Eurasiens, doch dank der Beherrschung des Feuers konnte sie auch in der gemäßigten Zone Fuß fassen.

von Generalisten stammenden europäischen Schädel ein großes Volumen auf. Das 500 000 Jahre alte Schienbein von Boxgrove zeigt außerdem, dass der *H. heidelbergensis* geraume Zeit die langen, wärmeableitenden Gliedmaßen der Menschen aus den tropischen Klimazonen behielt: Sein Besitzer war 1,75 Meter groß. Dieses Schienbein und der kräftige Unterkiefer von Mauer verraten uns, dass vor einer halben Million Jahren die Menschen der dritten Welle ihren afrikanischen Vorfahren biologisch noch sehr nahestanden.

In den 300 000 Jahren nach der Ankunft von *H. rhodesiensis/heidelbergensis* in Eurasien hat sich diese Menschenform mit ihrem Vorläufer *H. erectus* offensichtlich vermischt. Im Jahr 2015 entdeckte das Team um den portugiesischen Prähistoriker João Zilhão den 400 000 Jahre alten Schädel von Aroeira, der ein «Mosaik» von Merkmalen aufweist, die sowohl vom *H. erectus* als auch vom *H. heidelbergensis* stammen. Der Fall dieses «ältesten Portugiesen» scheint also ein Beispiel für die Vermischung aufeinanderfolgender Generalisten zu sein.

Eine parallele Evolution

Warum ist in dieser Untersuchung über das Auftauchen des Denisova-Menschen so viel von Europa die Rede? Aus dem einfachen Grund, weil der Neandertaler seinem asiatischen Bruder, der sich gleichzeitig mit ihm entwickelt hat, offenkundig nahesteht, was alle genetischen Studien bestätigen. Diese beiden Formen entwickelten sich parallel, jede jeweils in ihrem Teil Eurasiens, bevor sie sich nach 400 000 Jahren wirklich zu differenzieren begannen. Dennoch besteht ein großer geografischer Unterschied zwischen Europa und Asien, der erklärt, was die beiden verwandten Populationen, die Neandertaler und die Denisovaner, voneinander unterscheidet.

In Europa war für die Prä-Neandertaler nämlich während jedes glazialen Maximums das Mittelmeer die Grenze, sie mussten in sehr kalten Klimazonen überleben. Wie weiter oben im Zusammenhang mit dem

System Erde erläutert wurde, verlängerten sich zur Zeit der Ankunft von *H. rhodesiensis/heidelbergensis* die Intervalle der Vergletscherung von 40 000 auf 100 000 Jahre, was eine viel längere Vereisung des nördlichen Kontinents zur Folge hatte. Unter diesen Bedingungen konnten die Bevölkerungszahlen in den hohen Breitengraden nicht hoch sein. Zudem waren die eiszeitlichen Sauerstoff-Isotopenstufen 12 (478 000–424 000 Jahre) und 10 (374 000–337 000 Jahre) sehr streng und lang – 54 000 Jahre oder 2700 Generationen bzw. 37 000 Jahre oder 1850 Generationen (fünf Generationen pro Jahrhundert). Im Westen führten diese Bedingungen die Neandertaler, die am Mittelmeer festsaßen, in mehrere genetische Engpässe, während im Osten die Prä-Denisovaner immer noch die Möglichkeit hatten, sich über das Qinling-Gebirge in tropische Gefilde zurückzuziehen. Das Genom des Neandertalers ist weniger vielfältig als das des Denisovaners und spiegelt diese Phasen äußerst schwieriger Überlebensbedingungen in Europa wider. Dieser Unterschied zwischen der dünn besiedelten Neandertaler-Region und dem Gebiet der Denisova-Population, die über einen großen Rückzugsraum in den Tropen verfügte, sprang den Genetikern ins Auge. Denisovaner und Neandertaler sind insofern miteinander verwandt, als sie beide von *H. rhodesiensis/heidelbergensis* abstammen und sich parallel entwickelten, jeder in seinem Teil Eurasiens, aber in sehr unterschiedlichen Ökosystemen, was wahrscheinlich einen Großteil dessen erklärt, was sie voneinander unterscheidet.

Die ersten Spuren von Menschen mit eindeutig dem Neandertaler eigenen Merkmalen sind 350 000 Jahre alt, sodass wir etwa zur gleichen Zeit in Nordasien Fossilien mit Denisova-Merkmalen erwarten können. Die Neandertaler sind also Überlebende extremer Vergletscherungsphasen. Ihre Anpassung an die Kälte lässt sich an ihrem gedrungenen Körper mit kurzen Armen und Beinen ablesen: Ein massiver Rumpf speichert die Körperwärme besser, und kürzere Gliedmaßen leiten sie weniger nach außen ab.

In den 300 000 Jahren ihrer Evolution blieben die Neandertaler zwar zahlenmäßig schwach, aber ihre Anpassung an die rauen europäischen Bedingungen war so erfolgreich, dass sie die drei strengen Eiszeiten überstanden und bis vor etwa 40 000 Jahren überlebten. Ein Teil der Denisovaner passte sich ebenfalls der Kälte an, wie die Daten der DNA-Spuren in den Höhlen von Denisova im Altai und von Baishiya im tibetischen Hochland bezeugen. Es ist jedoch offensichtlich, dass der größte Teil der Denisova-Population in den Tropen lebte, von wo aus sie in den Warmzeiten immer wieder mit ihren Verwandten aus dem Norden in Kontakt kommen konnte. Während also die Neandertaler während der glazialen Maxima auf einem eingeschränkten eisigen Territorium überleben mussten, gediehen die Denisovaner weiterhin inmitten eines riesigen Kontinents, der durch das Absinken des Meeresspiegels noch erweitert wurde, und hatten genügend Austausch mit ihren nördlichen Verwandten, um ihre genetische Vielfalt zu erhalten. Dieser Unterschied zwischen dem westlichen und östlichen Eurasien relativiert die evolutionäre Parallelität des Neandertalers und Denisovaners insofern, als die Besiedelung Nordasiens die nördlichen Denisovaner immer vor genetischen Engpässen schützte, obwohl ihr Lebensraum – Nordasien – nur ein Randbereich des riesigen Denisova-Areals war, in dem jedoch die Fossilisierung viel eher möglich war.

So begann die Geschichte vom Vorfahren des Denisovaners in Eurasien mit dem einschneidenden Klimawandel vor 800 000 Jahren, dessen Folgen für seinen europäischen Nachfahren, der im westlichen Eurasien festsaß, weitaus gravierender waren als für seinen asiatischen Nachfahren, der in aller Ruhe durch den Orient ziehen konnte und sich während der schlimmsten Kälteperioden in einem angenehm warmen Klima aufhielt. Doch wie hat sich dieser gemeinsame Vorfahr in die neuen Gebiete des Ostens vorgearbeitet? Das wollen wir nun untersuchen.

10 | Unterwegs nach Osten

Als Kinder liebten wir beide die Natur und beobachteten sie intensiv. Eines erstaunte uns: die große Ähnlichkeit zwischen afrikanischen und indischen Tieren. Elefanten, Affen, Büffel, Löwen etc.: Die Lebensräume mehrerer Arten erstrecken sich über beide Kontinente, dazwischen liegt die riesige Trockenregion, die von der Arabischen Wüste bis zu den Toren Indiens reicht. Diese unwirtliche Zone hätte eigentlich eine Barriere für die Tiere bilden müssen, doch das war nicht immer der Fall. Eingezwängt zwischen dem Iran im Westen und dem indischen Subkontinent im Osten, ist Belutschistan eine dieser trockenen und staubigen Regionen, in denen Dattelpalmen und Dromedare heimisch sind. Hat die afrikanische Tierwelt etwa einst eine geheime Möglichkeit gefunden, um Wasser und Nahrung auf dem Weg durch dieses trockene Gebiet mitzunehmen? Tatsächlich ist dies erst seit ein paar Tausend Jahren unmöglich. In Belutschistan regnet es regelmäßig, der Wüstencharakter ist die Folge des Drucks, den die Populationen des Neolithikums und auch spätere im Lauf der letzten 10 000 Jahre auf die Umwelt ausübten.

Davor, d. h. seit 3 Millionen Jahren, war das Erdklima im Durchschnitt eher stabil und warm, selbst während der eiszeitlichen Schwankungen. Wenn der Monsun weit genug vorankam, entstand in Südarabien ein semiarides tropisches Klima, in dem sich viele Seen bildeten. Dabei entstand zwischen Afrika und Indien sporadisch ein tropischer Korridor vom Saheltypus, der phasenweise – begünstigt durch das Absinken des Meeresspiegels – eine Kontinuität der Fauna ermöglichte. Während der

Ein *H. heidelbergensis* lernt, mit Feuer umzugehen, was dem *H. neanderthalensis* perfekt gelingen wird.

Eiszeiten sank das Niveau der Ozeane oft um mehr als 50 Meter, und der im Durchschnitt 50 Meter tiefe Persische Golf fiel teilweise trocken. Die Levante und der Nahe Osten im Allgemeinen stellen also eine Art Drehscheibe dar, von der aus Tierarten – darunter auch generalistische Menschenformen – nach Eurasien gelangten und sich dort sowohl nach Süden als auch nach Norden ausbreiteten.

Wenn Elefant und Löwe sprechen könnten

Elefant und Löwe gehören zu den Arten, die in urgeschichtlicher Zeit nicht nur in Afrika, sondern auch in Persien, in Indien und in Europa heimisch waren. Vor 800 000 Jahren sahen sie im Lauf ihrer Wanderschaft auf dem riesigen eurasischen Kontinent bisweilen merkwürdige Zweibeiner mit großen Köpfen vorbeikommen, Vertreter der dritten großen Migration der Menschheit. Aber wohin ging die Reise? Es gab zwei mögliche Routen: eine nördliche und eine südliche.

Die Nordroute führte über Syrien und Anatolien, dann über den Kaukasus zur Pontischen Steppe (der Korridor zwischen dem Schwarzen und dem Kaspischen Meer) und mündete in das weite Grasland, das Europa mit Asien verband. In sehr kalten Perioden verband ihr westlicher Abschnitt direkt die Levante mit Europa über den zugefrorenen Bosporus, ein Phänomen, das auch noch in historischer Zeit immer wieder beobachtet wurde. Alle verfügbaren Indizien – Wassertiefe der Meerenge, Meeresströmungen, Fossilien, unterschiedliche Tierwelten – legen nahe, dass die nördliche Route nicht über Gibraltar führte. Wenn die Clans der *H. rhodesiensis/heidelbergensis* also tatsächlich die nördliche Route nach Europa nahmen, gingen sie in Richtung Kaukasus.

Die Südroute erreicht über das Niltal und die Levante bzw. die Straße von Bab-el-Mandeb die Arabische Halbinsel, dann über Südmesopotamien (den Persischen Golf) den Osten Irans, Südpakistan und den indischen Subkontinent, bevor sie weiter zur indochinesischen Halbinsel, nach Südchina, Südostasien und sogar nach Australien führt. Zwar verband die Steppenautobahn das westliche Eurasien mit dem östlichen Eurasien, doch wurde der Ferne Osten mit seinem gemäßigten Klima zu allen Zeiten vorwiegend von Süden aus besiedelt, da die Menschen aus den Tropen allemal lieber in warmen Zonen leben. Dies gilt umso mehr, als der Himalaya, die Taklamakan-Wüste und die Wüste Gobi ebenso wie die sibirische Kälte erhebliche Hindernisse darstellten, weshalb die weiten Ebenen Nordchinas von Süden her zu Fuß besser erreichbar waren.

Auf dem Weg nach Indien

Die ältesten Spuren der dritten Welle generalistischer Menschen außerhalb Afrikas sind also zuerst einmal in Indien zu suchen. Auf dem Subkontinent waren Werkzeuge vom Typ Acheuléen fast schon genauso lange in Gebrauch wie in Afrika (1,6 bzw. 1,8 Millionen Jahre). Wir erwarten allerdings, dass die Ankunft dieser Menschen in Indien wie in der Levante und in Europa vor etwa 800 000 Jahren mit dem Auftreten eines weiterentwickelten Modus-2-Acheuléen einhergeht. Und genau das sehen wir an den Fundstätten Zentralindiens: Die Faustkeile, die dort gefunden wurden, sind deutlich kleiner als die über eine Million Jahre alten Faustkeile und mit den europäischen Stücken aus derselben Zeit vergleichbar.

Das interessanteste Zeugnis liefern jedoch die Siwalik-Berge, eine Vorgebirgskette des Himalaya, die durch tektonischen Druck der indischen gegen die asiatische Platte entstanden ist. Der Zerfall dieser Art Hügel fördert Sedimente zutage, deren Schichten durch die Umkehrung des Erdmagnetfelds grob datiert werden können. Einige dieser Schichten sind etwa zwischen 1 und 1,5 Millionen Jahre alt und enthielten eine verbesserte Acheuléen-Industrie, die nach dem Fluss Soan als Soanien bezeichnet wird. Eine der repräsentativsten Fundstellen ist Atbarapur, wo über 50 Artefakte geborgen wurden. Auch wenn die Urgeschichte des überbevölkerten Indien noch weitgehend unerforscht ist, lässt sich

Das Narmada-Rätsel

Ein 1982 vom Geologen Harun Sonakia im Narmada-Tal im zentralindischen Madhya Pradesh gefundenes Fossil versetzte die Paläoanthropologen in helle Aufregung, die es schon zu einem weiterentwickelten *H. erectus*, einem *H. heidelbergensis* und auch einem archaischen *H. sapiens* erklärt haben. Der «Narmada-Mensch» besteht aus einer rechtseitigen Halbkalotte mit einem Stück Scheitelbein. Das geschätzte Gehirnvolumen von 1155 und 1420 Kubikzentimeter schließt definitiv aus, dass es sich um einen *H. erectus* (maximal 1030 cm^3 beim *H. erectus pekinensis)* handelt, eine Mutmaßung, die eher durch die geringe Stärke seiner Knochen gestützt wird, auch wenn diese als weibliches Merkmal interpretiert wurde. Das Alter ist unbekannt, es soll zwischen 700 000 und 70 000 Jahren liegen, geschätzt wird es meistens auf 300 000 bis 160 000 Jahre aufgrund der Fauna, die bei dem Fossil gefunden wurde. Was soll man also sagen?

Der nicht durchgehende Überaugenwulst erinnert sowohl an den Denisovaner als auch an einen archaischen Sapiens. Wir haben den Eindruck, dass die Aussagen «Es handelt sich um einen ‹*H. heidelbergensis*›» und «Es handelt sich um einen ‹archaischen *H. sapiens*›» auf das Gleiche hinauslaufen. Warum? Weil sich in Afrika der *H. rhodesiensis/heidelbergensis* zu *H. sapiens* entwickelte und man feststellen kann, dass bei jedem Auszug einer generalistischen Form aus Afrika deren materielle Kultur praktisch zur gleichen Zeit nach Indien gelangte. Nun werden die ältesten bekannten *H. sapiens* – die von Jebel Irhoud in Marokko – und die jüngsten – die von Es-Skhul und Quafzeh in Israel – auf ein Alter zwischen 300 000 und 100 000 Jahren datiert, eine Zeitspanne, die in etwa das Alter des Narmada-Menschen abdeckt. Höchstwahrscheinlich handelt es sich um einen indischen archaischen *H. sapiens*, der sich vielleicht mit älteren lokalen Formen vermischt hat. Um welche handelt es sich dabei? Logischerweise um Formen von *H. heidelbergensis*, die sich mit indischem *H. erectus* vermischten, die vor ihnen auf dem Subkontinent lebten, d. h. möglicherweise «indische Denisovaner», da die Adivasi, die «Ureinwohner»

Indiens, mehr Denisova-DNA besitzen als die anderen Inder. Die Wissenschaft schwankt also zwischen zwei Möglichkeiten, was sich in der Arbeit der Paläoanthropologin Sheela Athreya von der Universität Texas widerspiegelt. Mehr lässt sich darüber kaum sagen.

Und wann ist diese Welle weiter nach Süd- und Südostasien vorgedrungen? Offenbar schon vor 800 000 Jahren, da in Südostasien zahlreiche mutmaßlich alte Faustkeile gefunden wurden. Die Entfernung zwischen dem Fernen Osten und Afrika brachte es mit sich, dass die aufeinanderfolgenden generalistischen Menschenformen nur in kleinen Gruppen ankommen konnten. Der einzige Beweis, den wir auf Java dafür haben, ist ein in Ngebung *in situ* gefundener Faustkeil. Der Geologe François Sémah vom Pariser Muséum national d'histoire naturelle, der hier vor Ort gegraben hat, datiert dieses Werkzeug auf ein Alter von 800 000 Jahren. Gustav von Koenigswald berichtet, auf der Insel Java in Sangiran «kistenweise» solcher Stücke zusammengetragen zu haben, die ihm von Einheimischen gebracht wurden, die er dafür entlohnte [...], aber diese konnten nicht datiert werden. Die große Mehrheit der Forscher bezweifelt heute deshalb das Alter der südostasiatischen Faustkeile. Adam Brumm von der Universität von Wollongong in Australien hat zu Recht darauf aufmerksam gemacht, dass diese Mehrheitsposition nicht schlüssig ist; der Prähistoriker, einer der besten Kenner der Steinwerkzeugherstellung Südostasiens, bedauert, dass in Afrika und Europa allein schon die Entdeckung verbesserter Faustkeile genügt, um auf eine kulturelle Erneuerung hinzuweisen, während dies in Südostasien nicht anerkannt wird.

Es mangelt offensichtlich in dieser Region der Welt an sicher datierten Fundstellen. Wie wir gleich sehen werden, wird die Lage noch durch eine Naturkatastrophe verkompliziert, die sich genau zu dem Zeitpunkt ereignete, als die Menschen der dritten Welle erstmals den Fernen Osten betraten, also vor etwa 800 000 Jahren.

im Vorgebirge des Himalaya zwischen 1 und 1,5 Millionen Jahren, der Zeit, als *H. rhodesiensis/heidelbergensis* Afrika verließ, ein entwickeltes Acheuléen nachweisen. Fazit: Die dritte Welle generalistischer Menschen ist tatsächlich am Himalaya vorbeigezogen.

Feuerregen

Es ist allgemein bekannt, dass vor 66 Millionen Jahren ein Meteoriteneinschlag im Golf von Mexiko eine Schlüsselrolle beim Aussterben der Dinosaurier spielte. Was wäre, wenn ein anderer Meteorit eine ähnliche Auswirkung auf die Menschenpopulationen in Asien gehabt hätte? Der größte Teil der dritten Welle generalistischer Menschen folgte in der Tat der südlichen Küste Eurasiens und kam bald nach Süd- und Südostasien, wo man, wie mehrere archäologische Fundstellen belegen, in eine durch einen Einschlag verwüstete und weitgehend entvölkerte Region gelangte.

Wie kommen wir zu diesen Behauptungen? Durch die Entdeckung «australasiatischer Tektite»! Die Tektitfelder sind ausgedehnte Flächen, die mit bis zu einigen Zentimeter großen braunen oder grünen Perlen (Tektite und Mikrotektite) übersät sind, entstanden durch Meteoriteneinschlag. Weltweit sind mehrere solcher Felder bekannt, darunter eines in Südostasien, das von Tasmanien bis Südchina reicht und mindestens 10 % der Erdoberfläche bedeckt, eine Schätzung, bei der nur Tektite von mehr als einem Gramm berücksichtigt sind, und mehr als 30 %, wenn auch Mikrotektite mitgezählt werden. Diese Region wurde vom Himmel her vor 800 000 Jahren verwüstet.

Wo schlug der Asteroid ein? Es ist erstaunlich, dass trotz der Ausdehnung des Tektitfeldes auf der Erdoberfläche keine Spur des Einschlags sichtbar ist. Fest steht, dass der Aufprall irgendwo in der Nähe des Chinesischen Meeres erfolgte, aber wo genau? Erdgeschichtlich betrachtet, handelt es sich um ein junges Ereignis (die Erde ist 4,54 Milliarden Jahre alt). Die Plattentektonik hatte keine Zeit, die Spuren eines solchen Einschlags auszulöschen. Der Krater muss also noch existieren, aber wo?

Möglichkeit eins: vielleicht im Chinesischen Meer. Herman Burchard, Mathematiker der Staatlichen Universität Oklahoma, vertritt die These eines Meteoriteneinschlags in der Region der Spratly-Inseln. In deren Umkreis fällt eine auf *Google Earth* sichtbare, merkwürdige unterseeische Struktur auf: eine 230 Kilometer breite und 370 Kilometer lange Ellipse aus Hügeln. Sie ist in der Tat eigenartig, aber Herman Burchard ist kein Geologe, und mehrere Vertreter dieser Wissenschaft haben seinen Vorschlag zurückgewiesen. Schade, denn uns gefiel er gut, hätte er doch den Einsturz eines großen Teils der Sunda-Kontinentalplatte erklärt, der auf *Google Earth* zu sehen ist, was jedoch kein zuverlässiges geologisches Forschungsinstrument ist.

Die zweite Möglichkeit, die von Geophysikern vorgestellt wurde, kommt besser an: Der Seismologe Kerry Sieh vom *Earth Observatory of Singapore* (EOS) glaubt, mittels Gravimetrie einen Impaktkrater unter einer massiven Lavaschicht unter dem Bolaven-Plateau in Laos identifiziert zu haben. Allerdings misst er den Forschern zufolge nur etwa 15 Kilometer im Durchmesser, was angesichts der riesigen Ausmaße des australasiatischen Tektitfeldes recht klein erscheint (s. Karte des dritten Auszugs aus Afrika, S. 155.)

Eines ist jedenfalls sicher: Vor etwa 800 000 Jahren schlug ein Meteorit im Chinesischen Meer ein, ein Aufprall, dessen Energie ausreichte, um auf mindestens 10 % der Erdoberfläche Tektite und auf einer noch viel größeren Fläche Mikrotektite zu verstreuen. Dieser Einschlag muss dazu geführt haben, dass eine große Menge geschmolzener Erdkruste in den Weltraum geschleudert wurde, aus der die Tektite entstanden sind. Die Erde wurde also in eine Staubwolke gehüllt, die die Sonnenstrahlung über lange Zeit filterte, und somit abgekühlt. Die thermische Trägheit hätte dann ein neues Klimamuster ausgelöst, das zu einer Verschiebung der Eiszeitzyklen führte.

Dies ist eine der möglichen Erklärungen für den «Mittelpleistozän-Übergang». Dieser Ausdruck bezeichnet die Veränderung des glazial-interglazialen Rhythmus vor 800 000 Jahren, eines der großen ungelösten wissenschaftlichen Rätsel überhaupt. Es zu lösen, ist so wichtig, dass Astronomen, Sedimentologen, Geologen und zahlreiche andere Wissenschaftler sich daran versucht haben, wobei sich ihre Erklärungen grundlegend voneinander unterscheiden. Eine Lösung steht also noch aus, aber die Wahrscheinlichkeit, dass der Asteroid, der das Feld der australasiatischen Tektite verursacht hat, eine entscheidende Rolle spielte, ist sehr hoch.

Während fast des ganzen Altpleistozäns (2,58 Millionen bis 774 000 Jahre) blieb der Rhythmus der Vereisungszyklen bei 41 000 Jahren. Vor etwa 800 000 Jahren verlängerte er sich dann auf 100 000 Jahre, was zu einer stärkeren Vergletscherung des Planeten und längeren katastrophalen Vereisungen führte. Dieses Phänomen erklärt, wie bereits erwähnt, warum sich die Neandertaler und in geringerem Maße auch die Denisovaner im Norden der Kälte angepasst haben und davon geformt wurden.

Wie der Ferne Osten verwüstet wurde

Der Meteorit, einhergehend mit dem Mittelpleistozän-Übergang, muss auch auf die Entwicklung der tropischen Denisovaner einen großen Einfluss ausgeübt haben, denn er hat offenbar ganz Südostasien verwüstet. Wie wirkte sich diese Katastrophe auf die Frühmenschen aus? Die Folgen waren dramatisch. Erst einmal, weil – wie nach der Form des australasiatischen Tektitfeldes zu schließen ist – die durch die Hitzeentwicklung beim Einschlag ausgelösten Großbrände praktisch den gesamten Waldbestand Süd- und Südostasiens vernichteten. Anschließend folgte ein «Einschlagswinter», d. h. eine deutliche Abkühlung des Klimas für zumindest mehrere Jahre, die die Rückkehr der Vegetation und damit auch der Fauna der Region verzögerte. Ein Großteil der noch in Südostasien lebenden *H. erectus* dürfte während der Naturkatastrophe verschwunden sein; für diejenigen, die überlebten, wurde die Nahrung knapp. Ist der seltsame Flores-Mensch/*H. floresiensis*, der auf einem Territorium lebte, das relativ weit von der Einschlagstelle entfernt ist, der Nachfahr eines Insel-*H. erectus*, eines Überlebenden der Katastrophe?

Aus allen diesen Gründen konnte sich die dritte Welle von Generalisten, die damals gerade ankam, erst nach der Katastrophe in Süd- und Südostasien richtig etablieren, in einem weitgehend zerstörten und entvölkerten Ökosystem. Dies lässt sich an Fundstellen in Südchina und Vietnam gut nachvollziehen.

Ein entvölkertes Südostasien?

Die Fundstätten im Bose-Becken befinden sich in der autonomen Provinz Guangxi Zhuang, die im Süden an Vietnam grenzt, also sehr weit südlich des Qinling-Gebirges liegt. In dieser 800 Quadratkilometer großen Region sind über 80 Fundstellen mit Steinwerkzeugen bekannt, von denen etwa 20 ausgegraben wurden. In einem System von sieben Flussterrassen, die vom Youjiang angenagt werden, wurden etwa 15 000 Artefakte geborgen. Auf der vierten dieser Terrassen fanden die chinesischen Forscher in einer 20 bis 100 Zentimeter dicken Sedimentschicht bearbeitete Steine *in situ*, darunter bearbeitete Kieselsteine, *chopping-tools* (beidseitig bearbeitete Steine), aber auch große Faustkeile und Beilklingen.

Das Team um Yamei Hou vom IVPP, das mehrere Fundstellen untersucht hat, teilt mit, dass von 991 Artefakten, die an drei Grabungsorten zutage gefördert wurden, 172 Acheuléen-Faustkeile sind, von denen wiederum 65 % einseitig bearbeitet wurden. Die Forscher betonen, dass «die Technologie und die Fähigkeiten» derjenigen, die diese Faustkeile hinterlassen haben, «vergleichbar sind mit denen des westlichen Teils der Alten Welt», mit anderen Worten: vergleichbar mit denen des *H. heidelbergensis* in GBY im Westen oder in Afrika!

Interessanterweise befanden sich diese Acheuléen-Artefakte in Schichten, die mit Verbrennungsrückständen und Tektiten vermischt waren. Zudem legt die radiometrische (Argon-Argon) Datierung – vor 803 000 Jahren – nahe, dass diese durch den Meteoriteneinschlag ent-

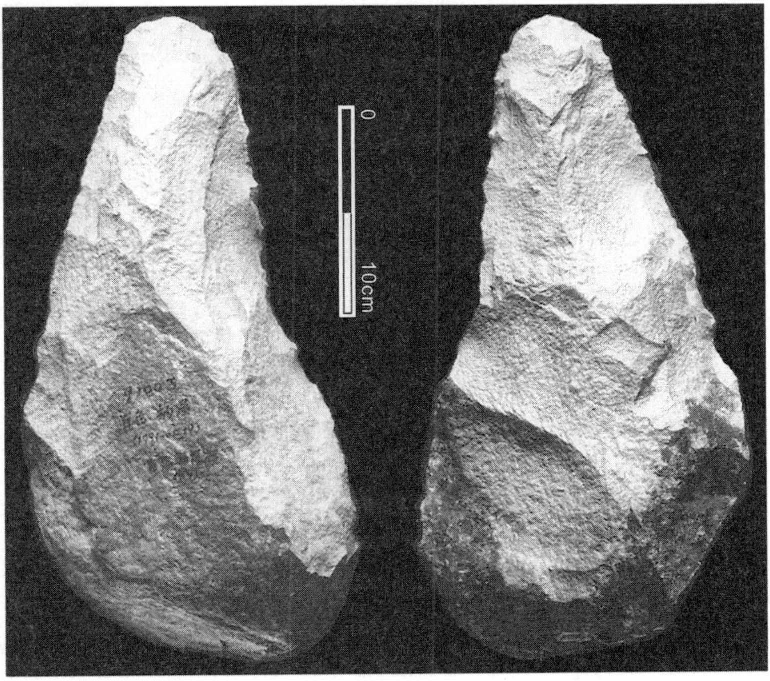

Abb. 10.1: Beispiel eines beidseitig bearbeiteten Faustkeils (Fundort: Bose-Becken in Südchina).

standen; interessanterweise ist die Acheuléen-Kultur in Südchina darüber hinaus nur im Bose-Becken und in einem engen stratigrafischen Intervall vertreten: in einer einzigen Schicht von nur einer der sieben Flussterrassen! Warum? Yamei Hou und ihre Kollegen deuten den Sachverhalt folgendermaßen:

«Eine mögliche Erklärung liefern die reichlich vorhandenen Reste von Holzkohle und verkieseltem Holz, die bei Ausgrabungen und Laboruntersuchungen in denselben Schichten entdeckt wurden, die Tektite und Steinartefakte enthalten. Wir vermuten, dass die paläolithischen Artefakte von

Abb. 10.2: Einige Tektite aus dem Bose-Becken, Glasfragmente, die beim Einschlag des Meteoriten weit weggeschleudert wurden. Man findet sie in einem Bereich von Südasien bis Tasmanien.

> Bose eine Anpassung an ein Brandgeschehen anzeigen, das zur Verbrennung aller Hölzer und zur umfassenden Zerstörung des Waldes geführt hat, ausgelöst durch das Ereignis, das den Tektiten zugrunde lag.»

2018 entdeckte zudem ein russisch-vietnamesisches Team unter der Leitung von Anatoly Derevyanko vom Institut für Archäologie und Anthropologie der russischen Akademie der Wissenschaften in An Khê Faustkeile, Spitzen und Schaber, Geröllgeräte und zum Teil gezackte und gezahnte Schneidewerkzeuge. In einer von mehreren Fundstellen stießen die Ausgräber auf eine stark verkohlte Schicht, die auf einen heftigen Brand schließen lässt. Darin enthaltene Tektite, die auf etwa 800 000 Jahre datiert wurden, deuten auf den verheerenden Meteoriteneinschlag hin.

So bestätigen die Acheuléen-Stätten des Bose-Beckens und diejenigen von An Khê, dass die dritte Welle der Generalisten tatsächlich in den Fernen Osten gelangte und, nach den Worten von Yamei Hou, «in ihrer entwaldeten Umwelt» Techniken zur Herstellung von Steinwerkzeugen verwendete, die «mit denen des Westens der gleichen Zeit vergleichbar» sind. Diese Fundorte, die alle in das Zeitfenster um 800 000 Jahre gehören, sind in gewisser Weise kleine Öffnungen, die sich – ein Glücksfall! – in der Zeit der Ankunft der dritten Welle generalistischer Menschen auftun.

Eine dritte Welle, die sich im Wald verliert?

Warum ist das ein Glücksfall? Weil außer diesen zweifellos erst nach dem Einschlag des Meteoriten besiedelten Fundorten kein weiteres sicher datiertes Acheuléen-Habitat in Süd- oder Südostasien bekannt ist, da, wo der *H. heidelbergensis* ankam. Warum ist der wichtigste Marker der dritten Welle generalistischer Menschen – das Acheuléen mit seinen Faustkeilen – verschwunden? Anatoly Derevyanko liefert eine mögliche Erklärung: Die Werkzeuge von An Khê scheinen eine Anpassung an das Fehlen reichlicher Vorkommen von hochwertigem Stein zu sein, was die Menschen dazu veranlasste, organische Materialien wie Knochen, Holz und vor allem Bambus zu verwenden. Diese Aussage ist besonders aufschlussreich: Wie wir sehen werden, hat es in ganz Asien seit jeher Kulturen gegeben, die mehr Werkzeuge aus pflanzlichen Materialien als aus Stein herstellten. Und das bringt uns darauf, wie wir die Spur der dritten Welle generalistischer Menschen im Fernen Osten weiterverfolgen können.

In Asien war Bambus zu allen Zeiten ein Allzweckmaterial, das sich zur Herstellung unterschiedlichster Werkzeuge und nicht zuletzt von Waffen eignet.

11 | Im Reich des Bambus

Auch wenn es für uns selbstverständlich ist: In Asien sind in jedem historischen Film Körbe, Matten, Wandschirme, Möbel und tausend Gegenstände des Alltags aus Bambus. Er ist überall präsent, und so ist es seit Menschengedenken.

In Asien wächst der *Bambusa vulgaris*, *Phyllostachys edulis* und *Phyllostachys bambusoides*, kurz *Bambusoide*, eine riesige Pflanzenfamilie. Es ist also offensichtlich: Wenn man aus Bambus alles machen und ihn sogar essen kann, dann müssen die Bambusgewächse das Verhalten jeder neuen generalistischen Menschenform, die nach Asien gelangte, verändert haben. Was uns die Fundstätten im Bose-Becken und die von An Khê zeigen, ist die Ausnahme: dass es nämlich noch Vorkommen von bearbeitbarem Stein gab, als die Jägergruppen ein weitgehend entwaldetes Asien erreichten, wo es auch keinen Bambus mehr gab. Doch schon bald kehrte der Wald zurück, und behauene Steine wurden nicht mehr als Lanzenspitzen verwendet. Es gab Besseres. Aber was?

Um das herauszufinden, untersucht man am besten einen Ort, der von Sapiens-Jägern besiedelt war. Da diese neueren Datums sind, findet man sie leichter als solche des *H. heidelbergensis*. Zudem kann niemand die technischen Fertigkeiten unserer Spezies anzweifeln. Besuchen wir also die Laang-Spean-Höhle in Kambodscha, die zwischen 71 000 und 3 000 besiedelt war. Die Sapiens-Jäger, die dort lebten, stellten äußerst einfache, einseitig bearbeitete Werkzeuge her (entsprechend dem Modus 1 nach Clarks Klassifizierung). Das ist eigentlich überraschend für *H. sa-*

piens, der doch angeblich über eine ausgereiftere Technik verfügte. Sollte er sich rückentwickelt haben? Diese Höhle ist alles andere als ein Einzelfall. In ganz Südostasien findet man an vielen Stellen dieselbe grobe Bearbeitung, obwohl unsere Spezies überall auf der Welt in der Lage war, höchst präzise Werkzeuge herzustellen. Überall, nur nicht in Südostasien …

Die Erklärung ist indes einfach: Hubert Forestier vom Pariser Muséum national d'histoire naturelle, der in Laang Spean Grabungen geleitet hat, erkannte, dass es im Wesentlichen nur darum ging, aus Kieselsteinen oder Abschlägen scharfe Kanten zu erzeugen. Seiner Meinung nach dienten diese Kanten zum «Schärfen» von Spitzen und Messern aus Bambus, und er weist darauf hin, dass sich in Südostasien das Verbreitungsgebiet von grob geformten Werkzeugen des *H. sapiens* mit dem des Bambus deckt.

Die Bambus-Hypothese

Hubert Forestier schließt sich damit Anatoly Derevyankos Interpretation der An-Khê-Fundstätten an. Bambus, so betont er, wird «dank seiner außergewöhnlich ‹fest-flexiblen› Eigenschaften als Material für die Herstellung von Werkzeugen, Gerätschaften und wirkungsvollen Waffen verwendet». Darauf beruht die Idee, dass Bambus bei den prähistorischen Menschen Asiens den Stein ersetzt hat. Diese Theorie, die «Bambus-Hypothese», erklärt, warum die Herstellung von Steinwerkzeug im Süden des Fernen Ostens so wenig entwickelt ist, eine Feststellung, die, wenn sie für die Zeit der Ankunft des *H. sapiens* zutrifft, für diejenige des *H. heidelbergensis* vor 800 000 Jahren umso mehr gilt. Und wie unsere eigene Spezies fanden auch die generalistischen Menschen der dritten Welle mit dem Bambus unendlich viele technische Lösungen.

Die Bambus-Hypothese ist umso überzeugender, als sie auf alle Wellen von generalistischen Menschen anwendbar ist, auch wenn die Indizien für den Übergang von der Stein- zur Bambusbearbeitung nur was die

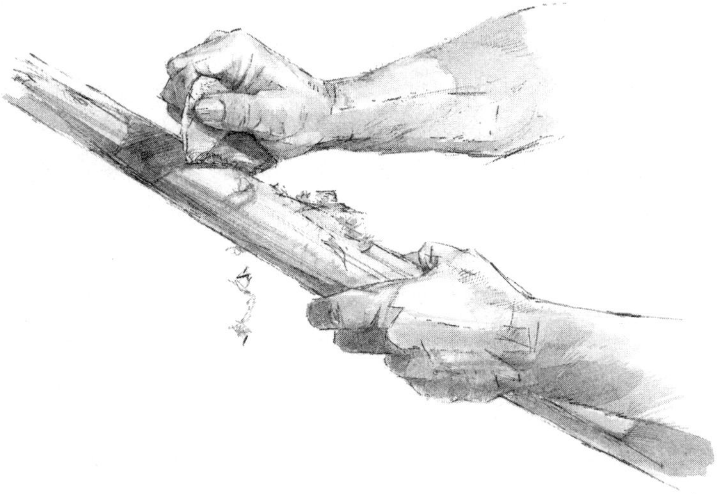

Abb. 11.1: Scharfe Klingen – hier ein Abschlag – dienten sowohl zum Schneiden von Pflanzenfasern als auch zum Zerlegen von Fleisch.

letzten beiden Fälle angeht, eindeutig sind: beim *H. heidelbergensis* und beim *H. sapiens*.

Was den Letzteren betrifft, hatte der Anthropologe Wilhelm Solheim (1924–2014) das Phänomen sehr wohl bemerkt, für das er einen interessanten Neologismus erfand: «lignisch». Der Begriff leitet sich ab vom lateinischen Wort *lignum* für Holz, und er leuchtet ein, denn er erinnert an das Wort *lithisch* nach dem altgriechischen Wort *lithos*, Stein. Er drückt damit aus, dass Bambus im östlichen Eurasien die Rolle des universellen Rohmaterials spielt, die der Stein in Westeurasien einnimmt.

Dieser Neologismus kennzeichnet treffend alle prähistorischen Kulturen Asiens, da die auf pflanzlichem Material – darunter Bambus – basierenden Techniken die auf Stein beruhenden bei Weitem überwogen. Dennoch spielten Letztere eine wesentliche Rolle, denn sie dienten zum Schneiden und Bearbeiten der Pflanzen, vor allem des Bambus. Täuschen wir uns jedoch nicht: Die Vorstellung, es habe entweder eine lithische oder eine lignische Kultur gegeben, ist irreführend: Alle prähistorischen Kulturen nutzten beide Materialien.

Für den *H. heidelbergensis*, den Vorfahren des Denisovaners, belegen der Überrest eines Bretts, gefunden in GBY in Israel, und eine vor 476 000 Jahren gestaltete Holzstruktur von der Fundstätte Kalambo Falls in Sambia, dass die Generalisten der dritten Migrationswelle Holzkonstruktionen fertigten.

Im westlichen Eurasien belegen die bereits erwähnten Holzspeere von Schöningen (300 000 Jahre alt), der Spieß von Clacton-on-Sea (400 000 Jahre alt) sowie die in Barrika im Baskenland entdeckten Grabstöcke (90 000 Jahre alt) und weitere Neandertaler-Werkzeuge die Verwendung von Holz durch den *H. heidelbergensis* oder seine Neandertaler-Nachfahren.

Das asiatische Schweizermesser

In den großen Wäldern des tropischen und gemäßigten Asiens hingegen spielte das Holz eine so wichtige Rolle, dass die Steinbearbeitung nach jeder Welle generalistischer Menschen stark zurückging und stattdessen pflanzliche Materialien bevorzugt wurden. Die holzigen baumbildenden Gräser des Bambus eigneten sich für viele Zwecke. *Bambusoideae* – die Familie der Bambusgewächse – sind in der Tat höchst vielfältig und gediehen in einem riesigen Waldgebiet, das sich von der Wallace-Linie nach Norden bis zur geografischen Breite von Korea und zum Meer erstreckte und auf den Bergen bis zu einer Höhe von 3000 Metern. Man unterscheidet zwei große Familien von Bambusarten, eine, die an das tropische, und eine andere, die an das gemäßigte Klima angepasst ist. Bis heute ist China das Land mit dem größten Bambuswaldbestand der Welt. Diese Pflanzen sind in Asien so häufig, dass sich die dort heimischen Bären, die Pandas, angepasst haben und sich sogar ausschließlich von ihren Blättern ernähren. Die Menschen essen zwar nicht die Blätter, aber ihre Sprossen, und sie verstanden es, sich die zahlreichen Bambusvarianten zunutze zu machen: Einige bilden dicke, baumstammähnliche Schäfte aus, andere fingerdünne Halme. Da es sich um schnell wachsende Pflanzen handelt, liefern sie zudem reichlich Material und sind immer in der Nähe verfügbar. Ganz im Gegensatz dazu steht das geringe Vorkommen leicht bearbeitbaren Steins in Asien. Silex – das bevorzugte Material der europäischen Steinmetze – kommt zum Beispiel nur im Nordwesten Chinas, weit jenseits des Qinling-Gebirges, häufiger vor.

Die prähistorischen Menschen in Asien fertigten fast all ihre Werkzeuge aus Bambus. Eine gute Vorstellung davon geben uns die heutigen Jäger und Sammler im Hochland von Papua-Neuguinea: Messer, Küchengeräte, Musikinstrumente, Seile, Körbe (mit der Rinde), Gestelle, Reusen und sogar ganze Häuser sind aus Bambus. Jede Familie hat ihre Traditionen und ihren Bambus, den sie gut zu nutzen weiß. Neben Waffen – Speere, Pfeile, Bogen und Blasrohre – stellen die Papua-Jäger daraus auch vielerlei Fallen – Käfige, Fallgruben mit Bambusspitzen und andere – her. All dieses handwerkliche Können wird in jeder Familie geheim gehalten und vom Vater auf den Sohn, oder vielleicht auch von der Mutter an die Tochter weitergegeben.

Ein chinesisch-amerikanisches Team um den Prähistoriker Ofer Bar-Yosef (1937–2020) von der Universität Harvard hat die Bambus-Hypothese einer Prüfung unterzogen. Es hat mit Erfolg Werkzeuge aus Bambus hergestellt und gezeigt, dass es tatsächlich möglich ist, dieses Material in einem prähistorischen Kontext auf vielfache Weise zu nutzen. Allerdings haben die Experimente der Forscher auch die Grenzen dieser Bambusklingen aufgezeigt, wenn es darum ging, die Haut großer Tiere zu zerschneiden, was eine Klinge aus Stein hervorragend leistet. Kurzum, das Gleichgewicht zwischen Stein und Holz ist für Asien und auch für Europa noch nicht wirklich erforscht.

All diese Beobachtungen lassen den einfachen Schluss zu: Wir können zwar nicht daran zweifeln, dass eine dritte Welle generalistischer

Menschen von Süden her nach China gelangte, aber der kulturelle Marker Acheuléen zeigt sie nicht an. Halten wir also fest: Wir verfügen zwar nur über Erzeugnisse aus Stein, um ihre Ausbreitung in Asien nachzuverfolgen, aber durch Zufall hat ein gigantischer Meteorit ihre Ankunft von Süden her an zwei Orten (Bose und An Khê) sichtbar gemacht; danach spielte die Herstellung von Steinwerkzeugen nur noch eine sekundäre Rolle neben dem Gebrauch von Holz. Nun, da wir das wissen, können wir uns den weiteren Verlauf der Ausbreitung auf dem asiatischen Festland ansehen. Beginnen wir mit einer Beschreibung dieses Lebensraums.

Die Mitte der Welt liegt in China

Zhōngguó, das «Reich der Mitte», ist eine Bezeichnung für das chinesische Territorium auf Mandarin. Schaut man sich die Geografie Festlandasiens an, versteht man, dass sich die Bewohner dieses Teils der Erde schon immer als der Mitte zugehörig gefühlt haben. Ihre Welt besteht in der Tat aus zwei großen Teilen, einer im Norden und einer im Süden, beide durch einen Gebirgszug getrennt, das Qinling-Gebirge. Im Westen erstreckt sich das riesige tibetische Hochland, das aufgrund seiner durchschnittlichen Höhe von 4500 Metern über dem Meer kaum bewohnbar ist. Im Norden grenzt das Land an das Tarim-Becken und die Wüste Gobi, ausgedehnte, extrem trockene Wüstenzonen, wo enorme Temperaturschwankungen das Leben erschweren. Östlich der Wüste Gobi und des tibetischen Hochlands befinden sich riesige Löss-Plateaus, die größten der Welt, die ebenfalls wüstenartig, potentiell aber fruchtbar sind. Der Huang He, der Gelbe Fluss, der, vom gelben Löss gefärbt, aus dem westlichen Lössgebiet kommt, versorgt die nördliche Ebene, die Wiege der chinesischen Zivilisation, mit Wasser. Südöstlich des Löss-Plateaus erstreckt sich über 1500 Kilometer von Ost nach West das Qinling-Gebirge, die «Cordillera der Eschen», und bildet in etwa die nördliche Monsungrenze. Durch diese Berge fließt der Yangtse, der Blaue Fluss, der mächtigste Fluss Chinas.

Südlich dieser Barriere herrscht ein feuchttropisches Klima, das in Meeresnähe in ein ozeanisches Klima übergeht; geologisch dominieren die größten und vielfältigsten Karstlandschaften der Welt. Ein riesiges, 200 000 Quadratkilometer großes Wassereinzugsgebiet wird hier von rasch fließenden kurzen Bächen durchzogen, die ihr Wasser vom Monsun und von Taifunen bekommen. Nördlich der Qinling-Berge befindet sich ein weiteres riesiges Wassereinzugsgebiet, das von ruhigen, schlammigen Flussläufen durchzogen ist, außer im Sommer, wenn die heftigen Niederschläge zu katastrophalen Überschwemmungen des Gelben Flusses führen. Im Norden schließlich ist das mongolische Hochland über Südsibirien mit der «Steppenautobahn» verbunden, dieser nördlichen Savanne, die Europa mit dem «Reich der Mitte» verbindet.

Dieses «Reich der Mitte» besteht also im Wesentlichen aus zwei großen aneinandergrenzenden Teilen: Der erste, die große Ebene im Norden, gemäßigt bis kalt und abseits der Wüsten im Westen; der zweite, die tropische Ebene im Süden grenzt im Westen an ein ausgedehntes tropisches Karstgebiet, das seinerseits an das tibetische Hochland und den Himalaya grenzt und mit Südostasien verbunden ist. Etwa 40 % dieses riesigen Raums werden von über 2000 Meter hohen Bergen und Hügeln geprägt. Diese biogeografische Struktur hatte seit jeher großen Einfluss auf die Entwicklung der Populationen. Vor allem brachte sie einen Bereich mit tropischer Bevölkerung in ständigen Kontakt mit einem nördlichen Bereich, der nach Kälteperioden immer wieder neu bevölkert werden konnte.

Bearbeiteter Stein – in China ein unklarer Indikator

Sind die tropischen Menschen wie alle vor ihnen nach Norden vorgedrungen? Leider lässt sich die Besiedelung des südlichen Bereichs nur schwer aus den archäologischen Befunden ablesen, ist doch im tropischen Klima die Fossilisierung sowohl menschlicher Überreste als auch von Artefakten aus Holz selten gegeben. Dennoch ist anzunehmen, dass

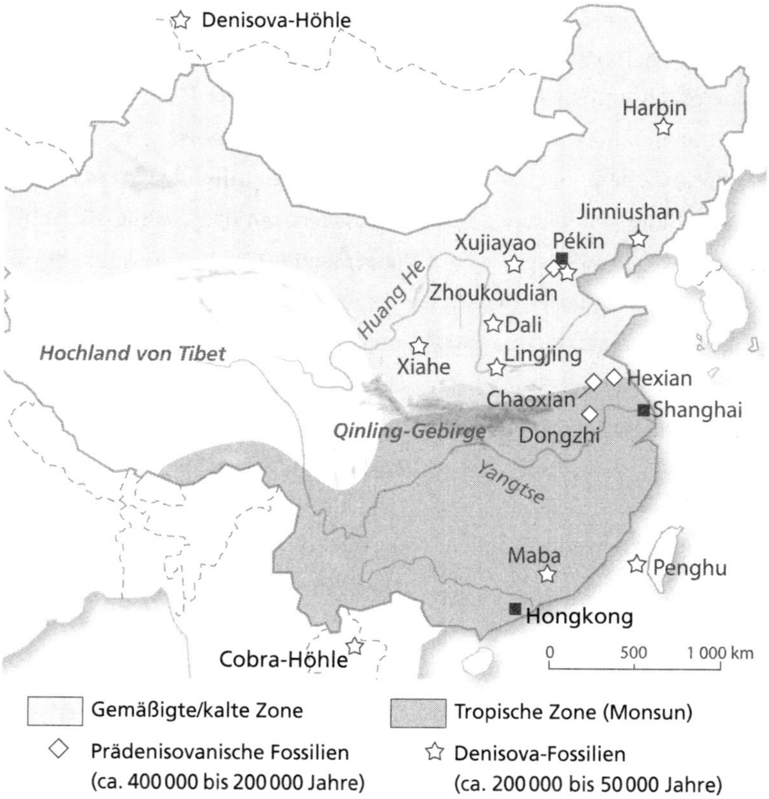

Abb. 11.2: Fundstellen prädenisovanischer und denisovanischer Fossilien in China.

sich *H. heidelbergensis* nach seiner Ankunft vor 800 000 Jahren sehr schnell bis zum Qinling-Gebirge ausgebreitet hat. Die dritte Welle generalistischer Menschen wurde von dieser Barriere, an der das tropische Asien endet, wahrscheinlich eine Zeitlang aufgehalten, ehe sie dann weiter nach Norden zog.

Wie bereits erwähnt, hilft uns die Faustkeilherstellung – das Acheuléen – nicht dabei, das Vordringen der dritten Welle zu verfolgen, da das Acheuléen auf dem chinesischen Festland fehlt und erst für die

Zeit vor 250 000 Jahren ganz im Westen des Qinling-Gebirges belegbar ist, lange nach Ankunft der dritten Welle. Tatsächlich ist die sogenannte «Nukleus-Abschlags-Technik» *(Kernstein)* überall in Festland-Asien anzutreffen, und nach unserer ausführlichen Diskussion der «Bambus-Hypothese» verstehen wir auch, warum. Diese primitive Bearbeitungstechnik könnte durchaus bei allen Wellen seit der ersten verbreitet gewesen sein. Auch wenn Silexvorkommen im Norden zugänglich sind, so besteht kein Zweifel, dass *H. heidelbergensis* die effizienten Holzbearbeitungstechniken übernahm, die vor Ort von der lokalen Bevölkerung praktiziert wurden, auf die er traf und mit der er sich vermischte. All diese Überlegungen führen uns zu einer einfachen Schlussfolgerung: Zwar besteht kein Zweifel, dass die dritte Welle von Generalisten vom Süden her in das asiatische Festland vordrang, doch ihre biologischen Marker, die Fossilien, und die kulturellen Marker verraten uns nichts über sie. Nur das eine: Sie kannten das Feuer!

Feuer in China, wie überall

Wie in Europa gibt es auch in Asien für die Jahre zwischen 800 000 und 400 000 keine oder nur sehr unsichere Spuren von Feuer. Indes gibt es in der Schicht 10 von Zhoukoudian sowie in den Aufzeichnungen der ersten Ausgräber der Fundstätte Hinweise darauf, dass Feuer im Becken von Peking bereits vor rund 770 000 Jahren in Gebrauch war. Diese Möglichkeit stimmt auch mit dem Eindruck des Teams überein, das GBY untersucht hat, dem zufolge dort das Feuer nach Belieben eingesetzt wurde, was Paläoanthropologen jedoch bestreiten. Spuren von Feuer, die weniger als 400 000 Jahre alt sind, werden hingegen durchweg anerkannt, weil ab dieser Zeit vermehrt feststellbare Zeugnisse für die Beherrschung des Feuers in der gesamten Alten Welt, also auch in ganz Eurasien gefunden wurden. Diese Entwicklung geht einher mit dem Aufkommen höherer kognitiver Fähigkeiten der dritten Welle generalistischer Menschen.

Halten wir abschließend fest, dass die Nutzung von kontrolliertem Feuer sowohl im westlichen als auch im östlichen Eurasien ab 800 000 wahrscheinlich (Schichten 7 und 8 von Zhoukoudian) und – wie in Europa – ab 400 000 gesichert ist (obere Schichten von Zhoukoudian, Fenhe-Becken), also zur Zeit des Aufkommens von Denisova.

Die Denisova-Chronologie

Unsere Geschichte des *H. heidelbergensis* endet hier. Die dritte Welle generalistischer Menschen verließ Afrika vor rund 800 000 Jahren und besiedelte alle Territorien von Europa bis in den Fernen Osten. Dabei folgte sie zunächst der Südküste Eurasiens und erreichte bald darauf Indien und Südostasien; danach machte sie südlich des Qinling-Gebirges Halt und übernahm eine auf dem Bambus basierende Lebensweise.

Die Besiedelung Nordasiens erfolgte aufgrund der Kälte erst später. Als die Gletscher im Norden Asiens bis auf die tibetische Hochebene vordrangen, bestand weiterhin die Möglichkeit, sich Populationen anzuschließen, die in den milden Klimazonen im Süden oder sogar in den tropischen Breiten lebten. Das bedeutet, dass die Vergletscherungen im Fernen Osten weit weniger gravierende demografische Auswirkungen hatten als in Europa, wo sich nur kleine, gut an die Kälte angepasste Neandertaler-Populationen halten konnten. Im nördlichen Asien konnten nach dramatischen Klimaereignissen Populationen aus den großen tropischen Zonen die im Norden verbliebene Bevölkerung verstärken. Die Nachkommen der dritten Welle generalistischer Menschen sollten im östlichen Eurasien zu Denisovanern und im westlichen zu Neandertalern werden. In Zentralasien auf der Steppenautobahn – insbesondere in der Denisova-Region – sollten sich diese Geschwistergruppen begegnen und sich vermischen.

Trotz der geografisch bedingten Unterschiede in der Evolution gibt es eine gewisse chronologische Parallelität zwischen westlichem und östlichem Eurasien. Die Menschen der dritten Welle, die vor etwa 800 000

Jahren im Süden des Fernen Ostens und des Fernen Westens ankamen, vermischten sich etwa zur gleichen Zeit mit den «Super-Archaischen», die sie dort vorfanden, und entwickelten sich dann parallel weiter, jeder in seinem Teil der Welt. Das bedeutet, dass die chronologischen Referenzpunkte, die wir für die Entwicklung des Neandertalers haben, auch für den Denisovaner gelten, die am wenigsten bekannte eurasische Spezies.

Nach 400 000 Jahren, als die Neandertalisierung im Westen in vollem Gange war, vollzog sich im Osten mit der «Denisovanisierung» der gleiche Vorgang. Wie das Zeitalter der Neandertaler beginnt das eigentliche Zeitalter der Denisovaner vor etwa 300 000 Jahren und endet vor etwa 40 000 Jahren nach der Ankunft des *H. sapiens.* Dieser Zeitrahmen wird einzig und allein durch die Daten in den sicher anerkannten Denisova-Höhlen bestätigt: der Höhle von Denisova und der von Baishiya ganz im Osten des tibetischen Hochlands. In den Sedimenten der Denisova-Höhlen sind die ältesten Spuren von Denisova-mtDNA 200 000 Jahre alt, die jüngsten etwa 40 000 Jahre. In Baishiya reichen die Spuren der gleichen DNA in den Sedimenten der Höhle in die Zeit zwischen 160 000 und 45 000 Jahren.

Das neue Paradigma zu Denisova – das östliche Äquivalent zum Neandertaler im Westen – gibt uns eine Methode an die Hand, um im Fossilienregister Eurasiens des Pleistozäns ein wenig Ordnung zu schaffen. Die derzeitige Verwirrung lässt sich durch die Ähnlichkeit der eurasischen Fossilien erklären: Alle weisen archaische Merkmale ihres gemeinsamen Vorfahren *H. heidelbergensis* auf. Was die Unterschiede angeht, so sind diese auf getrennte Lebensräume und vor allem auf unterschiedliche demografische Bedingungen zurückzuführen: die Neandertaler in der Isolation, die Denisovaner jedoch nicht. Mit diesen Orientierungspunkten im Hinterkopf sind wir nun bereit, ein Phantombild des Denisova-Menschen zu erstellen.

TEIL III
IN DER HAUT DES DENISOVANERS

Abgesehen von einem asiatischen Einschlag, sah dieser Denisovaner seinem Neandertaler-Bruder ähnlich.

12 | Phantombild des Denisova-Menschen

Bei unserer Untersuchung der Evolution der Menschen in Asien ist uns ein belgischer Journalist vorausgegangen, dessen Ergebnisse wir ganz besonders schätzen. Dieser unerschrockene, großartige Reporter machte sich auf nach Tibet, um seinen Freund Tschang zu retten. In den Bergen dieser riesigen Region entdeckte er auch eine sehr interessante hominine Form: den Yeti. Dieser «schreckliche Schneemensch» trägt seinen Beinamen zu Unrecht, denn in Wahrheit ist er ein sensibles, einzelgängerisches Wesen, das Tschang gerettet hat und den Abschied von seinem Freund Tim bedauert. Aus wissenschaftlicher Sicht ist der Yeti ein Krypto-Hominide, d. h. eine mythologische Erfindung, die von Asien bis Nordamerika verbreitet ist und deren psychologische Funktion darin besteht, uns bei der Aufarbeitung der Frage nach unseren Ursprüngen zu helfen, indem wir uns eine Urform vorstellen, halb Mensch, halb Affe, behaart, primitiv, riesengroß, stark und mit menschlichen Gefühlen begabt. Und man begreift das Erstaunen darüber, dass ausgerechnet im tibetischen Hochland nicht der Yeti, sondern der «schreckliche Denisova-Schneemensch» entdeckt wurde!

Um ihn allerdings zu finden, so wie Tim seinen Freund Tschang gefunden hat, brauchen wir Knochenreste, die wir zum Sprechen bringen müssen. Die in der Denisova-Höhle gefundenen winzigen Überreste reichen nicht aus, sodass wir uns auf die Suche nach Fossilien dorthin begeben müssen, wo diese Wesen gelebt haben: überall in Asien. Wie wir in den folgenden Kapiteln sehen werden, haben die hervorragenden chinesischen Prähistoriker eine Menge Fossilien gesammelt, die, ohne dass sie es wussten, zweifellos von Denisovanern stammen. Bevor wir jedoch die asiatischen Gefilde durchstreifen, brauchen wir ein Phantombild des Verschwundenen. Um ein solches Bild zu erstellen, haben wir zwei entscheidende Informationsquellen: zum einen das einzige von den Paläoanthropologen als denisovanisch anerkannte Fossil, den Xiahe-Unterkiefer; zum anderen neue genetische Untersuchungen, die über das Aussehen unseres asiatischen Bruders Aufschluss geben. Wie Kriminalbeamte werden wir nun ein Phantombild des Denisovaners erstellen, das überraschend viele Informationen enthält.

Buddha und Denisovaner in den Bergen

Über die Entdeckung des Kernstücks dieses Bildes ließe sich ein Abenteuerfilm drehen. Es geht um einen Knochen, der im Heiligtum in der Höhle von Baishiya in Zentralchina gefunden wurde, wohin die tibetischen Buddhisten wallfahren. Tibeter mitten in Zentralchina? Ziemlich eigenartig, nicht wahr? Tatsächlich ist die tibetische Kultur keineswegs auf Tibet beschränkt, wie man aus europäischer Sicht meinen könnte, sondern umfasst das gesamte tibetische Hochland, das sich vom Himalaya bis ins Zentrum Chinas erstreckt. Es wird hauptsächlich von Tibetern, aber auch von türkisch-mongolischen Ethnien und Han-Chinesen bevölkert. Die Baishiya-Höhle befindet sich in der Nähe der Stadt Xiahe in der Provinz Gansu im nordöstlichen Hochland. Hier liegt auch das Kloster Labrang, das bedeutendste buddhistisch-tibetische Zentrum außerhalb des «autonomen Tibet», also interessanterweise mitten in China.

Alle die geografischen und kulturellen Besonderheiten sind der Grund, warum diese Höhle auf 3218 Metern Höhe zugleich ein heiliger Ort ist, zu dem sich gläubige Tibeter schon seit langem zum Beten zurückziehen. In den 1980er Jahren entdeckte ein Mönch in den kalten Tiefen der Höhle einen halben fossilen Unterkiefer. Er übergab ihn dem «sechsten Gungthan Rinpoche», und es bestand die Gefahr, dass der

Knochen für medizinische Zwecke zu Pulver zermahlen werden würde. Zum Glück bewahrte der geistliche Würdenträger das Stück auf und übergab es einem Geologen der Universität von Lanzhou, der großen Universität von Gansu.

Im Juli 2016 erhielt Jean-Jacques Hublin, damals am MPI-EVA, von seinem Kollegen Dongju Zhang von der Universität Lanzhou eine Reihe Fotografien von dem Stück, das die Paläoanthropologen seither als «Xiahe-Mandibula» bezeichnen. In einem Artikel der Zeitschrift *Pour la Science* führte er dazu aus:

> «Diese E-Mail war der Ausgangspunkt einer aufregenden Zusammenarbeit mit Dongju Zhang und ihrem Kollegen Fahu Chen. Das Stück gehörte eindeutig nicht zu *H. sapiens*. Es war sehr robust, hatte kein Kinn und besaß enorm große Zähne.»

Glücklicherweise war der Xiahe-Unterkiefer in eine dicke Kalkkruste eingebettet; die radiometrische Uran-Thorium-Datierung dieser Schicht ergab ein Alter von annähernd 160 000 Jahren, was ihn nach den Datierungen in der Denisova-Höhle in die Zeit der Denisovaner während einer milden Klimaperiode einordnen lässt. Gehörte der Unterkiefer einem Denisovaner?

Nachdem das IVPP erfolglos eine DNA-Extraktion versucht hatte, wandte das Team von Dongju Zhang und Jean-Jacques Hublin eine andere Technik zur Identifizierung an, die auf den Proteinen beruht (die Moleküle, die den Körper zusammenhalten und deren Bauplan in der DNA verankert ist). Das Proteom, die Gesamtheit aller Proteine, hat die gleiche Fähigkeit, die Spezies zu identifizieren, wie das Genom. Zudem besitzt es einen klaren Vorteil gegenüber der DNA: Bestimmte Proteine wie die, aus denen das Kollagen besteht – einer der Bestandteile der Haut und der Knochen –, leben deutlich länger als die Gene. Nachdem Frido Welker von der Universität Kopenhagen im Jahr 2019 Kollagen aus dem Unterkiefer herausgelöst hatte, ermittelte er dessen Proteinstruktur. Dabei stellte sich heraus, dass sie sehr nahe mit derjenigen verwandt ist, die die DNA des Fossils *Denisova 3* kodiert.

Zum ersten Mal seit 2010 hatte man endlich ein weiteres Denisova-Fossil identifiziert. Es war mitten in China gefunden worden, 2000 Kilometer von der Denisova-Höhle entfernt, also dort, wo man quasi automatisch annimmt, dass alle Fossilien dem *H. erectus* zuzuordnen sind. Trotz dieses Beweises der Zugehörigkeit des Xiahe-Unterkiefers zum Denisova-Menschen blieben Zweifel. Wie in Kapitel 4 erwähnt, machte sich ein Team unter der Leitung von Dongju Zhang in den Sedimenten der Baishiya-Höhle auf die Suche nach Denisova-DNA und wurde fündig. Jetzt war es eindeutig, dass es sich um den Unterkiefer des asiatischen Bruders des Neandertalers handelte. Heute ist es das einzige anerkannte Denisova-Fossil, abgesehen von Mikrofragmenten und Makro-Zähnen aus der Denisova-Höhle.

Der schreckliche Denisova-Schneemensch

Was sagt uns dieses Denisova-Fossil? Seine robuste und massive Morphologie ähnelt derjenigen, die man bei den Menschenspezies des mittleren Pleistozäns erwartet: bei *H. erectus, H. heidelbergensis* und seinen Nachfahren Neandertaler, archaischem *H. sapiens* und Denisovaner. Und in der Tat verraten die Robustheit, die Körpergröße und das fehlende Kinn dieses Denisova-Unterkiefers eine gewisse Archaik. Insbesondere befindet sich wie beim *H. heidelbergensis*, von dem der Denisova-Mensch abstammt, das *foramen mandibulae* – eine Öffnung in der Unterkieferwand, das dem Austritt der Nerven und Blutgefäße dient – unter dem zweiten Premolar.

Auch der Neandertaler hätte dieses Merkmal aufweisen müssen, zumal es beim *H. sapiens* ebenso vorhanden ist. Das wäre der Fall gewesen, wenn ihn seine noch durch die Eiszeiten verschärfte Isolation nicht einer starken Gendrift in Europa ausgesetzt hätte: Bei ihm hat die Vorverlagerung des Gesichts das *foramen mandibulae* unter den ersten Molar ver-

Abb. 12.1: Mitglieder des Teams um Dongju Zhang bei der Entnahme von Sedimenten in der Baishiya-Höhle zum Zwecke der DNA-Analyse.

schoben. Diese Position des denisovanischen *foramen mandibulae* zeigt uns, dass das Gesicht des Denisovaners im Gegensatz zum «Schnauzengesicht» des Neandertalers weniger nach vorn gerichtet und somit vertikaler ist. Damit ähnelt es mehr dem unseren, denn beim *H. sapiens* liegen Kinn und Stirnansatz in einer Vertikalen. Dieses Detail ist von entscheidender Bedeutung, denn es ist einer der Gründe, warum einige chinesische Paläoanthropologen schon seit langem glauben, dass ein Ursprung der Spezies *H. sapiens* in Asien denkbar ist.

Wie der Neandertaler entwickelte der Denisova-Mensch kein knochiges, vorspringendes Kinn, sondern behielt das fliehende Kinn des *H. heidelbergensis* bei. Der vom Team um Fahu Chen und Jean-Jacques Hublin durchgeführte morphometrische Vergleich bestätigt, dass der Xiahe-Unterkiefer mit seinen allgemeinen Merkmalen mit anderen bekannten Unterkiefern aus dem mittleren Pleistozän weitgehend überein-

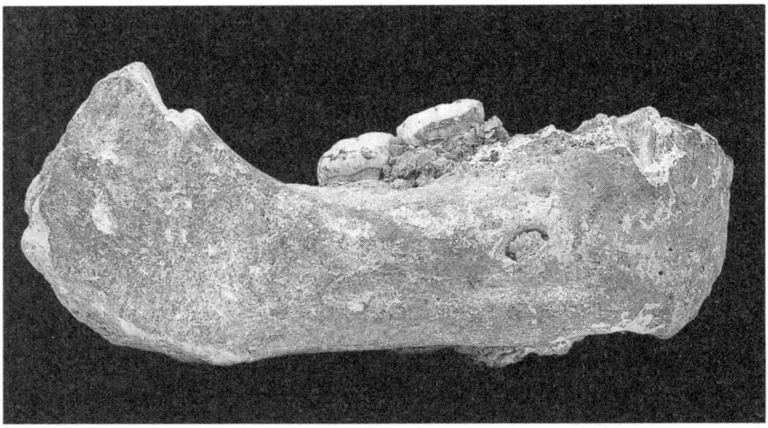

Abb. 12.2: Abgesehen vom winzigen Fingerglied und dem großen Backenzahn aus der Denisova-Höhle, ist der Unterkiefer von Xiahe das bislang einzige anerkannte Denisova-Fossil.

stimmt, auch wenn die Form seines Zahnbogens näher am Kiefer des Neandertalers als an dem des *H. erectus* und weit entfernt von dem des *H. sapiens* ist.

Rund 160 000 Jahre nach dem Tod des Denisovaners von Xiahe hat sein Unterkiefer immer noch zwei Backenzähne. Auch deren Morphologie bezeugt eine Kontinuität, was die Zähne asiatischer Homininen seit der Ankunft der dritten generalistischen Welle in Eurasien angeht. Sie besitzen fünf Haupthöcker, d. h. fünf gut entwickelte Zahnvorsprünge, aber dazu kommen noch zwei Nebenhöcker. Die Folge: Die Okklusalfläche, also die Kaufläche des Zahns, ist auffallend groß. Dieses Denisova-Merkmal, das bereits an dem in der Denisova-Höhle entdeckten Backenzahn festgestellt wurde, deutet auf eine Ernährung mit hohem Pflanzenanteil hin, eine Beobachtung, die bereits bei einigen *H. erectus* gemacht wurde.

Auf dem Röntgenbild sind außerdem sehr breite Zahnwurzeln zu sehen. Der zweite Molar besitzt drei davon, wie auch der einzige bekannte Denisova-Zahn. Dieses Merkmal ist von entscheidender Bedeutung, denn es kommt nur bei 3,5 % nicht-asiatischer *H. sapiens* vor, aber bei 40 % der Chinesen und Amerindianer. Die Paläoanthropologin Sarah Bailey von der Universität New York hält die drei Wurzeln des zweiten Molars für ein spezifisches Denisova-Merkmal, das die asiatischen *H. sapiens* durch Vermischung mit dem Denisovaner erworben haben sollen.

Welche Art von Phantombild legt der Xiahe-Unterkiefer nahe? Das Bild eines Menschen mit mächtigem Kiefer voller beeindruckender Zähne, einem fliehenden Kinn und einem Gesicht, das weniger vorspringt als das eines Neandertalers.

Können wir darüber hinaus noch andere Merkmale ableiten? Ja: Da der Denisova-Mensch von *H. heidelbergensis* abstammt, erwarten wir bei ihm eine mindestens ebenso große Schädelkapazität wie bei jenem. Sein Gehirn hat sich weiterentwickelt, sodass das endokraniale Volumen des Denisova-Menschen wahrscheinlich mit dem des Neandertalers und des *H. sapiens* vergleichbar ist, das in etwa zwischen 1100 und 1800 Kubikzentimeter liegt, bei einem Mittelwert von 1350 Kubikzentimetern.

Kurz gesagt, wir haben es hier mit einem Menschen zu tun, der einen kräftigen Kiefer mit großen Zähnen und wahrscheinlich einen entsprechend großen Kopf besaß. Darüber hinaus können wir nur Vermutungen anstellen: Da der Unterkiefer urtümlich aussieht, war es sein Gesicht zweifellos auch. Man kann sich massive Überaugenwulste vorstellen, ein Merkmal, das alle Menschenformen außer *H. sapiens* teilen. Die kräftigen Muskelansätze am Kiefer erinnern an die des Neandertalers, der ebenfalls kräftige Schläfenmuskelansätze besitzt, die zu einem flachen, nach hinten verlängerten Schädel passen, wie bei den meisten Frühmenschen. In einer Auswahl unheimlicher Individuen in einem Kriminalfilm würde der Denisova-Mensch wahrscheinlich nicht auffallen.

Hexian, Chaoxian, Dongzhi – die ersten Denisovaner?

Große Zähne, die mit denen von Xiahe vergleichbar, jedoch viel älter sind, deuten darauf hin, dass die Denisovanisierung vor 400 000 Jahren bereits im Gange war. Die frühesten Zähne gehören zu den Hexian-Fossilien («Fossilien aus dem Distrikt He»), die aus der Longtan-Höhle am Nordhang des Wangjiashan stammen, der nördlich des Qinling-Gebirges über dem Yangtse in der Provinz Anhui ansteigt. Die beiden Schädelkalotten, die Schädelfragmente, die bruchstückhafte linke Unterkieferhälfte mit den zwei erhaltenen zweiten und dritten Backenzähnen und zehn weitere einzelne Zähne wurden von 1981 an per Zufall entdeckt. Nach längerem Hin und Her datierte man die Fundstücke auf ein Alter von 412 000 Jahren.

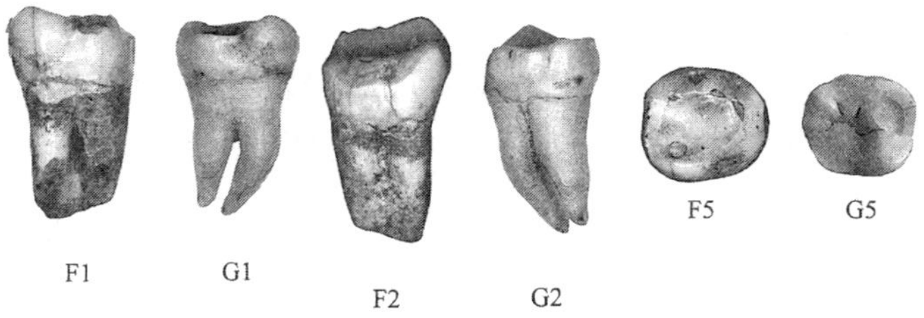

Abb. 12.3: Fossile Zähne von Dongzhi, die die Makrodontie der Individuen bezeugen, von denen sie stammen.

Diese Datierung, die nahe am ungefähren Beginn der Denisovanisierung liegt, ist heute anerkannt und lässt die Vermutung zu, den Menschen von Hexian als Prä-Denisovaner zu betrachten. Sein Hirnschädelvolumen von fast 1025 Kubikzentimetern kommt der Untergrenze von 1100 Kubikzentimetern nahe, die für den Denisovaner angenommen wird. Zudem scheinen seine voluminösen Zähne auf die Makrodontie des Denisovaners hinzuweisen. So sprechen die Schlussfolgerungen im Zusammenhang mit dem Hexian-Menschen für eine Denisovanisierung, die gleichzeitig mit der Neandertalisierung beginnt.

Dieser Eindruck wird durch die drei großen Zähne im «Oberkiefer von Chaoxian» bestätigt, einem Fossil mit einem mutmaßlichen Alter von 310 000 Jahren, das 1980 in der Nähe des Dorfes Yin Shan im ehemaligen Distrikt (*xian*) von Chao in der Provinz Anhui gefunden wurde. Die Zähne sind zwischen 12 und 13 Millimeter breit, die eines heutigen Menschen nur 6 bis 8 Millimeter. Kann es sich um Zähne eines *H. erectus* handeln? Nein, aufgrund ihres Alters sind es Prä-Denisovaner-Zähne.

Die überzeugendsten Prä-Denisovaner-Zähne sind jedoch die von Dongzhi. Die in den Jahren 2000 bis 2010 in der Hualong-Höhle in der Provinz Anhui gefundenen etwa 30 Fragmente eines Menschenschädels gehören, abgesehen vielleicht von einem einzelnen unteren Backenzahn, zweifellos zu einem einzigen Individuum. Neben einer Datierung auf mehr als 300 000 Jahre ist es die geschätzte Schädelkapazität von rund 1150 Kubikzentimetern, die den «Dongzhi-Menschen» zu einem wahrscheinlichen Prä-Denisovaner macht. Dieser Eindruck wird noch verstärkt durch die Größe des zweiten rechten unteren Backenzahns mit sieben Höckern, Merkmale, die auch die Zähne des Denisovaners und des Menschen von Xiahe aufweisen.

Kurzum, Hexian, Chaoxian und Dongzhi waren alle makrodontal wie die Denisovaner, was sie – neben der früheren Datierung – zu mutmaßlichen Prä-Denisovanern macht.

Wenn sich die «Wissenschaftspolizei» einmischt

Was also ist zu tun? Die Wissenschaftspolizei einschalten, genauer gesagt, das Team der Genetiker, dem es gelungen ist, das Bild zu vervollständigen. Sie haben das Kunststück vollbracht, viele der äußeren Merkmale des Denisova-Phänotyps vom Denisova-Genotyp abzuleiten. Dank der Kenntnisse über die Genexpression können wir die physischen Merkmale eines Individuums in groben Zügen nachzeichnen, d. h. sein Gesicht, seinen Kopf, seine Körperform. Die Farbe unserer Augen, unserer Haare, unserer Haut, aber auch die Form unserer Nase, die Größe unserer Ohren und die Breite unserer Stirn etc. sind in der codierenden DNA gespeichert, mit anderen Worten in den rund 20 000 Genen, die nur 1,1 % unserer DNA ausmachen.

Liran Carmel von der Hebräischen Universität Jerusalem und sein Team praktizierten dies anhand des perfekt sequenzierten Genoms von *Denisova 3*, bei dem einige Gene bereits auf braune Augen, schwarze Haare und dunkle Haut hingewiesen hatten. Bei der Veröffentlichung der Ergebnisse in der Zeitschrift *Cell* erklärte Liran Carmel:

> «Diese Arbeiten sind ein Schritt in die Richtung, die Anatomie einer Person aus ihrer DNA ableiten zu können. Auch wenn die Polizei der ganzen Welt davon träumt, besteht diese Möglichkeit erst zum Teil.»

Im Fall des Denisova-Menschen hat diese äußerst aufwändige Arbeit das Team drei Jahre lang beschäftigt. Wie sind die Forscher dabei vorgegangen? Die Antwort ist ein wenig technisch: Sie machten sich das Phänomen der DNA-Methylierung zunutze. Im Lauf des Lebens einer Person kann jede der Basen, die ihre DNA bilden (C, A, T und G), durch das Hinzufügen einer Methylgruppe (CH_3) modifiziert werden. Dieses Phänomen wird als «epigenetisch» bezeichnet, da die Hinzufügung von Methylgruppen zu einer Blockierung der Übersetzung von Genen in Proteine führt, was man als «Unterdrückung der Genexpression» bezeichnet. Bei jeder Spezies wirkt sich dieses Phänomen in besonderer Weise auf die Genexpression aus: Die Genetiker sagen, dass ein bestimmtes «Methylierungsprofil» die Genexpression steuert.

Die Forscher konzentrierten sich auf das Methylierungsprofil, das bei *Denisova 3* die beobachtbaren körperlichen Merkmale beeinflusste. Dazu verglichen sie es mit den Methylierungsprofilen von *H. sapiens*, Neandertaler und Schimpanse, um zu ermessen, wie die Methylierung die Genexpression beim Denisova-Menschen in besonderer Weise beeinflusst. David Gokhman, Mitglied des Teams von Liran Carmel, der diese Methode erfunden hat, erklärt:

> «Auf diese Weise können wir vorhersagen, welche Teile des Skeletts durch die unterschiedliche Regulierung jedes Gens beeinflusst werden und in welche Richtung dieses Teil des Skeletts verändert würde – zum Beispiel ein längerer oder kürzerer Oberschenkelknochen.»

Mit dieser Methode haben sie für *Denisova 3* einen Phänotyp vorgestellt.

Der Phänotyp eines komischen Typs

Von den 56 denisovanischen Besonderheiten, die im Vergleich zum Neandertaler wie auch zum modernen Menschen festgestellt wurden, haben die Forscher 32 als wahrscheinliche anatomische Denisova-Merkmale anerkannt.

Zunächst ermittelten sie die archaischen Züge, die Denisovaner, Neandertaler und archaischem Sapiens gemein sind. Alle sind sie ziemlich robust: dicke Knochenwände der Gliedmaßen, ein breites, hervorspringendes Gesicht (ein Merkmal, das beim heutigen *H. sapiens* verschwunden ist), großes Schulterblatt; und alle Knochen zeichnet eine große Dichte aus. Diese Merkmale waren zu erwarten, da sie bereits beim *H. heidelbergensis* vorhanden sind.

Daraufhin ermittelten die Forscher 21 archaische Merkmale, die nur mit dem Neandertaler geteilt werden: vor allem ein robuster Unterkiefer, eine niedrige Stirn, ein verlängerter Schädel, eine verbreiterte Schädelbasis, ein breites Becken mit einem massiven Oberschenkelhals, massive Fingerglieder und ein breiter, glockenförmiger Brustkorb. Diese abgeleiteten Merkmale weisen auf einen robusten und für Gewaltmärsche angelegten Körper hin, ähnlich dem des Neandertalers.

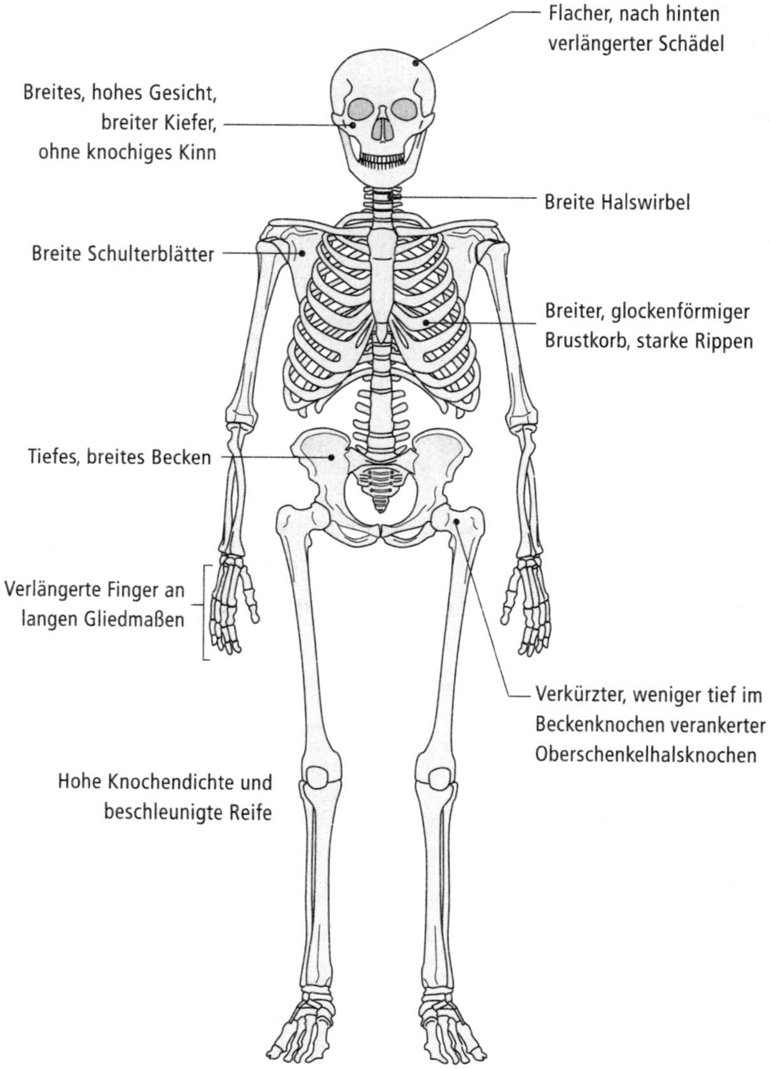

Abb. 12.4: Denisova-Skelett nach dem Methylierungsprofil von *Denisova 3*.

Neandertaler und Denisovaner unterscheiden sich in elf Merkmalen. Einige sind charakteristisch für Denisova, insbesondere ein U-förmiger verlängerter Zahnbogen, ein auf Höhe der Schläfen und oben am Kopf verbreiterter Schädel und dazu breite Unterkiefergelenke (Kondyle); andere Züge erinnern an *H. sapiens*, zum Beispiel die vom Scheitelbein bis zur Schädelbasis konstante Breite des Schädels.

Auf diese Weise erzeugte das Team um Liran Carmel anhand der Gene ein Bild, das mit dem – hypothetischen – vereinbar war, das wir zuvor anhand eines Unterkiefers und einiger Zähne entworfen hatten. Alles in allem ergibt sich das Bild eines äußerlich archaischen Menschen mit massiven Knochen, breiten Hüften, kräftigen Gliedmaßen, einem Schädel in Form eines Rugbyballs und einem länglichen Gesicht. Der am Xiahe-Unterkiefer festgestellte archaische Charakter wird also bestätigt, der in einer Anzahl von Merkmalen zum Ausdruck kommt, die der Neandertaler mit dem Denisovaner teilt, Merkmale, die bereits ihre gemeinsamen Vorfahren besaßen. Liran Carmels Team hat ebendiese archaischen Züge bestätigt, indem er sie aus einem einzigen Denisova-Genom ableitete.

Das Team vermutete auch für Denisova abgeleitete Merkmale, die mit denen des Neandertalers geteilt werden oder auch nicht. Sie stehen in Verbindung mit dem jeweiligen Ökosystem, in dem sich die beiden Formen entwickelt haben: gemäßigt bis kalt für den Neandertaler und den Nord-Denisovaner, tropisch für den Denisovaner im Süden. So entwickelte der Denisovaner regionale Anpassungen, die ihm eine größere phänotypische Vielfalt verliehen als dem Neandertaler. Denisovaner und Neandertaler sind unverkennbar eurasische Brüder, die einander näherstehen als ihrem afrikanischen Cousin *H. sapiens*.

Wie soll es weitergehen? Wir haben bereits gute chronologische und geografische Anhaltspunkte und kennen jetzt einen Gutteil des phänotypischen Puzzles des Denisovaners. Also, auf zur Jagd nach Fossilien.

Gene und Erscheinungsbild des Denisova-Menschen

Zu dem anatomischen Phantombild kommen die physiologischen Merkmale, die sich aus dem genetischen Erbe des Denisova-Menschen im Erbgut unserer asiatischen Zeitgenossen ableiten lassen. Diese ergeben sich aus den Sapiens-Genen, aus denen man etwa 10% des Denisova-Genoms rekonstruieren kann. Die Denisova-DNA im Sapiens-Genom ist das Ergebnis positiver Selektion im Lauf der Fortpflanzung der Nachkommen von *H. sapiens*, die sich mit den Denisovanern vermischt haben. Wir haben bereits das Gen EPAS1 erwähnt, das mit der physiologischen Reaktion auf den geringen Sauerstoffgehalt der Luft in großer Höhe zu tun hat. Andere häufige Denisova-Gene – zum Beispiel die Gene FADS1 SUMF1, PLPP1, LIPA, CH25H. TBX15 und WARS2 – haben mit dem Metabolismus zu tun, vor allem mit dem Fettstoffwechsel. TBX15 und WARS2 bewirken eine andere Mutation als diejenige beim Neandertaler, die man bei den Inuit von Grönland und den Amerindianern antrifft. Diese Gene beeinflussen die Fettverteilung im Körper, besonders im subkutanen Bereich. Sie könnten mit der Verteilung von Fett im Gesicht und besonders in den Lippen zusammenhängen, die beim Denisovaner wulstig gewesen sein dürften.

Außerdem reguliert ein Teil des Denisova-Genoms die Immunreaktion auf Krankheitserreger im tropischen Regenwald. Diese Gene wurden im Lauf der Fortpflanzung der ersten *H. sapiens* in Südostasien beibehalten, denn sie fördern die Anpassung an den neuen Lebensraum. In diesem Zusammenhang ist zu erwähnen, dass die Denisova-Version des Gens TNFAIP3, das die Immunreaktion beeinflusst, keine starke Entzündung hervorruft, anders als die Mutation des gleichen Gens beim Neandertaler, die viele *H. sapiens* geerbt haben. In der Covid-19-Epidemie hat diese Neandertaler-Mutation schwere Schäden bei den Eurasiern verursacht, die sie geerbt hatten.

13 | Auf der Suche nach verloren gegangenen Denisova-Fossilien

Wer wird der Retter der Denisova-Spezies? Vielleicht derjenige, der es wagt, sie endlich «Dali» zu nennen nach dem Ort Dali in der chinesischen Provinz Shaanxi, etliche Kilometer vom Gelben Fluss entfernt. Dort entdeckte im Jahr 1978 ein Bauer in der Nähe des Dorfes Jiefang per Zufall einen Schädel. Neben Jinniushan und Harbin – wir kommen darauf zurück – ist dieses wahrscheinlich das wichtigste chinesische Fossil und begründet offenbar die Denisova-Linie.

Allerdings sind die hierzu gelieferten Interpretationen so surrealistisch wie der berühmte Maler. Aber regen wir uns nicht auf, sondern fangen wir ganz von vorn an. Leider hat sich der Finder des Schädels von Dali nicht mit stratigrafischen Betrachtungen herumgeschlagen, sodass – einmal mehr in China – eine Datierung schwierig war (s. S. 207). Einen ersten Versuch unternahm 1994 das IVPP: An einem Rinderzahn, der an der Fundstelle entdeckt worden war, wandten sie die Uran-Thorium-Datierung an. Diese ergab ein Alter von 209 000 Jahren. Allerdings war keineswegs sicher, dass der Zahn aus demselben Fundhorizont wie der Schädel stammte, was heftigen Widerspruch hervorrief. 2017 ergaben mehrere Datierungsmethoden ein Alter von rund 260 000 Jahren, womit Dali mitten in die Zeit der Denisovanisierung fällt.

Die parallele Entwicklung in Asien und Europa ist ein Hinweis darauf, dass die Denisova-Linie zwischen 400 000 und 200 000 Jahren auftauchte. In dieser Phase häuften sich die Neandertaler-Merkmale in

Diese Denisovanerin des Nordens (hier die Jinniushan-Frau) war an das Leben in der Kälte angepasst.

Europa, während in Asien auch die Denisova-Merkmale zunahmen. Wie wir sehen werden, ist Dali das Produkt dieser Zunahme. In der Tat weist dieses Fossil sowohl archaische als auch abgeleitete Merkmale auf, die es als prädenisovanisch kennzeichnen. Zu den archaischen Zügen des Schädels gehören ein deutlicher Wulst, das niedrige lange Schädeldach, die fliehende Stirn und die massiven Überaugenwulste.

Was die abgeleiteten Merkmale angeht, so besitzt Dali eine Schädelkapazität von 1120 Kubikzentimetern, was ihn ans untere Spektrum des Neandertalers verweist; charakteristisch für ihn ist sein stark ausgeprägter, in der Mitte abgeschwächter Überaugenwulst, der ihn vom «Visier» des Neandertalers – dem durchgehenden Wulst – unterscheidet. Außerdem ist sein Gesicht – wenn uns die Deformierung des Schädels in den Sedimenten nicht in die Irre führt – weniger hervorspringend als beim Neandertaler, jedoch nicht wie beim *H. sapiens*, ein Gesichtspunkt, den wir bei der Erstellung des Phantombilds des Denisova-Menschen erwähnt haben.

Im Übrigen erscheint das Gesicht zierlich und flach. Anders als bei *H. erectus*, dessen Schädel eher dreieckig ist, ist der Dali-Schädel auf Höhe des Scheitelbeins und bis zur Schädelbasis breit, ein Denisova-Merkmal, das wir ebenfalls in unserem Phantombild festgehalten haben. Da der Oberkieferknochen bei der Fossilisierung gebrochen wurde, wirkt das Gesicht eher flach, aber die Rekonstruktion des Schädels am Computer verrät, dass er wirklich sehr flach war, ein «mongolischer» Typ, was einen unweigerlich an das Gesicht vieler Asiaten erinnert. Leider fehlen dem Fossil alle Zähne, die seinen Status als Prä-Denisovaner mit mutmaßlicher Makrodontie hätten erhärten können.

Dali, surrealistisch oder realistisch?

1979 hielten die chinesischen Prähistoriker in einer vorläufigen Beschreibung Dali zunächst für eine Übergangsform zwischen Sinanthropus und Neandertaler und hefteten ihm das wenig aussagekräftige Etikett «später

H. erectus» an. Noch überraschender war die Interpretation des Dali-Menschen, die Xinzhi Wu (1928–2021), seinerzeit stellvertretender Direktor des IVPP, lieferte. Auf der Grundlage einer vollständigen Beschreibung des Schädels aus dem Jahr 1981 befand dieser hoch angesehene Paläoanthropologe, dass Dalis Gesicht morphologisch zwischen Sinanthropus *(H. erectus pekinensis)* und *H. sapiens* zu verorten sei. In seinen Augen kündigte sich damit das Auftauchen einer «mongoloiden» Form des *H. sapiens* in Asien an. Xinzhi Wu leugnete nicht, dass *H. sapiens* aus Afrika gekommen war, war aber der Ansicht, dass dies in keiner Weise zum Austausch der asiatischen Populationen geführt habe. Ihm zufolge war der Fortbestand einer «mongoloiden Schädelmorphologie» der Beweis für diese regionale Kontinuität, ungeachtet möglicher afrikanischer Genbeiträge. Diese Lesart des Fossilregisters entsprang offensichtlich der Theorie vom «multiregionalen Ursprung» der Menschheit, die er mitentwickelt hatte. So versteht man, dass ihn diese Theorie bewog, für den Dali-Menschen die Spezies-Bezeichnung *Homo sapiens daliensis* vorzuschlagen.

Unsere Interpretation weicht davon ab. Zwar teilt der über 200 000 Jahre alte Dali-Mensch mit archaischem Neandertaler und Sapiens vom gemeinsamen Vorfahren geerbte Kennzeichen, doch besitzt er bereits drei höchst auffällige Schädelmerkmale, die den Denisovaner von europäischen Fossilien derselben Epoche unterscheiden: oben breite Hirnschale, mächtiger, in der Mitte unterbrochener Überaugenwulst und ein vorne flaches, weniger «schnauzenartiges» Gesicht. Sagen wir es so: Würden die Regeln der ICZN (International Commission on Zoological Nomenclature) angewendet, würde Dali als erstes entdecktes Denisova-Fossil betrachtet, und die Spezies Denisovaner hieße *Homo daliensis.*

Probleme der Chronologie

Leider sind die anderen Fossilien der Denisova-Zeit, über die wir verfügen, weit weniger aussagekräftig, doch hie und da findet man die auf unserem Phantombild angezeigten Merkmale. Dies gilt besonders für

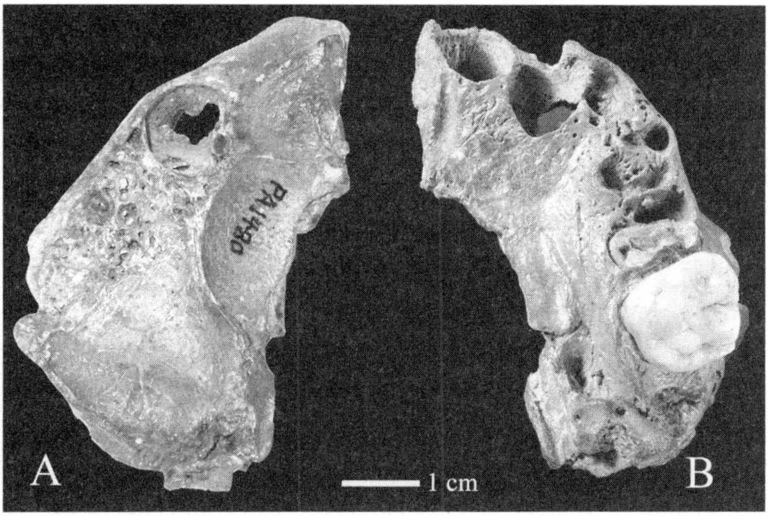

Abb. 13.1: Oberkieferfragmente von Xujiayao.

den «Xujiayao-Menschen», einen Jäger der Steppen und Spezialisten in der Erlegung von Pferden, der uns Einblicke in die Lebensweise denisovanischer Jäger bietet. Entdeckt wurden die Fossilien dieses Homininen in den Jahren 1974 und 1979 im Zuge von Ausgrabungen des IVPP an den Fundstätten Houjiayao und Xujiayao rund 100 Kilometer westlich von Peking im Sanggan-(Fluss-)Becken. Die Grabungen lieferten ein ungeheuer reichhaltiges Material: über 30 000 Artefakte und andere bearbeitete Werkzeuge sowie 5000 Überreste von Tieren. Die eindrucksvolle Menge an Klingen und Schabern verrät, dass dort zahlreiche Tiere geschlachtet und gehäutet wurden. An menschlichen Überresten fanden sich 13 Scheitelbeine, 1 Schläfenbein, 2 Hinterhauptbein-Fragmente, 1 Fragment eines Unterkieferknochens, 1 Fragment eines Oberkiefers und 3 einzelne Zähne.

Diese Fülle an Knochen beweist, dass die Fundstätten Xujiayao und Houjiayao Lagerplätze im freien Gelände waren, an denen die Denisova-Jäger ihre Jagdbeute zerlegten. Die Schlachtwerkzeuge sind primitiv und bestehen überwiegend aus Bola-Steinen zum Aufbrechen der Knochen und Abschlägen zum Schneiden und Schaben, auf die Schnelle verfertigt aus einem vor Ort gefundenen Gestein. Die Studie, die 2019 von einem Team um Shia-Xia Yang im Sanggan-Becken durchgeführt wurde, legt nahe, dass die Jäger der Gegend im Lauf der Denisovanisierung oft relativ einfache Werkzeuge benutzten, die sie aus einer kleinen Anzahl Abschlägen von nicht weiter bearbeiteten Kernen hergestellt hatten. Das deutet auf ein opportunistisches Verhalten hin, da gelegentlich auch fein ausgestaltete Werkzeuge gefertigt wurden. Offensichtlich beherrschten sie auch dies.

Insgesamt entsteht der Eindruck, dass die Denisova-Jäger viel in der Steppe unterwegs und auf der Jagd nach Pferden waren; nachdem sie einige Tiere erlegt hatten, verarbeiteten sie Haut, Sehnen etc., bevor sie wahrscheinlich die Felle und die besten Fleischstücke zu ihren Lagerstätten brachten. Dort fertigten sie vermutlich bessere Werkzeuge, um ihre Arbeit fortzusetzen. Die Lagerplätze von Xujiayao und Houjiayao sind Beispiele für diese Art des Wirtschaftens, das an die Fundstätte von Schöningen (vor 300 000 Jahren) erinnert, wo ebenfalls Pferde gejagt wurden. Leider fanden sich an den chinesischen Fundorten keine Überreste von Speeren wie in Schöningen, doch höchstwahrscheinlich benutzten die Denisova-Jäger von Xujiayao und Houjiayao auch solche Waffen mit im Feuer gehärteter Spitze.

Das Alter dieser Fundstätten ist zweifelhaft, sosehr man sich bemühte, es zu bestimmen. Nach nicht weniger als vier Datierungsversuchen und intensiven Diskussionen, die zwischen 1984 und 2017 jeweils ein Alter von 40 000, 50 000, 100 000, 90 000 und bis zu 125 000 Jahren ergaben, machte sich ein chinesisch-australisches Team unter der Leitung von Hong Ao vom Institut für Umweltforschung der Chinesischen Akademie der Wissenschaften in Xi'an erneut an die Datierung. Durch die Kombination von paläomagnetischen Befunden und einer Schätzung des Alters mittels Elektronenspinresonanz in sedimentären Quarzkör-

Die Altersbestimmung in China

In China war die zeitliche Einordnung der Fossilien schon immer ein Problem. Worauf ist das zurückzuführen? Der erste Grund ist kultureller Art: Während die prähistorische Kultur in China lange Zeit kaum im Blickfeld stand, verarbeitete man Fossilien, die als «Drachenknochen» galten, zu Ingredienzien traditioneller Arzneimittel. Viele bedeutsame Fossilien wurden bei der Feldarbeit von Bauern entdeckt, die bald die Lage des Fossils im Boden sowie seinen Fundort schnell vergaßen. Der zweite Grund ist, dass seit ihrer Entdeckung so viel Zeit vergangen ist: Viele der wichtigen Fossilien wie die des Sinanthropus wurden zu Beginn des 20. Jahrhunderts gefunden, als es nur die stratigrafische Datierung gab; und hier kommt die Geologie ins Spiel, denn die Sedimentierung variiert je nach Klima und damit auch je nach Epoche. In Zhoukoudian zum Beispiel erzählt eine 50 Meter dicke Schichtung eine Geschichte, die sich über mindestens eine halbe Million Jahre erstreckt. Während dieses Zeitraums hat sich das Klima im Bereich um Peking häufig geändert, wodurch die Sedimentierung in der Höhle langsamer oder schneller vonstatten gehen konnte. Deshalb erstellen die Geomorphologen zur Datierung ein Sedimentierungsmodell, bei dem vorausgesetzt wird, dass die Ablagerungen regelmäßig stattfinden und es zu keinen Unterbrechungen kommt.

Glücklicherweise haben die Physiker in der zweiten Hälfte des 20. Jahrhunderts sogenannte «direkte» Datierungsmethoden entwickelt. Die meisten sind radiometrisch: Dabei wird die Restmasse eines Isotops (ein Atomkerntypus) gemessen, die ab einem Anfangsmoment, zum Beispiel dem Tod eines Organismus, gleichmäßig zerfällt. Die bekannteste ist die Radiokarbon- oder C14-Datierungsmethode, doch auch die Uran-Thorium-Methode findet häufig Verwendung. Die Datierungen mit kosmogenen Isotopen und mit optisch stimulierter Lumineszenz (OSL) sind sich im Prinzip ähnlich und ermöglichen eine Datierung der Einlagerung bestimmter Objekte. Leider stoßen diese Verfahren an zahlreiche technische Grenzen: Kontaminierung der Proben, Verlagerung der zu datierenden Objekte im Lauf der Zeit, Art der Fossilisierung, mangelnde

Sorgfalt bei der Bergung etc. Da in Asien im 20. Jahrhundert die meisten Funde von Bauern, Erdarbeitern u.a. stammen, konnten die Prähistoriker sie erst nachträglich zu datieren versuchen und wurden häufig mit Fossilien konfrontiert, die aus ihrem Kontext entfernt worden waren.

Daher stimmen in China die durch direkte Datierung gewonnenen Altersangaben nicht zuverlässig mit den stratigrafischen Datierungen überein, was die Einordnung der Fossilien problematisch macht. Bei unserer Suche nach den Denisovanern mussten wir daher die gesamte Datierungsgeschichte jedes Fossils im Detail untersuchen und alle verfügbaren Informationen miteinander abgleichen, um das wahrscheinlichste Alter angeben zu können.

nern kamen die Forscher auf einen Zeitrahmen von 370 000 bis 260 000 Jahren. Bis zur nächsten Datierung gehen wir also davon aus, dass der Xujiayao-Mensch vor rund 250 000 Jahren lebte, mitten in der Zeit der Denisovanisierung.

Dieses Alter ist der erste Grund, warum wir meinen, dass die Jäger von Xujiayao und Houjiayao Denisovaner waren. Der zweite Grund ist ihre Schädelkapazität: 2022 hat ein Team unter der Leitung von Xiu-Jie Wu vom IVPP aus drei Schädelfragmenten eines jungen Erwachsenen einen virtuellen Schädel rekonstruiert. Mit einer Wahrscheinlichkeit von 95 % schätzten sie das endokraniale Volumen auf 1555 bis 1781 Kubikzentimeter. Dies sind sehr hohe Werte und vergleichbar mit denen, die man beim Neandertaler vorfindet. Ein dritter Grund – die Makrodontie – bestärkt uns in der Überzeugung, dass der Xujiayao-Mensch ein Denisovaner war: Das Oberkieferfragment eines Jugendlichen trägt einen sehr großen ersten Backenzahn mit sieben Zahnhöckern, was typisch denisovanisch ist (Baishiya, Denisova). Und wenn wir noch einen vierten Grund brauchen, finden wir ihn erfreulicherweise in der Veröffentlichung des Teams von Hong Ao:

> «Die Klärung des Alters der Fossilien des *Homo* von Xujiayao in Kombination mit neandertaltypischen Merkmalen, insbesondere den typischen denisovanischen Backenzähnen, weist auf eine mögliche Nähe des Homininen von Xujiayao zu den frühesten Denisovanern hin.»

Die massiven Zähne und der große Kopf dieses Homininen deuten auf eine fortgeschrittene Denisovanisierung hin. Wann wird es eine noch zuverlässigere Neudatierung geben?

Als der Denisovaner seinen großen Kopf bekam

Das bleibt abzuwarten, aber andere chinesische Fossilien wie die Schädel von Lingjing bestätigen eindrucksvoll, dass der Trend zur Zunahme des Schädelvolumens der Denisovaner im Lauf der Zeit parallel zu der des Neandertalers verlief. Im Jahr 2007 wollte Zhan-Yang Li vom IVPP gerade eine Grabungskampagne unweit der Stadt Xuchang in der Provinz Henan beenden, als er auf Werkzeuge und zwei Tage später auf ein Schädelfragment stieß. Daraufhin förderte sein Team innerhalb von sechs Monaten tatsächlich 45 Schädelknochen zutage, die zu Teilen von Schädelkalotten zusammengesetzt werden konnten. Diese menschlichen Überreste fanden sich neben «sehr schönen» Stein- und Knochenwerkzeugen sowie zahlreichen tierischen Überresten: Riesenhirsche, Gazellen, Wollnashörner etc. Eine Reihe optisch stimulierter Lumineszenz-Datierungen ergab für diese beiden Schädelfragmente zweifelsfrei ein Alter zwischen 125 000 und 105 000 Jahren, was bedeutet, dass sie aus dem Ende einer Zwischeneiszeit stammen, die noch wärmer war als die derzeitige, d. h. aus der Mitte der Denisova-Ära.

2017 betonte das Team um Erik Trinkaus von der Washington University in St. Louis, Missouri, das sich mit diesen beiden Schädeln befasste, die Nähe zwischen dem «Lingjing-Menschen» und dem Neandertaler. In Anbetracht des zur Zeit des Lingjing-Menschen herrschenden besonders warmen Klimas scheint das Forscherteam in ihm einen Einfluss des

Neandertalers zu erkennen und vermutet, es handele sich um «eine neue eurasische Menschenform oder um eine östliche Variante des Neandertalers». Damit deuteten die Wissenschaftler an, dass die Neandertaler auf der Steppenautobahn bis nach Asien vorgedrungen sein könnten und dort mit den Einheimischen eine Linie hätten gründen können.

Dieser Gedanke ist keineswegs abwegig, denn in der Denisova-Höhle wurden ja zwei Neandertaler-Fossilien – *Denisova 5* und *Denisova 9* – jeweils auf ein Alter von 130 000 und 90 000 Jahren datiert, während der Denisova-Neandertaler-Mischling – *Denisova 11* – zwischen 118 100 und 79 300 Jahre alt ist. War der Neandertaler auch in China, nachdem er bis zum Altai gekommen war? Und beeinflusste er sogar den asiatischen Phänotyp bis hin zum Lingjing-Menschen im Herzen des heutigen China? Das scheint weniger einleuchtend als die weit einfachere Erklärung einer Ähnlichkeit zwischen Denisovaner und Neandertaler aufgrund ihres gemeinsamen Vorfahren.

Die meisten Paläoanthropologen sind der Ansicht, dass die Lingjing-Fossilien schlicht und einfach denisovanisch sind. So erklärte Katerina Harvati von der Universität Tübingen, dass die Fossilien «die Kombination von Merkmalen aufweisen, die man aufgrund der Analyse der alten DNA der Denisovaner erwartet, die eng mit den Neandertalern verwandt waren».

Die enormen Volumina ihrer länglichen Schädel von rund 1800 Kubikzentimetern, die mit denen des Xujiayao-Menschen vergleichbar sind, belegen, dass es sich um entwickelte Denisovaner handelt. Auch die Form ihres Überaugenwulstes ist typisch denisovanisch. Nimmt man ihr Alter und ihren Fundort inmitten des nördlichen Denisova-Gebiets hinzu, ist man versucht, sie mit einem anderen «Denisovaner», und zwar im Süden, in Verbindung zu bringen: dem Maba.

Maba, der Pechvogel

Der erste Denisovaner des Südens, der jemals entdeckt wurde, ist zweifellos der «Maba-Mensch». Im Jahr 1958 stießen Bauern in einer Höhle in der Nähe des Dorfes Maba auf die Reste des Schädels dieses Individuums. Maba liegt in den feuchttropischen Breiten im Süden Chinas. Eine stratigrafische Datierung war schwierig, da sich das Fossil in einer senkrechten Spalte im Innern der Höhle befand, aber Jahrzehnte später wurde schließlich ein Alter bestimmt: zwischen 134 000 und 129 000 Jahren. Zu der in der Höhle identifizierten Fauna gehört der Große Panda und ein Stegodon, eine imposante asiatische Elefantenart.

Als Rukang Wu den Maba-Menschen untersuchte, stufte er ihn als eine «neandertalartige Form» ein. Diese Schlussfolgerung klingt überraschend, es sei denn, man ist sich bewusst, dass in den 1950er Jahren nur *H. erectus* und *H. neanderthalensis* in Eurasien bekannt waren. Heute wundert uns das kaum, wenn man an die gemeinsamen Merkmale von Denisovaner und Neandertaler denkt. Tatsächlich ist der Schädel von Maba eines von vier fossilen Zeugnissen des Denisovaners im Süden. Sein Überaugenwulst ist beeindruckend: Anders als der des Neandertalers ist er in der Mitte abgeschwächt und scheint über die Seiten hinauszuragen, weshalb man von einem breiten Gesicht ausgeht. Mit seiner auf 1300 Kubikzentimeter geschätzten Schädelkapazität passt er in die Bandbreite des Denisova-Volumens. Darüber hinaus lässt ihn sein Alter als voll entwickelten Denisovaner erscheinen, was diesen Schädel zu einem äußerst seltenen Zeugnis für die Kontinuität der Denisova-Population macht: von den Dschungeln Südostasiens bis ins kalte Sibirien, ins tibetische Hochland und ins Altai-Gebirge.

Maba zeigt uns auch, dass die Denisovaner des Südens anders lebten als die im Norden. Während Letztere in der offenen kalten Steppe Pferde zu Hunderten erlegten, mussten die im Süden Lebenden in dichten Wäldern auf die Jagd gehen, in denen sie keineswegs die Herren waren.

Eine laotische Denisovanerin

Im Jahr 2018 entdeckte ein Team um Fabrice Demeter vom Muséum national d'histoire naturelle in den verhärteten Sedimenten der Cobra-Höhle auf halber Höhe eines Kalkfelsens im Nam Et-Phou Louey Nationalpark in Laos einen auffallend großen Backenzahn. Eine Datierung der Schichten, in denen der Zahn eingeschlossen war, ergab einen Zeitraum zwischen 164 000 und 131 000 Jahren: ziemlich genau im Zeitalter des Denisovaners.

In Anbetracht dessen, dass eine DNA in den Tropen äußerst selten erhalten ist, untersuchte man zunächst die Reihe der Proteine, die noch im Zahnschmelz enthalten waren. Zwar war das Proteom zu beschädigt, als dass man die Spezies hätte bestimmen können, aber es verriet, dass der Zahn einer Frau gehört hatte. Glücklicherweise zeigte die morphometrische Analyse feine Merkmale – Stärke des Zahnschmelzes, Form der Rillen und Höcker, verschiedene Größen etc. –, die den Zahn aus der Cobra-Höhle unzweifelhaft in die Nähe der Backenzähne von Xiahe und denen von Penghu rücken. Offenbar lebte der Denisovaner auch auf der indochinesischen Halbinsel!

Die am Schädel des Maba-Menschen sichtbaren Spuren von Fangzähnen belegen, dass der Mann von einer Großkatze getötet und von ihr am Kopf in ihre Höhle geschleppt wurde, ein Verhalten, das bei Großkatzen häufig zu beobachten ist. Dieses unglückliche Ende und die Kühle der Höhle erklären den außerordentlichen Glücksfall für den Prähistoriker, den ein derart alter Schädel in tropischen Breiten darstellt!

Allerdings war Maba schon einmal Opfer einer Aggression gewesen, und zwar von Seiten eines Menschen. Im Jahr 2011 stellte ein Forscherteam unter der Leitung von Xiu-Jie Wu vom IVPP auf der rechten Seite des Schädels eine vollständig verheilte Fraktur fest. Da 90 % der Menschen Rechtshänder sind, geht man davon aus, dass der Mann von einem Artgenossen, vielleicht von einem aus seiner Gruppe, von hinten am

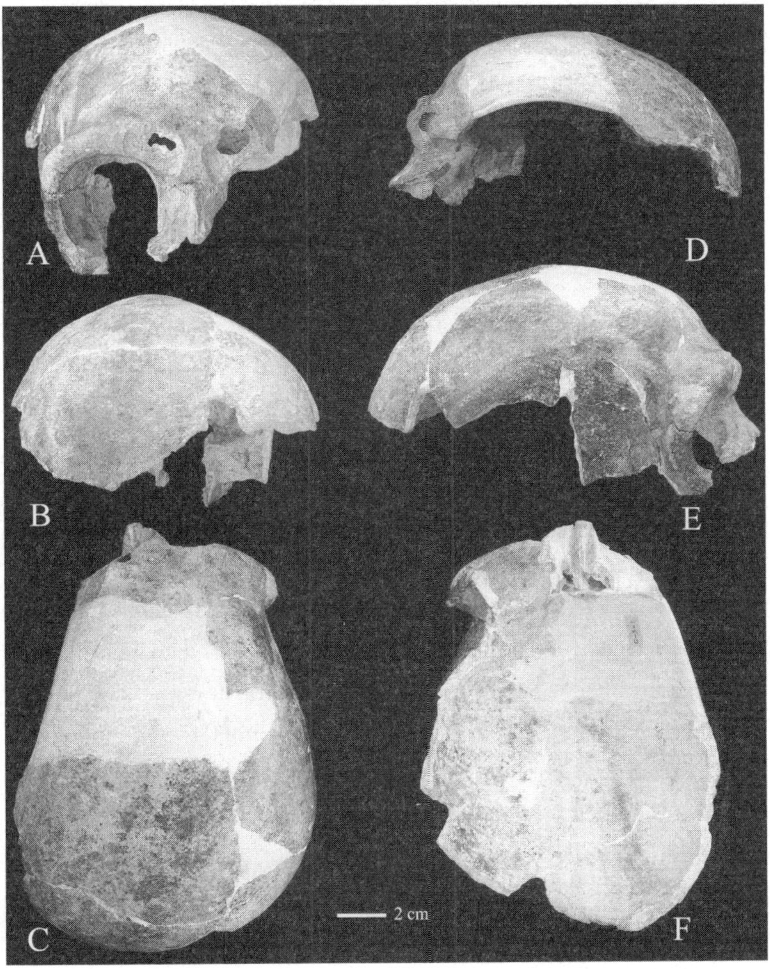

Abb. 13.2: Das Schädelfossil von Maba, rekonstruiert anhand der verfügbaren Fragmente. Ansicht von vorn (A), von hinten (B), von oben (C), von der Seite (D und E) und von unten (F).

Kopf getroffen wurde. Erik Trinkaus, der zu dem Team gehörte, kann sich vorstellen, dass bei einem Tumult im Clan auch Waffen zum Einsatz kamen, räumt aber ein, dass am Ende die gegenseitige Hilfe obsiegte. In der Tat hätte Maba niemals überleben und seiner Raubkatze begegnen können, wäre er nicht von seinen Leuten verarztet worden.

Penghu, ein Denisovaner aus dem Meer

Das Denisova-Fossil, das wir nun in Augenschein nehmen werden, holten Fischer in der Meerenge von Taiwan im Jahr 2008 aus ihrem Netz: ein halber Unterkiefer mit vier Zähnen. Sie brachten den Fund Chun-Hsiang Chang vom National Museum of Natural Science von Taiwan. Die Truppe, die er für die Untersuchung des Kieferfragments zusammenstellte, rekonstruierte, wie sich im Lauf der Zeiten der Meeresspiegel in der Nähe des Fundorts verändert hatte. Aus der Tiefe, in der das Fossil gelegen hatte – zwischen 60 und 120 Metern –, leitete das Team dann ein maximales Alter von 190 000 Jahren ab. Ziemlich ungenau.

Trotz dieser in Asien üblichen Datierungsproblematik gibt es ziemlich sichere Anzeichen dafür, dass es sich um ein Fossil aus der Denisova-Zeit handelt. Obwohl die drei Zähne so abgenutzt sind, dass man die Zahl ihrer Rillen nicht mehr erkennen kann, bestätigt ihre Größe dennoch den denisovanischen Charakter. Zudem sitzt das Foramen am Kinn – die Öffnung in der Unterkieferwand, die dem Austritt der Nerven und Blutgefäße dient – unter dem vorderen Backenzahn, genau wie beim Unterkiefer von Xiahe (160 000 Jahre alt), der dem von Penghu sehr ähnlich sieht. Dieser Vergleich mit dem einzigen von der Wissenschaft als denisovanisch anerkannten Unterkiefer legt die Vermutung nahe, dass der Penghu-Mensch zwischen den Jahren 200 000 und 100 000 lebte. Überdies wird dadurch bewiesen, dass Denisovaner – seien es diejenigen in großen Höhen (siehe Xiahe) oder diejenigen in der Ebene, heute unter dem Meer gelegen (siehe Penghu) – genau den gleichen Typ des kräftigen Kieferknochens besaßen. Fazit: Der Penghu-Mensch lebte im Süden!

Abb. 13.3: Unterkieferfossil von Penghu.

Mutmaßliche Denisovaner am Solo

Wie mehrfach erwähnt, ist die Fossilisierung in einer tropischen Umgebung äußerst selten. Die *H. erectus*-Fossilien des Schädeldachs von Sangiran auf Java sind daher eine spektakuläre Ausnahme. Worauf ist das zurückzuführen? Wahrscheinlich liegt es daran, dass die Frühmenschen ihre Toten im Freien zurückließen und dass sie sich in diesen Regionen vor allem in der Nähe von Wasserläufen aufhielten und nicht in den Tiefen der Wälder. So konnte es vorkommen, dass zurückgelassene Verstorbene vielleicht sehr schnell unter den Sedimenten des Flusses begraben wurden.

Zwischen 1931 und 1933 förderte ein Team um Gustav von Koenigswald an einem Ufer des Solo unweit der javanischen Ortschaften Ngandong und Sambungmacan 12 Schädel zutage. Nach langem Hin und Her, wie häufig in Asien, wurden sie jüngst auf ein Alter zwischen 117 000 und

108 000 Jahren datiert, was heute allgemein anerkannt ist. Allerdings waren sie in den 1930er Jahren dem *H. erectus* Südostasiens zugeordnet, in anderen Worten, mit den Fossilien des Pithecanthropus und Sinanthropus in Verbindung gebracht worden.

In den 1960er Jahren führten lange Diskussionen schließlich dazu, sie zu verschiedenen Arten zu erklären. Dies brachten die Paläoanthropologen zum Ausdruck, indem sie eine Spezies *Homo Soloensis* vorschlugen, die als eine Weiterentwicklung des Pithecanthropus betrachtet wurde. Da mehr als eine Million Jahre dazwischen lagen, war dies das Mindeste, was man sagen konnte! In den 1980er Jahren wurden diese Schädel, deren Gehirnvolumen von 1100 Kubikzentimeter weit über dem des Pithecanthropus liegt, von manchen als zu der Unterart *Homo sapiens soloensis* gehörig angesehen, die sogar der Urahn der australischen Aborigines gewesen sein soll.

Ist das plausibel? Da es Hinweise darauf gibt, dass die ersten *H. sapiens* vor etwa 100 000 Jahren auf dem asiatischen Festland lebten, ist dies durchaus denkbar. Allerdings bringt unsere Interpretation der Merkmale dieser äußerst robusten Schädel die Funde eher mit dem in Kapitel 14 erwähnten Schädel von Harbin in Verbindung. Zudem waren die besonderen Merkmale der Homininen von Solo eigentlich von vornherein klar, denn bereits 1932 hatte Willem Frederik Florus Oppenoorth, einer der Entdecker der Schädel, in der Zeitschrift *Scientific American* geschrieben:

> «Nach seinen Abmessungen könnte der *Homo soloensis*, wie ich ihn genannt habe, eine Stufe der menschlichen Entwicklung repräsentieren, die derjenigen der Neandertaler-‹Rasse› entspricht.»

Es genügt in der Tat, den äußerst robusten, nach außen verbreiterten Überaugenwulst sowie die extrem massiven Schädelwände und ihr allgemeines Erscheinungsbild zu betrachten, um sich von der Ähnlichkeit mit dem Neandertaler zu überzeugen.

Das wundert uns nicht, denn die naheliegendste Interpretation der Solo-Schädel ist, dass sie denisovanisch sind. Folglich ist der Umstand, dass sie archaische Züge haben, die sie mit dem Neandertaler teilen, nicht überraschend. Und wenn man die biogeografische Herleitung, die wir vorgestellt haben, anerkennt, ist die Anwesenheit von Denisovanern aus dem Süden zu dieser Zeit in diesem Teil der Welt ebenfalls schlüssig. Im Übrigen wird dies durch die Untersuchung des genetischen Erbes dieser Population im Genom der Sapiens dieser Region bestätigt, die nahelegt, dass die Vermischung mit den Denisovanern bis vor 25 000 Jahren stattfand.

Am wahrscheinlichsten ist also, dass vor 100 000 Jahren, lange vor der Hauptwelle der aus Afrika kommenden *H. sapiens* vor etwa 70 000 Jahren, die Denisovaner des Südens in Südostasien so zahlreich waren wie die Neandertaler in Europa. Und besonders auf Java, wo sie wie ihre Vorgänger *H. erectus* entlang der Flüsse lebten, wurden sie durch denselben Mechanismus fossilisiert.

Aus den Funden von Dali, Xujiayao, Lingjing, Maba, Penghu und Solo – ohne Berücksichtigung der Fossilien, die wir als sehr alt zurückgestellt haben (Hexian, Chaoxian, Dongzhi) – geht eine bedeutsame Tatsache hervor: Die Denisovaner lebten nicht nur auf der tibetischen Hochebene und im Altai-Gebirge, sondern überall in Asien. Das kündete sich in der biogeografischen Logik der Expansionen in Eurasien (das System Erde, Kapitel 7) und in der Verteilung der Denisova-DNA in den heutigen Sapiens-Populationen an. Nun müssen wir Körper und Gesicht des Denisova-Menschen ans Licht bringen.

Der Harbin-Mann, dessen Schädel auf abenteuerlichen Wegen zu uns gelangte.

14 | Der Denisova-Mensch, sein Körper und sein Gesicht

Vor der Pubertät und nach der Menopause ist das Becken der Frau dem des Mannes tendenziell ähnlich. Das erleichtert seine Hauptfunktion: das Gehen. Während der Adoleszenz erhöht sich die Östrogenkonzentration bei den Mädchen, wodurch sich das weibliche Becken verbreitert. Die Folge: «Das Becken der Frau muss groß genug sein, damit der Kopf des Kindes durch den Geburtskanal passt, wodurch bestimmt werden kann, dass es sich um ein weibliches Becken handelt», erklärt die Paläoanthropologin Karen Rosenberg von der Universität Delaware. Diese für ihre Arbeiten über das Becken von Neandertalerinnen bekannte Spezialistin hat nachgewiesen, dass das Becken des «Jinniushan-Mannes» einer etwa 20-jährigen Frau gehörte. Und dies ist das einzige anatomische Zeugnis eines Denisova-Körpers, das wir haben.

Bis jetzt haben wir die Denisovanisierung nur anhand des Schädels betrachtet. Deshalb ist das Skelett von Jinniushan, von dem im Gegensatz zu jenem aus der Denisova-Höhle sehr viele Teile erhalten sind, ganz besonders wertvoll. Die Fossilien von Jinniushan stammen aus einer halb eingestürzten Kalksteinhöhle in der Nähe des Dorfes Sitian unweit der Stadt Dashiqiao in der Provinz Liaoning. Neben den menschlichen Überresten entdeckte das Team von Lü Zuné von der Universität Peking, das 1984 die Höhle erforschte, mehrere Feuerstellen, Steinwerkzeuge und zahlreiche Tierknochen. Die vorgefundenen Tierarten – Biber, Merck'sches Nashorn, Sikahirsch, Säbelzahntiger u. a. – zeugen von einem gemäßigten bis kalten Klima, was nicht verwundert, handelt es sich doch um eine Fundstätte weit nordöstlich von Peking auf der Höhe von Nordkorea.

Ausgehend von dieser Fauna und der Stratigrafie gab das Team um Lü Zuné zunächst als Altersangabe eine Spanne zwischen 310 000 und 160 000 Jahren an. Später schrieben Karen Rosenberg, Lü Zuné und Christopher Ruff von der Johns Hopkins University in Baltimore unter Anwendung der Uran-Thorium-Datierung und der Elektronenspinresonanz-Datierung der Frau von Jinniushan ein Alter von 260 000 Jahren zu. Diese chronologische Unschärfe ist typisch für die chinesische Urgeschichte (vgl. Infobox S. 207 f.), doch die vorgelegte Schätzung legt nahe, dass die Jinniushan-Frau fast gleichzeitig mit Dali und damit in der Denisova-Zeit lebte.

Die Überreste des Skeletts bestehen – außer dem Schädel – aus einer linken Unterarmelle, sechs Wirbeln, Rippen, zahlreichen Hand- und Fußknochen, einer vollständigen linken Kniescheibe sowie der linken Hälfte des Beckens (Hüftknochen und Schambein). Es besteht kein Zweifel, dass diese Knochen zu einem einzigen Individuum gehören, da sie auf einer Fläche von knapp zwei Quadratmetern verstreut lagen und kein Skelettteil doppelt vorhanden war (vgl. die Abbildung weiter unten).

Dass wir auch den Schädel von Jinniushan haben, verdanken wir einem unglaublichen Zufall. Das Problem war allerdings, dass ein unglückseliger Pickelhieb ihn in 100 Stücke zerschlug. Das so entstandene Knochenpuzzle musste wieder zusammengesetzt werden, was problematisch ist, da das Zusammenfügen eines Fossils von der Vorstellung abhängt, die der Archäologe vom Stand der Evolution hat. Im Jahr 1988 versuchten sich Rukang Wu vom IVPP, damals einer der bekanntesten Paläoanthropologen Chinas, und sein Assistent an einer ersten Rekonstruktion. Ihre Kollegen von der Universität Peking waren jedoch von dem Ergebnis nicht überzeugt und unternahmen ihrerseits einen erneuten Versuch. Nach vielen Debatten wurden die Schädeldecke und das Gesicht rekonstruiert, wobei freilich manche Knochenteile verloren gingen.

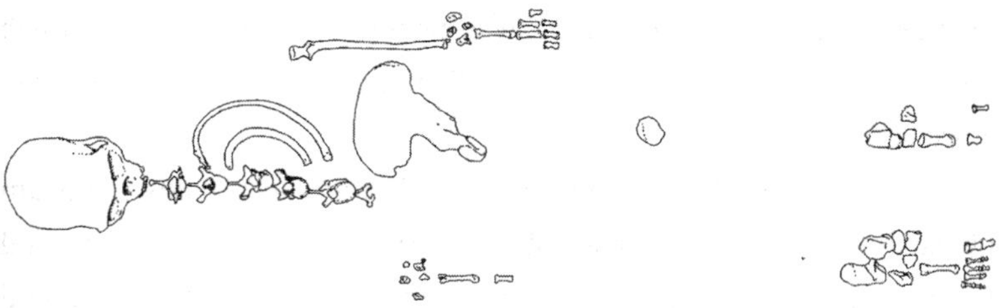

Abb. 14.1: Die Skelettfragmente der Jinniushan-Frau.

Eine Frau aus dem Norden

Was lehrt uns ihre Anatomie? Der Schädel von Jinniushan besitzt erwartungsgemäß denisovanische Züge. Zum einen teilt er archaische Merkmale mit bereits erwähnten Denisova-Fossilien, auch wenn er deutlich weniger robust ist. So sind die Überaugenwulste weniger ausgeprägt als beim Dali-Menschen, und der Jinniushan-Schädel springt hinter dem Überaugenwulst weiter zurück. Die mastoide Apophyse – eine prominente Knochenvorwölbung des Schläfenbeins – ist ebenfalls kleiner als beim Dali-Menschen. Das Gesicht ist eher breit und flach, ein asiatisches Merkmal, das bereits bei vielen Frühmenschen anzutreffen ist. Insgesamt scheint der Jinniushan-Mensch zierlicher als seine prädenisovanischen Vorfahren gewesen zu sein: Liegt es daran, dass es sich um eine junge Frau handelt, oder weil sie «weiterentwickelt» ist? Wir wissen es nicht, aber diese Möglichkeit ist uns Anlass für eine erneute Datierung.

Allerdings unterscheidet sich die Jinniushan-Frau in mehreren Merkmalen deutlich vom Dali-Menschen. Ihre Schädelkapazität beträgt zwischen 1330 und 1400 Kubikzentimeter und liegt damit deutlich höher als seine 1120 Kubikzentimeter. Zu erwähnen ist ferner die geringe Stärke der Schädelwände, was ein weibliches Merkmal sein könnte. Dass Hinterhaupt und Nacken keinen so spitzen Winkel bilden wie beim Dali-Menschen, spricht für einen abgerundeten Hinterkopf, ein überaus modernes Merkmal. Ein weiteres Kennzeichen ist der größere Abstand zwischen den Scheitelbeinen, ein denisovanisches, bereits beim Dali-Menschen festgestelltes Merkmal, auf das wir in unserem Phantombild hingewiesen haben.

Überdies umfasst der Fund einen fast vollständigen Oberkiefer mit weitgehend erhaltener Bezahnung, was außerordentlich selten ist. Man erkennt den verlängerten U-förmigen Zahnbogen, der für den Denisovaner charakteristisch ist und auf den im Phantombild ebenfalls hingewiesen wurde. Beim Jinniushan-Menschen erwarten wir auch die typisch denisovanische Makrodontie, die jedoch fehlt. Im Jahr 2000 untersuchte Jianing H. von der Universität Peking die Zähne und fand sie klein im Vergleich zu den Zähnen des *H. erectus*, jedoch auch größer als die des modernen Menschen. Ein Zeichen für Evolution?

Wie bereits betont, stammt das halbe Becken von Jinniushan ohne jeden Zweifel von einer Frau. Auf seine massive und breite Beschaffenheit wurde auch im Phantombild hingewiesen. Unter Anwendung biometrischer Gesetze schätzten Forscher Statur und Gewicht der Jinniushan-Frau und kamen auf eine beachtliche Größe von 1,68 Meter und ein Gewicht von 78 Kilogramm. Insgesamt erinnert der Körperbau an den einer Neandertalerin oder einer Inuit-Frau. Alle drei verraten eine deutliche Anpassung an Kälte.

Eine faszinierende Beobachtung scheint darauf hinzuweisen, dass diese Anpassung auch kulturell bedingt war: So findet sich eine extrem starke Abnutzung der Zähne, die mit derjenigen von Inuit-Frauen am Anfang des 20. Jahrhunderts vergleichbar ist. Möglicherweise verrichtete die Jinniushan-Frau eine Arbeit, die bei den Inuit den Frauen oblag: das Kauen von Häuten. Außerdem erinnert diese Abnutzung an den Zustand der Zähne vieler Neandertaler, welche diese üblicherweise als Werkzeug benutzten: Die Prähistoriker sprechen in diesem Zusammenhang von einer «dritten Hand». Es mag kühn erscheinen, zu behaupten, die Denisovanerinnen hätten Häute gekaut, aber der Vergleich mit den Inuit-Frauen lässt diese Praxis auch bei den Neandertalerinnen und Denisovanerinnen der Kaltzeiten durchaus als denkbar erscheinen.

Harbin: der Mann, der aus der Kälte kam

Genauso spektakulär wie das Jinniushan-Skelett ist der Schädel von Harbin, und zwar in mehrfacher Hinsicht, überstand er doch auch die Gewalttaten der Japaner in einem hervorragenden Zustand. Sarah Freidline von der University of Central Florida brachte das Erstaunen der Prähistoriker am besten zum Ausdruck, als sie über ihre Entdeckung des Fossils und seine unglaubliche Geschichte schrieb: «Der vollständige Erhaltungszustand des Schädels von Harbin ist der Traum jedes Paläoanthropologen.»

Woher kam dieses traumhafte Stück? Gefunden wurde es in der Umgebung von Harbin, einer Industriestadt im Norden Chinas, die aus verschiedenen Gründen bekannt wurde: Anfang des 20. Jahrhunderts war sie Zufluchtsort für Weißrussen und Teil von Mandschukuo, eines von der kaiserlichen Armee Japans geschaffenen Satellitenstaates in China, der zusammen mit Korea von Japan annektiert wurde. Die Stadt Harbin gelangte zu trauriger Berühmtheit, weil dort 1935 die Einheit 731 eingerichtet wurde, ein Zentrum der japanischen bakteriologischen Forschung, in dem 200 000 bis 300 000 Gefangene und mehr als Versuchskaninchen missbraucht wurden. Diese chinesischen, mandschurischen und koreanischen Zivilisten, darunter Frauen und Kinder, wurden von der japanischen Militärpolizei zusammengetrieben und erduldeten unmenschliche medizinische Versuche, die das Ziel hatten, neue Mittel der Kriegführung zu entwickeln und letzten Endes China zu entvölkern.

Die Bedrohung, die damals die Japaner für die chinesische Zivilbevölkerung darstellten, erklärt, warum im Jahr 1933 ein Trupp von Maurern, die in japanischen Diensten beim Bau einer Brücke über den Songhua beschäftigt waren, es wohlweislich vermieden, den Fund eines Schädels zu melden. Allerdings zeigten sie ihn ihrem Vorarbeiter, der durch einen glücklichen Zufall von der Entdeckung des Sinanthropus in Zhoukoudian im Jahr 1929 wusste. Dieser begriff sofort die immense Bedeutung dieses Fossils für seine Heimat und verbarg es in einem aufgegebenen Brunnen, eine in China traditionelle Weise, Schätze zu verstecken. Als es nach dem Ende des chinesisch-japanischen Kriegs gefährlich war, für die Japaner gearbeitet zu haben, änderte der Finder des Schädels sein Leben und wurde Bauer. Erst 2018 auf dem Sterbebett verriet er das Versteck seinem Enkel.

Die Information gelangte zu Qiang Ji, einem Paläontologen von der Universität für Geowissenschaften von Hubei, der die Familie dazu überredete, das Fossil anonym dem Universitätsmuseum zur Verfügung zu stellen. Auf diese Weise überstand der spektakulärste prähistorische Schädel Asiens unbeschadet die japanische Besatzung, den chinesischen Bürgerkrieg, den Kommunismus, die Kulturrevolution und entging sogar dem zerstörerischen Handel mit den «Drachenknochen», um im Jahr 2022 selbst zum «Drachenmenschen» zu werden, dessen Geschichte wir im Folgenden erzählen werden. Doch beginnen wir mit einer Beschreibung dieses außergewöhnlichen Fossils.

Männlich und robust

Der Harbin-Mann ist insofern von Bedeutung, als er die an anderen Denisova-Schädeln beobachteten Merkmale bestätigt. Schädel und Gesicht sind nahezu vollkommen intakt und bedurften keinerlei Rekonstruktion, sodass sie außergewöhnlich präzise analysiert werden können. Was allerdings leider fehlt, ist der Unterkiefer sowie alle Zähne des Oberkiefers bis auf einen wertvollen linken zweiten Backenzahn. Das Team um Qiang Ji hat festgestellt, dass das Fossil aus dem obersten Bereich der Huangshan Formation stammt, der ein Alter von 309 000 bis 138 000 Jahren zugeschrieben wird. Wie alt kann der Schädel demnach sein? Das zuverlässigste Alter erhält man mithilfe der Uran-Thorium-Datierung der Schicht, aus der der Schädel mutmaßlich stammt: Sie ergibt ein Mindestalter von 150 000 Jahren. Damit liegt das Alter des Harbin-Menschen mitten in der Denisova-Zeit.

Zudem weist der Harbin-Mensch nicht nur archaische, sondern auch abgeleitete Züge auf, die er mit dem Neandertaler teilt; dazu kommen schließlich Denisova-spezifische abgeleitete Merkmale. Die großen Augen- und Nasenhöhlen, die Wandstärke der Knochen, die auffallende Robustheit des ganzen Schädels, insbesondere der in der Mitte eingedellte Überaugenwulst, all das sind offenkundig von *H. heidelbergensis* stammende archaische Merkmale. Zu ergänzen sind das verlängerte Hinterhaupt, eine niedrige Stirn und ein niedriges Scheitelbein (Schläfen) sowie ein beachtliches Schädelvolumen von 1420 Kubikzentimetern, insgesamt alles Kennzeichen, die er mit dem Neandertaler und dem Denisovaner gemein hat. Die rein denisovanischen Eigentümlichkeiten des Harbin-Schädels sind der breite Schädel (Abstand zwischen den Scheitelbeinen), die breite Schädelbasis (Abstand zwischen den Schläfenbeinen) sowie sein im Vergleich zum Neandertaler deutlich niedrigeres Gesicht, das durch breite Backenknochen von vorn betrachtet sehr breit wirkt. Die Augenhöhlen sind eher quadratisch und scheinen damit eine Tendenz hervorzuheben, die sowohl am Dali-Schädel wie auch am teilweise erhaltenen Schädel von Maba und in der Rekonstruktion der Jinniushan-Frau zu beobachten ist.

Ein weiteres Merkmal ist der in U-Form verlängerte Zahnbogen. «Der einzige Backenzahn ist riesig im Vergleich zu denen des Neandertalers», präzisiert Qiang Ji, und er ist auch größer als die Zähne der Jinniushan-Frau. Alle diese Merkmale des Schädels und der Zähne entsprechen dem Untersuchungsergebnis des Methylierungsprofils und wurden bereits im Zusammenhang mit den Denisova-Fossilien erhoben: bei denen von Denisova, Xiahe, Dali, Xujiayao, Lingjing, Maba, Jinniushan.

Laut Qiang Ji und seinem Team wirkt der Harbin-Mensch im Vergleich zu der Jinniushan-Frau wie ein stämmiger Mann. Erstere hat ein ähnliches Schädelvolumen (1390 cm^3) wie der Harbin-Mensch (1420 cm^3), ist jedoch zierlicher und kleiner, was auch für die Backenzähne gilt. Im Übrigen ist der vordere Bereich des Oberkiefers beim Harbin-Menschen proportional breiter, seine Augenhöhlen sind quadratischer und seine

Überaugenwulste ausgeprägter. Damit drängt sich die Schlussfolgerung auf, dass es sowohl in der Denisova- als auch in der Neandertaler-Population sowie beim archaischen Menschen einen Dimorphismus der Geschlechter gab. Letztendlich ist Jinniushan eine Denisova-Frau und Harbin ein Denisova-Mann.

Wirklich ein Drachenmann?

Dies ist unsere Auffassung, und sie wird heute von den meisten Prähistorikern geteilt. Was das Team des Paläoanthropologen Qiang Ji und des Paläontologen Xijun Ni von der Chinesischen Akademie der Wissenschaften betrifft, haben sie lange um den heißen Brei herumgeredet. So sprach Qiang Ji in einer Pressemitteilung seiner Universität vom 13. September 2018 zunächst vom «ersten Fossil des Typs *H. heidelbergensis* in China». Dann stellte er ein Team unter Beteiligung des Paläoanthropologen Chris Stringer vom Britischen Museum für Naturgeschichte zusammen, um den Schädel zu untersuchen. Als die Forscher ihre Ergebnisse 2022 veröffentlichten, behaupteten sie auf einmal, der Harbin-Mann gehöre einer neuen Spezies an. Zu diesem Schluss gelangten Qiang Ji und Xijun Ni, nachdem sie die statistische Methode angewendet hatten, die in der Ur- und Frühgeschichte dazu dient, ausgehend von einer Auswahl der Merkmale, «mehr oder weniger wahrscheinliche Stammbäume» zu erstellen. Das Ergebnis dieser Prozedur bestand in dem «wahrscheinlichsten Stammbaum», der sie schlussfolgern ließ, dass die Harbin-Population eine «Schwestergruppe» des *H. sapiens* sei.

Zur Benennung dieser Spezies schlugen sie das Binom *Homo longi* vor, abgeleitet von Longjiang, dem «Drachenfluss», zugleich der Name der Provinz, deren Hauptstadt Harbin ist.

In einem Interview in der Zeitschrift *Pour la Science* wies der Paläoanthropologe Jean-Jacques Hublin vom Collège de France diese Schlussfolgerung entschieden zurück:

> «Diese Forscher kommen zu einem Stammbaum und abweichenden Daten zwischen seinen Ästen, die im Widerspruch zu allem stehen, was man heute darüber weiß. [...] Es fällt mir außerordentlich schwer, alle diese Bemühungen zu begreifen, die dazu dienen sollen, sich vor der offenkundigen Schlussfolgerung zu drücken: Alle diese chinesischen Fossilien sind in Wahrheit denisovanisch, und die Denisova-Menschen sind die Schwestergruppe der Neandertaler und nicht die des *H. sapiens.*»

Seit 2022 und den spekulativen Interpretationen von Qiang Ji und Xijun Ni hat sich die Situation in der chinesischen Urgeschichte tatsächlich noch weiter verschärft. Nach der ersten Veröffentlichung unseres Buches Ende 2024 haben Christopher Bae von der Universität Hawaii und Xiu-Jie Wu vom Institut für Wirbeltierpaläontologie und Paläoanthropologie der Chinesischen Akademie der Wissenschaften nach ihrer Untersuchung der Fossilien von Xujiayao und Houjiayao vorgeschlagen, viele der weniger als 200 000 Jahre alten asiatischen Fossilien zusammenzufassen und sie der von ihnen kreierten Art *Homo juluensis* zuzuordnen – «Juluren» bedeutet auf Chinesisch «Mensch mit dem großen Kopf». Ihr Ansatz ist umso fragwürdiger, da ein großer Kopf ein Merkmal ist, das von *H. sapiens*, Neandertalern und Denisova-Menschen geteilt wird, und daher eindeutig von ihrem gemeinsamen Vorfahren *H. rhodesiensis/heidelbergensis* vererbt wurde. Es ist also kein diagnostisches Merkmal und reicht nicht aus, um diese angebliche «Juluren»-Form allein zu charakterisieren. Die beiden Forscher bedienen sich bei den alten chinesischen Fossilien, achten aber darauf, die Entdeckungen ihrer Kollegen Qiang Ji und Xijun Ni nicht infrage zu stellen. So schließen sie in ihre neue Art nicht nur die Fossilien von Xujiayao und Houjiayao ein, sondern auch die von Lingjing, sowie die bereits anerkannten Denisova-Fossilien – aus Xiahe, aus der Denisova-Höhle und aus der Cobra-Höhle in Laos – und schließlich auch den Penghu-Unterkiefer, der im Meer vor Taiwan entdeckt wurde. Den «Drachenmenschen», also *Homo longi*, lassen sie dagegen vorsichtig beiseite, obwohl er aus der gleichen Zeit stammt und obwohl sein Oberkiefer unweigerlich an die Unterkiefer von Xiahe und Penghu erinnert ... und auch die Frau von Jinniushan und das Fossil von Dali lassen sie außer Acht. Kurz gesagt, «Juluren», «der Mensch mit dem großen Kopf», verdichtet den Nebel in China noch weiter und lichtet ihn nicht. Und das alles, weil man sich den Kopf zu sehr über einen großen Kopf zerbricht!

In Wirklichkeit, und das zeigt unsere Untersuchung, muss der Denisova-Mensch angesichts der biogeografischen, archäologischen, genetischen und paläontologischen Beobachtungen, die wir zusammengetragen und zu einem sinnvollen Ganzen geordnet haben, als eine paläontologische Spezies betrachtet werden. Künftig wird man diesen Menschen nicht allein aufgrund seines Genoms kennen, sondern auch aufgrund seiner Knochen- und Zahnmerkmale, die an den Fossilien von Denisova, Xiahe, Xujiayao, Dali, Lingjing, Maba, Penghu, Jinniushan, Harbin festgestellt wurden. Die daraus folgende paläontologische Bestimmung ist wohlbegründet, jedoch noch nicht offiziell. Wir warten ab, bis sie wissenschaftlich anerkannt ist, aber die meisten Paläoanthropologen sind sich darin einig, dass es in China eine Linie gibt, die dem Neandertaler nahesteht, sich jedoch von ihm unterscheidet: die Denisova-Linie.

Vom Phantombild zum wahren Bild

Daher ergibt eine einfache Gleichung das bestmögliche Bild des Denisova-Menschen: *Denisova = Harbin-Schädel + Xiahe-Unterkiefer + Jinniushan-Körper.*

Übersetzung: Der Unterkiefer ist massiv, jedoch ohne Kinn und mit sehr starken Zähnen versehen; das Gesicht ist ebenfalls massiv, breit und ziemlich flach; die Backenknochen sind nach vorn gerichtet, anders als beim Neandertaler, wo sie fliehend sind; die Augenhöhlen sind groß, rechteckig und von mächtigen Überaugenwulsten überwölbt, die visierartig wie beim Neandertaler wären, wenn sie nicht in der Mitte gesenkt wären; der Oberkiefer weist über dem Eckzahn auf beiden Seiten der Nase eine Vertiefung auf – eine «Eckzahngrube», *fossa canina maxillae* –, ein Merkmal, das beim Neandertaler fehlt und Denisova dem *H. sapiens* annähert.

Betrachtet man das Gesicht von vorn, fällt auf, wie massiv es wirkt, ein Eindruck, der noch durch die Breite des Schädels verstärkt wird. Hinter einer fliehenden Stirn befindet sich ein großes Gehirn; eine niedrige, längliche Schädeldecke, die bis zum Nacken reicht, erinnert stark an den Schädel eines Neandertalers.

Am Körperbau der Jinniushan-Frau erkennen wir, dass der große Kopf zu einem kräftigen, gedrungenen Körper passt, ausgestattet mit einem massiven Becken sowie im Verhältnis zu den Oberarmen kurzen Unterarmen (zu den Proportionen von Bein und Oberschenkel lässt sich nichts sagen); insgesamt erinnert der Körper an den der Kälte angepassten Körper der Neandertaler. Diese Schlussfolgerung gilt jedoch nur für die Denisovaner des Nordens (wie auch für die *H. sapiens* des Nordens, die Inuit), nicht aber für die Denisovaner der Tropen. Auch wenn wir von diesen ausschließlich fossile Schädel kennen, legt der Vergleich mit dem tropischen *H. sapiens* nahe, dass die Denisovaner des Südens lange schlanke Gliedmaßen hatten, die geeigneter waren, Wärme abzuführen, es sei denn, wie zum Beispiel die Existenz der Negritos auf den Philippinen nahelegt, die Denisovaner der Wälder hätten Ähnlichkeit mit den Pygmäen gehabt.

Es ist jedoch zu erwähnen, dass *Denisova 3* – der einzige vollständig und mit hoher Zuverlässigkeit sequenzierte Denisovaner – Gene besaß, die beim heutigen *H. sapiens* mit dunkler Haut, braunem Haar und braunen Augen in Verbindung gebracht werden. Das legt die Vermutung nahe, dass die nördlichen Denisovaner durch die Kontakte zum Süden das dunkle oder sogar schwarze Erscheinungsbild der tropischen Denisovaner behielten. Dieser denisovanische Phänotyp steht im Gegensatz zu den Neandertalern, deren Haarfarbe von rot bis kastanienbraun reichte, deren Haut hell war und deren Augenfarbe von braun bis blau variierte.

Weiter ist anzumerken, dass sowohl beim Neandertaler wie auch beim Denisovaner Spuren einer frühen Vermischung mit «Super-Archaischen» (*H. erectus?*) festgestellt wurden, was vermutlich dazu geführt hat, dass die Denisovaner im Süden anders aussahen als die im Norden. Schließen wir dieses Bild mit der Anmerkung ab, dass, auch wenn wir es anhand von Fossilien aus dem Norden gezeichnet haben, die große Ähnlichkeit zwischen dem Unterkiefer von Xiahe und dem von Penghu oder zwischen dem Denisova-Backenzahn und dem aus der Cobra-Höhle in Laos daran erinnert, dass der Denisova-Mensch ebenso wie der asiatische *H. sapiens* zu ein und derselben Spezies gehörte, was sein genetisches Erbe bestätigt.

An dieser Stelle danken wir Ihnen dafür, dass Sie unseren komplizierten und doch faszinierenden Betrachtungen zur Knochenmorphologie der Denisovaner gefolgt sind. Das Ergebnis besteht mehr aus Knochen als aus Fleisch, deshalb wollen wir noch einen Schritt weiter gehen und die Lebensweise der Denisovaner so weit wie möglich rekonstruieren. Vermutlich waren sie auf dem riesigen Territorium Asiens mit seinen höchst unterschiedlichen Klimazonen sehr verschieden.

15 | Denisova lebt

Nun sind wir am Ende einer beeindruckenden Strecke angelangt: Wir haben von «generalistischen» Menschenformen gesprochen, von ihrem Aufbruch aus Afrika, ihren regionalen Entwicklungen, der Steppenautobahn und der Südküste Asiens, der Wallace-Linie, einem Riesenmeteoriten, materiellen, in den Bambuswäldern zerstreuten Kulturen. Dieser lange Weg hat uns von Afrika zur Denisova-Höhle geführt, danach weiter nach Asien hinein, und nach und nach haben wir verstanden, dass ihre geheimnisvollen Bewohner einer breiten Population angehörten, die einst den ganzen Fernen Osten bevölkerte und den heutigen Bewohnern dieser riesigen Weltregion einen starken genetischen Abdruck hinterließ. Doch was genau haben wir eigentlich gemacht?

Unser Ziel war, irgendwo in Asien die paläontologische Spezies der Bewohner der Denisova-Höhle zu identifizieren, und dieses Ziel haben wir erreicht: *Denisova = Harbin-Schädel + Xiahe-Unterkiefer + Jinniushan-Körper.*

Ferner haben Sie zusammen mit uns gelernt, die Denisovaner im fossilen Inventar Asiens zu erkennen: diese prähistorischen Menschen, die andere einmal als *H. erectus sensu lato* oder *stricto* bezeichnen, einmal als weiterentwickelten *H. erectus*, als *H. erectus sapiens*, als *H. sapiens daliensis* oder als *H. longi* etc.

Neben diesem beachtlichen Ergebnis haben wir auch eine einheitliche Methode entwickelt, um die Urgeschichte ganz Eurasiens in den Blick zu nehmen. Dieses Paradigma, wie sich «generalistische Formen» zu allen

Verließen die Denisova-Frauen des Südens wie die Neandertalerinnen ihren Clan, um eine Familie zu gründen?

Zeiten von Afrika aus verbreiteten, ist die knappste Art, die prähistorischen Gegebenheiten Eurasiens in eine große Expansionsbewegung einzubetten, die je nach Klima und Ökosystem immer aufs Neue begonnen wurde.

Der Grundgedanke ist Folgender: Die Geschichte jedes Aufbruchs aus Afrika bestätigt dieses Paradigma durch ihre Besonderheiten und Ähnlichkeiten mit den anderen Aufbrüchen. Der des *H. sapiens* – der vierte – ist am sichtbarsten, weil er der jüngste ist. Auch wenn wir ihn hier nicht beschrieben haben, ist deutlich geworden, dass er die Relevanz dieses Paradigmas bestätigt. Letzteres hat uns geholfen, die unauffälligen Spuren des dritten Aufbruchs aus Afrika – die des *H. heidelbergensis* – zu sortieren und zu zeigen, dass er sowohl zur Neandertalisierung als auch zur Denisovanisierung geführt hat. In Europa ist aus der dritten generalistischen Menschenform der Neandertaler hervorgegangen, was kein Paläoanthropologe bestreitet. In Asien entstand daraus der Denisovaner, aber weder ein «Drachenmann» noch ein archaischer *H. sapiens*, die im Fernen Osten vor 300 000 Jahren völlig fehl am Platz gewesen wären.

Ein wenig Ordnung im Kuddelmuddel

Dank dieses neuen Paradigmas haben wir damit begonnen, ein bisschen Ordnung in das Kuddelmuddel in der Mitte zu bringen, was die Zeitspanne betrifft, die vor rund 700 000 Jahren mit dem Auftauchen des *H. heidelbergensis* beginnt und mit dem des *H. sapiens* endet. Tatsächlich herrscht große Verwirrung darüber, was damals geschah. Genetischen und archäologischen Indizien zufolge trafen Neandertaler und Denisovaner auf «Super-Archaische» – wann? wo? –, entwickelten sich jeweils anders im Westen und Osten Eurasiens, wanderten in alle Richtungen, begegneten und vermischten sich – wie intensiv? Wie oft?

Vor rund 200 000 Jahren teilte jedenfalls in Westeurasien der Neandertaler seine materielle Kultur und seine Gene mit dem archaischen *H. sapiens*, lange bevor der genetisch vorherrschende archaische

H. sapiens vor etwa 70 000 Jahren Afrika verließ. Viele weitere Rätsel sind noch ungelöst.

Auch scheint es uns offensichtlich, dass die Rolle der Steppenautobahn seit der Beherrschung des Feuers durch die Menschen während der Warmzeiten unterschätzt wurde. Daher ist der auf Interfertilität basierende Begriff der Spezies in Eurasien kaum anwendbar: Neandertaler, Denisovaner und *H. sapiens* sind weiterentwickelte Formen desselben Vorfahren, die sich untereinander vermischt haben.

Allerdings klärt sich so manches, wenn man genauer hinschaut. Wenn man die Chronologie ordnet (nicht leicht in China …), wenn man die archaischen Züge des Denisovaners, die er mit dem Neandertaler und dem archaischen *H. sapiens* teilt, genau von seinen spezifischen unterscheidet, die auf den mutmaßlichen Denisova-Fossilien erkennbar sind, dann stellt man fest, dass die Dinge im Grunde ganz einfach sind. Der Neandertaler, der Europäer, hat einen Bruder, der ihm nahesteht, aber doch auch anders ist: der Denisovaner, der Asiat.

Vom paläontologischen Bild zum Stillleben

Leider haben wir nur ein paläontologisches Bild vom Denisovaner. Ist es möglich, ihn anders zu zeichnen? Dazu müssen vor allem die beiden großen Klimabereiche Asiens unterschieden werden. Beginnen wir mit dem tropischen Bereich, der das Gebiet von der Wallace-Linie bis zum Qinling-Gebirge und zur Höhe von Schanghai umfasst. Wir sind sicher, dass die Denisovaner dort vor *H. sapiens* präsent waren, denn sie hinterließen ein vorteilhaftes genetisches Erbe, das die Anpassung unserer Spezies an die zahlreichen Krankheitserreger der tropischen Regenwälder dieses Teils der Welt begünstigte.

In diesem Klimabereich können wir uns das Leben von Denisovaner-Clans nur vorstellen. Vermutlich jagten sie kleine oder mittelgroße Tiere im Dickicht der Wälder – Tapire, Hirscheber (eine Art Wildschwein), Schlangen – und erlegten gelegentlich große Pflanzenfresser –

Büffel, Nashörner, Elefanten –, wenn es ihnen gelang, sie zu überraschen oder sie im schlammigen Boden eines Sumpfes zu stellen. Dazu verwendeten sie wahrscheinlich Speere, Lanzen aus Holz oder aus Bambus und stellten Fallen auf.

Doch wohl am meisten trugen die Denisovaner zum Lebensunterhalt bei, indem sie zum Beispiel Grassamen, essbare Pflanzen, Pilze, nahrhafte Maden, Beeren und andere Früchte sammelten, und zwar in der Regel gemeinschaftlich, was sich auch bei heutigen in den Wäldern lebenden Sapiens-Gesellschaften zeigt. Dem Anthropologen Alain Testart zufolge ist der Anteil der durch Sammeln beschafften Nahrungsmittel nie geringer als 20 % (im Fall der Inuit) und liefert in den meisten Fällen über 60 % der Nahrungsmittel. Dieser empirische Befund bei heutigen Jägern und Sammlern galt zweifellos auch bei den Denisovanern: Für den, der sich auskennt, liefert der Wald viele Ressourcen – Nahrung oder Medizin –, die leichter zu bekommen sind als die Beutetiere, noch dazu wurde in Gruppen gesammelt, also in relativer Sicherheit.

Was man jedenfalls von der Altsteinzeit in Afrika und Indien weiß, legt nahe, dass die Denisova-Clans in der Nähe der Flüsse und Bäche blieben, wo es freie Flächen gab, auf denen große Pflanzenfresser weideten. Zweifellos bewohnten sie überwiegend die großen Kalkzonen in diesen Teilen der Welt, und da sie wahrscheinlich mehr mit Holz- als mit Steinwerkzeugen umgingen, können wir vermuten, dass sie auch Behausungen aus Holz und Bambus bauen konnten zum Schutz vor gefährlichen Raubtieren, die nachts durch die Wälder streiften: zum Beispiel von einem Zaun geschützte Hütten oder Häuser auf Pfählen.

Wir wissen nicht, wie die Denisovaner des Südens wohnten, aber die traditionellen Häuser der Papua veranschaulichen recht gut, dass die Menschen, wenn Not am Mann ist, einfallsreiche Lösungen entwickeln, die den örtlichen Bedingungen angemessen sind. Da hauptsächlich Holz der Werkstoff war, hinterließen diese Behausungen keine Spuren. Im Übrigen stellten Großkatzen, allen voran der Tiger, wohl eine ständige Gefahr dar, wie das Schicksal des Maba-Mannes bezeugt, unser einziger

Denisovaner Südkontinentalasiens, wenn man vom unterseeischen Penghu und dem Zahn aus Laos absieht.

Vielleicht kamen die tropischen Denisovaner zu Beginn ihrer Geschichte in Berührung mit dem Gigantopithekus, dem großen Menschenaffen, einem Verwandten des Orang-Utans, der zwei bis drei Meter groß und 200 bis 500 Kilogramm schwer war. Diese riesigen pflanzenfressenden Primaten, die sich vielleicht wie der Panda von Bambus ernährten, stellten für die Denisovaner eher keine Gefahr dar.

Alles, was wir den Denisovanern der asiatischen Wälder zuschreiben, fußt freilich auf Beobachtungen bei den Jägern und Sammlern heutiger Sapiens-Gesellschaften in entsprechenden Gebieten. Deren Lebensweise ähnelt wahrscheinlich derjenigen der Denisovaner, die den riesigen Raum bevölkerten, der sich von Äquatorialasien bis ins tropische Kontinentalasien und bis zum Qinling-Gebirge erstreckt. Dort spalteten sie sich vermutlich aufgrund der Schwankungen des Meeresspiegels mehrmals in Gruppen auf, die isoliert auf großen Inseln lebten und immer wieder miteinander Kontakt aufnahmen, bis schließlich *H. sapiens* auftauchte.

Im Norden die Steppe

Was den zweiten, den nördlichen Bereich, die gemäßigte Zone Asiens, betrifft, so haben wir es hier leichter, weil wir ihn mit dem Westen vergleichen können. So wissen wir, dass die Neandertaler Großwildjagd betrieben; auf diese Weise verschafften sie sich große Mengen Fleisch, das sie für einige Zeit zu konservieren verstanden. Die Schlachtplätze von Xujiayao und Houjiayao und überhaupt die Fundstätten aus der Zeit der Denisovanisierung im Becken des Sanggan veranschaulichen ein opportunistisches Verhalten, das mit dem der Neandertaler vergleichbar ist: Aus Kieseln, die sie in der unmittelbaren Umgebung fanden, stellten sie im Handumdrehen Werkzeuge her, mit denen die Beute zerlegt und anschließend in handlichen Stücken abtransportiert wurde.

Wir wissen auch, dass die Neandertaler nicht davor zurückschreckten, gefährliche Tiere wie Elefanten, Auerochsen, aber auch Wölfe, Bären etc. zu jagen. Besonders deutlich wird das am Fundort Biache-Saint-Vaast im Norden von Frankreich, wo man eine ungeheure Ansammlung von Säugetierknochen fand, was darauf hinweist, dass Neandertaler über Jahrtausende hinweg immer wieder an denselben Jagdplatz zurückkehrten. Unter den 220 000 Tierresten sind vor allem der Auerochse (69 %), der Bär (15,8 %) und das Nashorn (7,5 %) vertreten, aber auch noch gefährlichere Tiere wie der Elefant wurden erlegt. Große und gefährliche Tierarten sind an Denisova-Fundstätten ebenfalls vertreten wie zum Beispiel das Waldnashorn (Merck'sches Nashorn), Riesenhirsche und Raubkatzen mit Säbelzähnen in der eingestürzten Höhle, in der die Denisovanerin von Jinniushan geborgen wurde. Am Fundort des Dali-Menschen fand man Überreste von zwei Arten aus der Familie der Elephantidae, von Riesenhirschen, Nashörnern und Pferden. Kurzum, die Denisovaner des Nordens zögerten so wenig wie die Neandertaler, Großwild anzugreifen.

Als Jagdwaffe benutzten die Neandertaler hölzerne Speere, wie sie in Schöningen und auch in Lehringen gefunden wurden. Wir können uns vorstellen, dass auch die Denisovaner geeignete Holzschäfte auszuwählen verstanden, sie anspitzten und im Feuer härteten. Anders als die Neandertaler verfügten sie über Bambus, ein Rohmaterial, das leicht zu Werkzeugen zu verarbeiten war. Es besteht kein Zweifel, dass ihnen Bambus zur Herstellung von Messern und Waffen diente, die für die Jagd auf kleine Tiere geeigneter waren.

Isotopen- und Genstudien zufolge waren die Neandertaler gut gerüstet, Fleisch und Fette zu verdauen. Die Genetiker haben nachgewiesen, dass die entsprechenden Gene bei diesen Hyperkarnivoren die Aufnahme großer Fleisch- und Fettmengen begünstigten. Varianten dieser Gene finden sich auch beim Denisova-Menschen sowie bei den Inuit und auch den Amerindianern, den Nachfahren der frühen Sibirier. Da liegt es nahe, dass auch die Denisovaner einen Fettstoffwechsel à la Neandertaler besaßen und sie daher große Beutetiere verdauen konnten.

Es scheint also, dass die Möglichkeit, den ganzen Clan auf einmal satt zu machen, eine ähnliche soziale Rolle spielte wie bei den Neandertalern.

Ferner weist ihr Methylierungsprofil darauf hin, dass sie einen großen birnenförmigen Brustkorb besaßen. Diese Rumpfform, die von Neandertaler-Skeletten bekannt ist, könnte mit dem beträchtlichen Raum zusammenhängen, den Nieren und Leber einnehmen, die Organe, die für die Verstoffwechslung übermäßiger Proteine zuständig sind bzw. speziell für die Ausscheidung von Stickstoffen sorgen, die bei der Verstoffwechslung von Fleisch entstehen. Mit anderen Worten: Wie ihre Brüder im Westen machten die Denisovaner Jagd auf Großwild und brauchten daher eine gute Verdauung. Zweifellos hatten sie einen hohen Energiebedarf im gemäßigt kalten Klima der Ebenen im Norden Asiens, ganz zu schweigen vom Altai-Gebirge oder den eisigen Hochebenen Tibets.

Dies deutet auf eine große Abhängigkeit von Fleisch, was nicht ausschließt, dass die Denisovaner sowohl im Norden als auch im Süden auch Sammler waren. Wir wissen, dass die Neandertaler je nach der Umwelt, in der sie lebten, Stöcke benutzten, um Knollen auszugraben, dass sie aber auch Datteln, Samen, Muscheln, Fische, Schildkröten, Seerosenknospen, sicherlich auch Insekten, Eier, Honig, Schnecken, Frösche oder Pilze verzehrten. Und nach der Vielfalt der chinesischen Küche zu urteilen, ist man geneigt anzunehmen, dass sie auch im Asien der Altsteinzeit weder Schwalbennester noch Krabben noch Schlangen noch sonst irgendetwas Essbares verschmähten.

Aus der Vorliebe der Neandertaler für Pelztiere – Wolf, Bär, Fuchs u. a. – haben wir auch geschlossen, dass sie sich mit Fellen kleideten, was auch die Abnutzung der Schneidezähne mutmaßlich häutekauender Neandertalerinnen erklären könnte. Der Zustand der Zähne der Jinniushan-Frau deutet darauf hin, dass es sich im Osten Eurasiens nicht anders verhielt. Wie hätten Denisovaner und Neandertaler sonst auch leben und sich in den kalten Bergen des Altai begegnen können?

Die Parallelen zwischen West und Ost weisen darauf hin, dass viele Aspekte des Lebens der Neandertaler, die in Europa genau untersucht worden sind, nun auch in Asien und insbesondere in Nordchina, der Mongolei und in Korea studiert werden können. Es besteht kein Zweifel, dass die kommenden Jahre uns mehr und mehr Studien zum Zahnschmelz der Denisova-Zähne, zu den in ihren Knochen und Zähnen enthaltenen Isotopen, zu den in den Sedimenten der Höhlen vorhandenen genetischen Denisova-Spuren bescheren werden. Bestimmt werden die Ergebnisse dieser Forschungen die große Ähnlichkeit der Lebensweisen von Neandertalern und Denisovanern des Nordens aufzeigen.

Doch waren in Asien die Denisovaner des Nordens, anders als die auf die kalten Klimazonen beschränkten Neandertaler, nie vom tropischen Reservoir abgeschnitten, das die biologische Entwicklung und technische Innovationen begünstigte. Warum hat dieses riesige Reservoir, anders als Afrika, keine invasive, keine generalistische Spezies hervorgebracht? Zwei geografische Gesichtspunkte sind hierbei entscheidend: zum einen der Umstand, dass Südostasien abwechselnd Land und Inselarchipel war, während Afrika ein großes Netz miteinander verbundener Lebensräume blieb. Zudem scheint der Wald dadurch, dass er das Fortkommen über große Entfernungen erschwert, das Aufkommen neuer Formen nicht zu begünstigen. Tatsächlich sind in Afrika zahlreiche Spuren generalistischer Formen ausschließlich außerhalb des Waldes zu finden. Fest steht, dass Afrika eine generalistische Menschenform nach der anderen hervorbrachte, deren Expansionen in Eurasien alles veränderten.

Neandertaler und Denisovaner sind nicht verschwunden

In diesem Sinne sind Neandertaler und Denisovaner gewissermaßen die letzten «Tier-Menschen» Eurasiens, die wie die anderen Arten im Einklang mit der Natur lebten und ihr nur das entnahmen, was sie brauchten. Sie sind nicht völlig verschwunden und sind in uns, denn alle Eurasier besitzen zwischen 1,8 und 2,6 % Neandertaler-DNA, während alle Menschen im Fernen Osten 1,5 bis 5 % Denisova-DNA in sich tragen.

Diese Verteilung von Neandertaler- und Denisova-Genen quer durch ganz Eurasien ist ein Beleg mehr für das *Out-of-Africa*-Phänomen. Als *H. sapiens* Afrika verließ und den großen eurasischen Kontinent betrat, vermischte er sich zunächst mit Neandertalern im Nahen Osten. Danach vermischten sich nur diejenigen, die bis nach Asien gelangten, mit den Denisovanern. So wie der Neandertaler einer der Vorfahren der heutigen Europäer ist, ist der Denisova-Mensch demnach einer der Vorfahren der heutigen Asiaten. Auch der Denisovaner ist in uns.

Bibliografie

Kapitel 1

Briggs, A. W. u. a., «Targeted retrieval and analysis of five Neandertal mtDNA genomes», *Science* 325, Nr. 5938 (2009), S. 318–321.

Condemi, S. & Savatier, F., *Dernières nouvelles de Sapiens*, 2. Aufl., Paris 2021.

Green, R. E. u. a., «A complete neandertal mitochondrial genome sequence determined by high-throughput sequencing», *Cell* 134, Nr. 3 (2008), S. 416–426.

Green, R. E. u. a., «A draft sequence of the neandertal genome», *Science* 328, Nr. 5979 (2010), S. 710–722.

Krause, J. u. a., «The complete mitochondrial DNA genome of an unknown hominin from southern Siberia», *Nature* 464, Nr. 7290 (2010), S. 894–897.

Krings, M. u. a., «Neandertal DNA sequences and the origin of modern humans», *Cell* 90, Nr. 1 (1997), S. 19–30.

Pääbo, S., *Der Neandertaler und wir. Meine Suche nach den Urzeit-Genen*, München 2014.

Reich, D. u. a., «Genetic history of an archaic hominin group from Denisova Cave in Siberia», *Nature* 468, Nr. 23 (2010), S. 1053–1060.

Kapitel 2

Arkhipov, S., «Natural habitat of early man in Siberia», *Sborník Geologichých Věd – Antropozoikum* 23 (1999), S. 133–140.

Bennett, E. A. u. a., «Morphology of the Denisovan phalanx closer to modern humans than to Neanderthals», *Science Advances* 5, Nr. 9 (2019).

Derevianko, A. P. u. a., «The Pleistocene peopling of Siberia. A review of environmental and behavioural aspects», *Bulletin of the Indo-Pacific Prehistory Association* 25 (2007).

Higham, T. & Douka, K., «Faire parler les vieux débris», *Pour la Science*, Nr. 497, online: 27. Februar 2019.

Jacobs, Z. u. a., «Timing of archaic hominin occupation of Denisova Cave in southern Siberia», *Nature* 565, Nr. 7741 (2019), S. 594–599.

Morley, M. W. u. a., «Hominin and animal activities in the micro-stratigraphic record from Denisova Cave (Altai Mountains, Russia)», *Sci. Rep.* 9, Artikel Nr. 13785 (2019).

Pääbo, S., *Der Neandertaler und wir. Meine Suche nach den Urzeit-Genen*, München 2014.

Peyrègne, S., Slon, V. & Kelso, J., «More than a decade of genetic research on the Denisovans», *Nat. Rev. Genet.* 25, Nr. 2 (2024), S. 83–103.

Prüfer, K. u. a., «The complete genome sequence of a Neanderthal from the Altai Mountains», *Nature* 505, Nr. 7481 (2014), S. 43–49.

Shpakova, E. G. & Derevianko, A. P., «The interpretation of odontological features of Pleistocene human remains from the Altai», *Archaeology, Ethnology and Anthropology of Eurasia* 1, Nr. 1 (2000), S. 125–138.

Skov, L. u. a., «Genetic insights into the social organization of Neanderthals», *Nature* 610, Nr. 7932 (2022), S. 519–525.

Slon, V. u. a., «Neandertal and Denisovan DNA from Pleistocene sediments», *Science* 356, Nr. 6338 (2017), S. 605–608.

Slon, V. u. a., «The Genome of the offspring of a Neanderthal mother and a Denisovan father», *Nature* 561, Nr. 7721 (2018), S. 113–116.

Kapitel 3

Al-Jâhiz, Amr ibn Bahr, *Kitāb al-hayawān* (847 ?).

Boule, M., L'homme fossile de La Chapelle-aux-Saints, *Annales de paléontologie* 6–8 (1911–1913) [Nr. 6 online: https:// archive.org/details/b22463355].

Bürger, W., «Fuhlrott Johann Carl», *Neue Deutsche Biographie*, Bd. V, Duncker & Humblot, 1961, S. 724 [online: https://daten.digitale-sammlungen.de/0001/bsb00016321/ images/index.html?seite=738].

Condemi, S. & Savatier, F., *Der Neandertaler, unser Bruder. 300 000 Jahre Geschichte des Menschen*, München 2020.

King, W., «The reputed fossil man of the Neanderthal», *The Quarterly Journal of Science* 1 (1864), S. 88–97 [online: https://www.biodiversitylibrary.org/part/204441].

Lecointre, G. & Le Guyader, H., *Classification phylogénétique du vivant*, Bd. 1, 4. Aufl., Paris 2016.

Linné, C. von, *Systema naturæ*, 6. Aufl., Leipzig 1748 [online: https://gdz.sub.uni-goettingen.de/id/PPN371257700].

Mayr, E., *Systematics and the origin of species*, New York 1942.

Kapitel 4

Condemi, S. u. a., «Blood groups of Neandertals and Denisova decrypted», *PLOS ONE* 16, Nr. 7 (2021).

Darwin, C., *Die Entstehung der Arten – Kommentierte und illustrierte Ausgabe*, Weinheim 2013.

Hadjinjak, M. u. a., «Reconstructing the genetic history of late Neanderthals», *Nature* 55, S. 652–656.

Krause, J. u. a., «The complete mitochondrial DNA genome of an unknown hominin from southern Siberia», *Nature* 464, Nr. 7290 (2010), S. 894–897.

Matthias, M. u. a., «A mitochondrial genome sequence of a hominin from Sima de los Huesos», *Nature* 505, Nr. 7483 (2013), S. 403–406.

Petr, M. u. a., «The Evolutionary History of Neanderthal and Denisovan Y chromosomes», *Science* 369, Nr. 6511 (2020), S. 1653–1656.

Posth, C. u. a., «Deeply divergent archaic mitochondrial genome provides lower time boundary for African gene flow into Neanderthals», *Nature Communications* 8, Nr. 16046 (2017).

Slon, V. u. a., «Neandertal and Denisovan DNA from Pleistocene sediments», *Science* 356, Nr. 6338 (2017), S. 605–608.

Zhang, D. u. a., «Denisovan DNA in Late Pleistocene sediments from Baishiya Karst Cave on the Tibetan Plateau», *Science* 370, Nr. 6516 (2020), S. 584–587.

Kapitel 5

Betti, L. u. a., «Distance from Africa, not climate, explains within population phenotypic diversity in humans», *Proceedings of the Royal Society of London B: Biological Sciences* 276, Nr. 1658 (2009), S. 809–814.

Choin, J. u. a., «Genomic insights into population history and biological adaptation in Oceania», *Nature* 592, Nr. 7855 (2021), S. 583–589.

GenomeAsia100 K Consortium, «The GenomeAsia 100 K Project enables genetic discoveries across Asia», *Nature* 576, Nr. 7785 (2019), S. 106–111.

Jacobs, G. S. u. a., «Multiple deeply divergent Denisovan ancestries in Papuans», *Cell* 177, Nr. 4 (2019), S. 1010–1021.

Larena, M. u. a., «Philippine Ayta possess the highest level of Denisovan ancestry in the world», *Current Biology* 31, Nr. 19 (2021), S. 4219–4230.

Mondal, M. u. a., «Genomic analysis of Andamanese provides insights into ancient human migration into Asia and adaptation», *Nature Genetics* 48, Nr. 9 (2016), S. 1066–1070.

Quintana-Murci, L., *Die große Odyssee. Wie sich die Menschheit über die Erde verbreitet hat*, München 2024.

Reich, D. u. a., «Genetic history of an archaic hominin group from Denisova Cave in Siberia», *Nature* 468, Nr. 23 (2010), S. 1053–1060.

Reyes-Centeno, H. u. a., «Genomic and cranial phenotype data support multiple modern human dispersals from Africa and a southern route into Asia», *PNAS* 111, Nr. 20 (2014), S. 7248–7253.

Skoglund, P. u. a., «Genomic insights into the peopling of the Southwest Pacific», *Nature* 538, Nr. 7626 (2016), S. 510–513.

Voris, H. K., «Maps of Pleistocene sea levels in southeast Asia: shorelines, river systems and time durations», *Journal of Biogeography* 27, Nr. 5 (2000), S. 1153–1167.

Kapitel 6

Anton, S. C., «Natural History of *Homo erectus*», *American Journal of Physical Anthropology* 122, Nr. S37 (2003), S. 126–170.

Belmaker, M. u. a., «New evidence of hominid presence in the Lower Pleistocene of the Southern Levant», *J. Hum. Evol.* 43, Nr. 1 (2002), S. 43–56.

Berger, L. R., Liu, W. & Wu, X., «Investigation of a credible report by a US Marine on the location of the missing Peking Man fossils», *South African Journal of Science* 108, Nr. 3–4 (2012), S. 6–8.

Bermúdez de Castro, J. M. u. a., «Early Pleistocene human mandible from Sima del Elefante (TE) cave site in Sierra de Atapuerca (Spain): a comparative morphological study», *Journal of Human Evolution*, 1. Serie, Bd. 61, Nr. 1 (2011), S. 12–25.

Carbonell, E. u. a., «The first hominin of Europe», *Nature* 452, Nr. 7186 (2008), S. 465–469.

Dennell, R., *The Palaeolithic Settlement of Asia*, Cambridge 2008, S. 147.

Eckhardt, R. B., Wolpoff, M. H. & Thorne, A. G., «Multiregional Evolution», *Science* 262, Nr. 5136 (1993), S. 973–974.

Haeckel, E., *Natürliche Schöpfungsgeschichte*, Berlin 1868.

Herries, A. I. R. u. a., «Contemporaneity of *Australopithecus*, *Paranthropus*, and early *Homo erectus* in South Africa», *Science* 368, Nr. 6486 (2020).

Koenigswald, G. H. R. von & Weidenreich, F., «The Relationship between *Pithecanthropus* and *Sinanthropus*», *Nature* 144 (1939), S. 926–929.

Kubat, J. u. a., «Dietary strategies of Pleistocene *Pongo sp.* and *Homo erectus* on Java (Indonesia)», *Nat. Ecol. Evol.* 7, Nr. 2 (2023), S. 279–289.

Leakey, R. E., «Further Evidence of lower Pleistocene hominids from East Rudolf, North Kenya, 1971», *Nature* 237 (1972), S. 264–269.

Mussi, M. u. a., «Early *Homo erectus* lived at high altitudes and produced both Oldowan and Acheulean tools», *Science* 382, Nr. 6671 (2023), S. 713–718.

Sautman, B., «Peking Man and the politics of paleoanthropological nationalism in China», *The Journal of Asian Studies* 60, Nr. 1 (2001), S. 95–124.

Shen, G. u. a., «Age of Zhoukoudian *Homo erectus* determined with $^{26}Al/^{10}Be$ burial dating», *Nature* 458, Nr. 7235 (2009), S. 198–200.

Shuji, M. u. a., «Age control of the first appearance datum for Javanese *Homo erectus* in the Sangiran area», *Science* 367, Nr. 6474 (2020), S. 210–214.

Tattersall, I., *Understanding Human Evolution*, Cambridge 2022.

Walker, A. & Leakey, R. (Hrsg.), *The Nariokotome* Homo erectus *Skeleton*, Cambridge Mass. 1993.

Wayman, E., «Mystery of the lost Peking man fossils solved?», *Smithonian magazine*, online: 28. März 2012.

Weidenreich, F., «The Mandibles of *Sinanthropus pekinensis*: a comparative study», *Palaeontologia Sinica*, Serie D, Bd. 7, Faszikel 3 (1936).

Weidenreich, F., «The extremity bones of *Sinanthropus pekinensis*», *Palaeontologia Sinica*, Neue Serie D, Nr. 5 (1941).

Weidenreich, F., «The Skull of *Sinanthropus pekinensis*. A comparative study on a primitive hominid skull», *Palaeontologica Sinica*, Neue Serie D, Nr. 10 (1943).

Weidenreich, F., *Apes, Giants, and Man*, Chicago 1946, S. 82.

Widianto, H. & Noerwidi, S., «It's time to look to the West. A new interpretation on *Homo erectus* findings distribution of Java», *Berkala Arkeologi* 40/2 (2020), S. 153–178.

Wu, X. & Poirer, F. E., *Human Evolution in China. A Metric Description of the Fossils and a Review of the Sites*, Oxford 1995.

Wu, X., Schepartz, L. A. & Norton, C. J., «Morphological and morphometric analysis of variation in the Zhoukoudian *Homo erectus* brain endocasts», *Quaternary International* 211, Nr. 1–2 (2010), S. 4–13.

Yamamoto, K., «The myth of ‹Nihonjinron›, homogeneity of Japan and its influence on the society», in: *CERS Working Paper*, 2015 [online: https://cers.leeds.ac.uk/wp-content/uploads/sites/97/2016/04/The-myth-of-%E2%80%9CNihonjinron%E2%80%9D-homogeneity-of-Japan-and-its-influence-on-the-society-Kana-Yamamoto.pdf].

Zaim, Y. u. a., «New 1.5 million-year-old *Homo erectus* maxilla from Sangiran (Central Java, Indonesia)», *Journal of Human Evolution* 61, Nr. 4 (2011), S. 363–376.

Zanolli, C. u. a., «Inner tooth morphology of *Homo erectus* from Zhoukoudian. New evidence from an old collection housed at Uppsala University, Sweden», *J. Hum. Evol.* 116 (2018), S. 1–13.

Zeitoun, V. u. a., «Solo man in question: convergent views to split Indonesian *Homo erectus* in two categories», *Quaternary International* 223–224 (2010), S. 281–292.

Kapitel 7

Biton, E., Gildor, H. & Peltier, W. R., «Red Sea during the Last Glacial Maximum: Implications for sea level reconstruction», *Paleooceanography* 23, Nr. 1 (2008).

Boulay, S., *Enregistrements sédimentaires des variations de la mousson sud-est asiatique au cours des 2 derniers millions d'années*, Doktorarbeit in Mineralogie, Université Paris-Sud – Paris XI, 2003.

Collina-Girard, J., «Geology of Gibraltar Strait and the Atlantis myth», *Bulletin de la Société Vaudoise des Sciences Naturelles* 88, Nr. 3 (2003), S. 323–341.

Détroit, F. u. a., «A new species of *Homo* from the Late Pleistocene of the Philippines», *Nature* 568, Nr. 7751 (2019), S. 181–186.

Morwood, M. J. u. a., «Archaeology and age of a new hominin from Flores in eastern Indonesia», *Nature* 431, Nr. 7012 (2004), S. 1087–1091.

Morwood, M. J. u. a., «Further evidence for small-bodied hominins from the Late Pleistocene of Flores, Indonesia», *Nature* 437, Nr. 7061 (2005), S. 1012–1017.

Raikes, R. L. & Dyson, R. H., «The prehistoric climate of the Baluchistan and the Indus valley», *American Anthropologist* 63, Nr. 2 (1961), S. 265–281.

Ramstein, G., *Voyage à travers les climats de la Terre*, Paris 2015.

Voisin, J.-L., «*Homo naledi*, le grimpeur qui n'était plus un singe», *Pour la Science*, Nr. 524, online: 21. Mai 2021.

Voris, H. K., «Maps of Pleistocene sea levels in southeast Asia: shorelines, river systems and time durations», *Journal of Biogeography* 27, Nr. 5 (2000), S. 1153–1167.

Yavuz, V., Akçar, N. & Schlüchter, C., «The Frozen Bosphorus and its Paleoclimatic implications based on a summary of the historical data», in: Yanko-Hombach, V., Gilbert, A. S., Panin, N. & Dolukhanov, P. M. (Hrsg.), *The Black Sea Flood Question: Changes in Coastline, Climate and Human Settlement*, Berlin 2007, S. 633–649.

Kapitel 8

Arkhipov, S., «Natural habitat of early man in Siberia», *Sborník Geologichých Věd–Antropozoikum* 23 (1999), S. 133–140.

Arzarello, M., Peretto, C. & Moncel, M.-H., «The Pirro Nord site (Apricena, Fg, Southern Italy) in the context of the first European peopling: Convergences and divergences», *Quaternary International* 389 (2015), S. 255–263.

Ashton, N. u. a., «Hominin Footprints from Early Pleistocene Deposits at Happisburgh», *PLOS ONE* 9, Nr. 2 (2014).

Barash, A. u. a., «The earliest Pleistocene record of a large-bodied hominin from the Levant supports two out-of-Africa dispersal events», *Sci. Rep.* 12, Artikel Nr. 1721 (2022).

Bourguignon, L. u. a., «Bois-de-Riquet (Lézignan-la-Cèbe, Hérault): A late Early Pleistocene archeological occurrence in southern France», *Quaternary International* 393 (2016), S. 24–40.

Brumm, A. u. a., «Stone technology at the Middle Pleistocene site of Mata Menge, Flores, Indonesia», *Journal of Archaeological Science* 37, Nr. 3 (2010), S. 451–473.

Carbonell, E. u. a., «The first hominin of Europe», *Nature* 452, Nr. 7186 (2008), S. 465–469.

Carotenuto, F. u. a., «Venturing out safely: The biogeography of *Homo erectus* dispersal out of Africa», *Journal of human evolution* 95 (2016), S. 1–12.

Clark, G., *The Stone Age Hunters*, London 1967.

Darwin, C., *Reise eines Naturforschers um die Welt*, Frankfurt am Main, Leipzig 2008.

Gaillard, C. u. a., «Lower and Early Middle Pleistocene Acheulian in the Indian subcontinent», *Quaternary international* 223–224 (2010), S. 234–241.

Han, F. u. a., «The earliest evidence of hominid settlement in China: Combined electron spin resonance and uranium series (ESR/U-series) dating of mammalian fossil teeth from Longgupo cave», *Quaternary International* 434, Teil A (2017), S. 75–83.

Li, H., Li, C. & Kuman, K., «Longgudong, an Early Pleistocene site in Jianshi, South China, with stratigraphic association of human teeth and lithics», *Sci. China Earth Sci.* 60, Nr. 3 (2017), S. 452–462.

Lordkipanidze, D. u. a., «A Complete Skull from Dmanisi, Georgia, and the Evolutionary Biology of Early *Homo*», *Science* 342, Nr. 6156 (2013), S. 326–331.

Moreau, C. u. a., «Native American Admixture in the Quebec Founder Population», *PLOS ONE* 8, Nr. 6 (2013).

Mulvaney, D. J., «The Pajitanian industry: some observations», *Mankind* 7, Nr. 3 (1970), S. 184–187.

Pappu, S. u. a., «Early Pleistocene Presence of Acheulian Hominins in South India», *Science* 331, Nr. 6024 (2011), S. 1596–1599.

Pappu, S. & Akhilesh, K., «Tools, trails and time: Debating Acheulian group size at Attirampakkam, India», *Journal of Human Evolution* 130 (2019), S. 109–125.

Pawlik, A., «Is the functional approach helpful to overcome the Typology dilemma of lithic archaeology in Southeast Asia?», *Bulletin of the Indo-Pacific Association* 29 (2009), S. 6–14.

Rogers, A. R. u. a., «Neanderthal-Denisovan ancestors interbred with a distantly related hominin», *Science Advances* 6, Nr. 8 (2020).

Ronen, A., «The oldest human groups in the Levant», *Comptes Rendus Palevol* 5, Nr. 1–2 (2006), S. 343–351.

Shen, G. u. a., «Age of Zhoukoudian *Homo erectus* determined with $^{26}Al/^{10}Be$ burial dating», *Nature* 458, Nr. 7235 (2009), S. 198–200.

Shunkov, M., «The characteristics of the Altai (Russia) Middle Paleolithic in regional context», *Bulletin of the Indo-Pacific Prehistory Association* 25 (2005), S. 69–77.

Sirakov, N. u. a., «An ancient continuous human presence in the Balkans and the beginnings of the settlement of western Eurasia. The Lower Pleistocene example of Lower Palaeolithic in Kozarnika cave (North-western Bulgaria)», *Quaternary International* 223–224 (2010), S. 94–106.

Toro-Moyano, I. u. a., «The oldest human fossil in Europe, from Orce (Spain)», *Journal of Human Evolution* 65, Nr. 1 (2013), S. 1–9.

Vialet, A. u. a., «Proposition de reconstitution du deuxième crâne d'*Homo erectus* de Yunxian (Chine)», *Comptes Rendus Palevol* 4, Nr. 3 (2005), S. 265–274.

Vialet, A. u. a., «Homo erectus found still further west. Reconstruction of the Kocabaş cranium (Denizli, Turkey)», *Comptes Rendus Palevol* 11, Nr. 2–3 (2012), S. 89–95.

Zhu, Z.-Y. u. a., «New dating of the *Homo erectus* cranium from Lantian (Gongwangling), China», *Journal of human evolution* 78 (2015), S. 144–157.

Kapitel 9

Adler, D. S. u. a., «Early Levallois technology and the Lower to Middle Paleolithic transition in the Southern Caucasus», *Science* 345, Nr. 6204 (2014), S. 1609–1613.

Alperson-Afil, N. & Goren-Inbar, N., «Out of Africa and into Eurasia through controlled use of fire: evidence from Gesher Benot Ya'aqov, Israel», *Archaeology Anthropology & Ethnology of Eurasia* 28, Nr. 1 (2006), S. 63–78.

Alperson-Afil, N. u. a., «Spatial Organization of Hominin Activities at Gesher Benot Ya'aqov, Israel», *Science* 326, Nr. 5960 (2009), S. 1677–1680.

Antoine, P. u. a., «Rapport de fouille. Opération Abbeville – Moulin Quignon, suite à l'autorisation de fouille programmée DRAC Picardie : n° 2017–01», *ministère de la Culture et de Communication* (2019), S. 71.

Arambourg, C., «Le gisement de Ternifine et l'Atlanthropus», *Bulletin de la Société préhistorique française* 52, Nr. 1–2 (1955), S. 94–95.

Condemi, S. & Savatier, F., *Der Neandertaler, unser Bruder. 300 000 Jahre Geschichte des Menschen,* München 2020.

Daura, J. u. a., «New Middle Pleistocene hominin cranium from Gruta da Aroeira (Portugal)», *PNAS* 114, Nr. 13 (2017), S. 3397–3402.

Geraads, D. u. a., «The Pleistocene hominid site of Ternifine, Algeria: New results on the environment, age, and human industries», *Quaternary Research* 25, Nr. 3 (1986), S. 380–386.

Gray, G. M., «Starch Digestion and Absorption in Nonruminants», *The Journal of Nutrition* 122, Nr. 1 (1992), S. 172–177.

Grün, R. u. a., «Dating the skull from Broken Hill, Zambia, and its position in human evolution», *Nature* 580, Nr. 7803 (2020), S. 372–375.

Harmon, D. L., «Review: Nutritional regulation of intestinal starch and protein assimilation in ruminants», *Animal* 14, Nr. S1 (2020), S. 17–28.

Herries, A. I. R., «A Chronological Perspective on the Acheulian and Its Transition to the Middle Stone Age in Southern Africa: The Question of the Fauresmith», *International Journal of Evolutionary Biology* 2011, Artikel 961401 (2011).

Heyes, P. J. u. a., «Selection and Use of Manganese Dioxide by Neanderthals», *Sci. Rep.* 6, Nr. 22159 (2016).

Johnson, C. R. u. a., «500,000 year old blades from the Kapthurin Formation, Kenya», *Journal of Human Evolution* 58, Nr. 2 (2010), S. 193–200.

Moncel, M.-H. u. a., «A biface production older than 600 ka ago at Notarchirico (Southern Italy) contribution to understanding early Acheulean cognition and skills in Europe», *PLOS ONE* 14, Nr. 10 (2019).

Savatier, F., «Le plus vieux des Portugais a 400 000 ans», *Pour la Science*, online: 8. April 2017.

Schmidt, P., «Comment les Néandertaliens fabriquaient du goudron», *Pour la Science*, Nr. 520, online: 5 Februar 2021.

Sorensen, A. C., Claud, E. & Soressi, M., «Neandertal fire-making technology inferred from microwear analysis», *Sci. Rep.* 8, Nr. 10065 (2018).

Stringer, C. B. u. a., «The Middle Pleistocene human tibia from Boxgrove», *Journal of Human evolution* 34, Nr. 5 (1998), S. 509–547.

Thieme, H., «Lower Palaeolithic hunting spears from Germany», *Nature* 385, Nr. 6619 (1997), S. 807–810.

Tryon, A. C., McBrearty, S. & Texier, P.-J., «Levallois Lithic Technology from the Kapthurin Formation, Kenya: Acheulian Origin and Middle Stone Age Diversity», *African Archaeological Review* 22, Nr. 4 (2005), S. 199–229.

Wrangham, R., *Catching Fire. How Cooking Made Us Human*, New York 2009.

Kapitel 10

Anton, S. C., «Natural History of *Homo erectus*», *American Journal of Physical Anthropology* 122, Nr. S37 (2003), S. 126–170.

Athreya, S., «Was *Homo heidelbergensis* in South Asia? A test using the Narmada fossil from central India», in: Petraglia, M. D. & Allchin, B. (Hrsg.), *The Evolution and History of Human Populations in South Asia: Inter-disciplinary Studies in Archaeology, Biological Anthropology, Linguistics and Genetics*, Berlin 2007, S. 137–170.

Brumm, A. & Moore, M. W., «Biface distributions and the Movius Line: A Southeast Asian Perspective», *Australian Archaeology* 74, Nr. 1 (2012), S. 34–46.

Dennell, R. W., «The Nihewan Basin of North China in the Early Pleistocene: Continuous and flourishing, or discontinuous, infrequent and ephemeral occupation?», *Quaternary International* 295 (2013), S. 223–236.

Derevianko, A. P., Shunkov, M. V. & Kozlikin, M. B., «Who were the Denisovans?», *Archaeology, Ethnology and Anthropology of Eurasia* 48, Nr. 3 (2020), S. 3–21.

Gaillard, C., Singh, M. & Rishi, K. K., «Technological analysis of the Acheulian assemblage from Atbarapur in the Siwalik Range (Hoshiarpur District, Punjab)», *Man and Environment* 33, Nr. 2 (2008), S. 1–14.

Hou, Y. u. a., «Mid-Pleistocene Acheulean-like Stone Technology of the Bose Basin, South China», *Science* 287, Nr. 5458 (2000), S. 1622–1626.

Hyodo, M. u. a., «High-resolution record of the Matuyama-Brunhes transition constrains the age of Javanese *Homo erectus* in the Sangiran dome, Indonesia», *PNAS* 108, Nr. 49 (2011), S. 19 563–19 568.

Kennedy, A. R. u. a., «Is the Narmada hominid an Indian *Homo erectus*?», *American Journal of Physical Anthropology* 86, Nr. 4 (1991), S. 475–496.

Lumley, H. de,., Guangmao, X. & Bo, F. X., *Les industries lithiques du Paléolithique ancien du bassin de Bose*, Éditions du CNRS, 2020.

Lumley, M. A. de & Sonakia, A., «Première découverte d'un *Homo erectus* sur le continent indien à Hathnora, dans la moyenne vallée de la Narmada», *L'Anthropologie* 89, Nr. 1 (1985), S. 13–61.

Lycett, S. J., «Is the Soanian techno-complex a Mode 1 or Mode 3 phenomenon? A morphometric assessment», *Journal of Archaeological Science* 34, Nr. 9 (2007), S. 1434–1440.

Pappu, S. u. a., «Early Pleistocene Presence of Acheulian Hominins in South India», *Science* 331, Nr. 6024 (2011), S. 1596–1599.

Sémah, F., «Le genre *Homo* dans les archipels du sud-est asiatique: isolement et diversité», *Catalogue de l'exposition Homo Faber au musée national de préhistoire des Eyzies*, Éditions de la Réunion des musées nationaux, 2021, S. 118–121.

Sieh, K. u. a., «Australasian impact crater buried under the Bolaven volcanic field, Southern Laos», *PNAS* 117, Nr. 3 (2019), S. 1346–1353.

Sieh, K. u. a., «Proximal ejecta of the Bolaven extraterrestrial impact, southern Laos», *PNAS* 120, Nr. 50 (2023).

Sonakia, A. & Biswas, S., «Antiquity of the Narmada *Homo erectus*, the early man of India», *Current Science* 75, Nr. 4 (1998), S. 391–393.

Widianto, H. u. a., «The emergence and distribution of early modern humans in Indonesia», *L'Anthropologie* 127, Nr. 3 (2023), 103161.

Kapitel 11

Bar-Yosef, O., «Chinese palaeolithic challenges for interpretations of palaeolithic archaeology», *Anthropologie* 53, Nr. 1–2 (2015), S. 77–92.

Bar-Yosef, O. u. a., «Were bamboo tools made in prehistoric Southeast Asia? An experimental view from South China», *Quaternary International* 269 (2012), S. 9–21.

Conard, N. J. u. a., «A 300,000-year-old throwing stick from Schöningen, northern Germany, documents the evolution of human hunting», *Nature Ecology & Evolution* 4, Nr. 5 (2020), S. 690–693.

Forestier, H., «Des outils nés de la forêt», in: Froment, A. & Guffroy, J. (Hrsg.), *Peuplement anciens et actuels des forêts tropicales*, IRD Éditions, 2003, S. 315–337.

Forestier, H. u. a., «Reduction Sequences during the Hoabinhian Technocomplex in Cambodia and Thailand: A new Knapping Strategy in Southeast Asia from the Terminal Upper Pleistocene to mid Holocene», *Lithic Technology* 47, Nr. 2 (2021), S. 147–170.

Hutson, J. M. u. a., «Revised age for Schöningen hunting spears indicates intensification of Neanderthal cooperative behavior around 200,000 years ago», *Sci. Adv.* 11 (2025), eadv0752.

Li, G. u. a., «Chronology and paleoclimatic context of hominin occupations in the Fenhe River Basin of northern China during the Middle to Late Pleistocene», *Quaternary Science Reviews* 326 (2024).

MacDonald, K. u. a., «Middle Pleistocene fire use: The first signal of widespread cultural diffusion in human evolution», *PNAS* 118, Nr. 31 (2021).

Savatier, F., «La grotte de Denisova enfin bien datée», *Pour la Science*, online: 15. Februar 2019.

Savatier, F., «De l'ADN dénisovien découvert hors de la grotte de Denisova», *Pour la Science*, online: 18. Dezember 2020.

Thieme, H., «Die ältesten Speere der Welt – Fundplätze der frühen Altsteinzeit im Tagebau Schöningen», *Archäologisches Nachrichtenblatt* 10 (2005), S. 409–417.

Kapitel 12

Bailey, S. E. & Liu, W., «A comparative dental metrical and morphological analysis of a Middle Pleistocene hominid maxilla from Chaoxian (Chaohu)», *Quaternary International* 211, Nr. 1–2 (2010), S. 14–23.

Chen, F. u. a., «A late Middle Pleistocene Denisovan mandible from the Tibetan Plateau», *Nature* 569, Nr. 7756 (2019), S. 409–412.

Chen, T., Yang, Q. & Wu, E., «Antiquity of *Homo sapiens* in China», *Nature* 368, Nr. 6466 (1994), S. 55–56.

Cui, Y. & Wu, X., «A geometric morphometric study of a Middle Pleistocene cranium from Hexian, China», *Journal of Human Evolution* 88, Nr. 6 (2015), S. 54–69.

Dong, W., «Biochronological framework of *Homo erectus* horizons in China», *Quaternary International* 400 (2016), S. 47–57.

Gokhman, D. u. a., «Reconstructing Denisovan Anatomy Using DNA Methylation Maps», *Cell* 179, Nr. 1 (2019), S. 180–192.

Grün, R. u. a., «ESR and U-series analyses of teeth from the palaeoanthropological site of

Hexian, Anhui Province, China», *Journal of Human Evolution* 34, Nr. 6 (1998), S. 555–564.

Guanjun, S., Yingsan, F. & Linhong, J., «Re-examination of the chronological position of Chaoxian Man», *Acta Anthropologica Sinica* 13, Nr. 3 (1994), S. 249–256.

Liu, W. & Wu, X., «The Hominid Fossils from China contemporaneous with the Neanderthals and some related Studies», in: Condemi, S. & Weniger, G.-C. (Hrsg.), *Continuity and Discontinuity in the Peopling of Europe. One Hundred Fifty Years of Neanderthal Study*, Berlin 2011, S. 77–87.

Peyrègne, S., Slon, V. & Kelso, J., «More than a decade of genetic research on the Denisovans», *Nat. Rev. Genet.* 25, Nr. 2 (2024), S. 83–103.

Savatier, F., «*Homo erectus* était bien un omnivore opportuniste», *Pour la Science*, online: 8. März 2023.

Sun, X. u. a., «TT-OSL and post-IR IRSL dating of the Dali Man site in central China», *Quaternary International* 434, Teil A (2017), S. 99–106.

Vicedomini, R. u. a., «Dietary adaptation in Neandertal, Denisovan and Sapiens revealed by gene copy number variation», *bioRxiv* (2021) [online: www.biorxiv.org/content/10.1101/2021.10.30.466563v1].

Wu, R. & Dong, X., «Preliminary study of *Homo erectus* remains from Hexian, Anhui», *Acta Anthropologica Sinica* 1, Nr. 1 (1982), S. 2–102.

Wu, X. & Poirier, F. E., *Human Evolution in China: A Metric Description of the Fossils and a Review of the Sites*, Oxford 1995.

Xia, L., «Chinese researchers discover 300,000-year-old ancient human fossils», *Xinhua*, online: 24. Mai 2019.

Zhang, D. u. a., «Denisovan DNA in Late Pleistocene sediments from Baishiya Karst Cave on the Tibetan Plateau», *Science* 370, Nr. 6516 (2020), S. 584–587.

Kapitel 13

Ao, H. u. a., «An updated age for the Xujiayao hominin from the Nihewan Basin, North China: Implications for Middle Pleistocene human evolution in East Asia», *Journal of Human Evolution* 106 (2017), S. 54–65.

Chang, C.-H. u. a., «The first archaic *Homo* from Taiwan», *Nat. Commun.* 6, Nr. 6037 (2015).

Chen, T., Yang, Q. & Wu, E., «Antiquity of *Homo sapiens* in China», *Nature* 368, Nr. 6466 (1994), S. 55–56.

Demeter, F. u. a., «A Middle Pleistocene Denisovan molar from the Annamite Chain of northern Laos», *Nat. Commun.* 13, Nr. 2557 (2022).

Li, Z.-Y. u. a., «Late Pleistocene archaic human crania from Xuchang, China», *Science* 355, Nr. 6328 (2017), S. 969–972.

McDonald, F., «Ancient Skulls Found in China Could Belong to an Unknown Human Species», *Science alert*, online: 4. März 2017.

Tsutaya, T. u. a., «A male Denisovan mandible from Pleistocene Taiwan», Science 388, Nr. 6743 (2025), S. 176–180.

Tu, H. u. a., «^{26}Al/^{10}Be Burial Dating of Xujiayao-Houjiayao Site in Nihewan Basin, Northern China», *PLOS ONE* 10, Nr. 2 (2015).

Woo, J.-K. & Peng, R.-C., «Fossil human skull of early Paleoanthropic stage found at Mapa, Shaoquan, Kwangtung Province», *Vertebrata Palasiatica* 3, Nr. 4 (1959), S. 176–182.

Wu, X. Z., «A well-preserved cranium of an archaic type of early *Homo sapiens* from Dali, China», *Scientia Sinica* 24, Nr. 4 (1981), S. 530–541.

Wu, X. u. a., «Antemortem trauma and survival in the late Middle Pleistocene human cranium from Maba, South China», *PNAS* 108, Nr. 49 (2011), S. 19 558–19 562.

Wu, X. u. a., «Evolution of cranial capacity revisited: A view from the late Middle Pleistocene cranium from Xujiayao, China», *Journal of Human Evolution* 163 (2022), S. 103–119.

Xiao, J., Jin, C. & Zhu, Y., «Age of the Fossil Dali Man in North-Central China deduced from Chronostratigraphy of the Loess-paleosol Sequence», *Quaternary Science Reviews* 21, Nr. 20–22 (2002), S. 2191–2198.

Zanolli, C. u. a., «Denisovans: how to recognize them in the fossil record», Vortrag auf dem 22. Kongress der IPPA (*Indo-Pacific Prehistory Association*), 6.–12. November 2022, Chiang Mai, Thailand.

Kapitel 14

Bae, C. J., *The Paleoanthropology of Eastern Asia*, Honolulu 2024.

Bae, C. J. & Wu, X., «Making sense of eastern Asian Late Quaternary hominin variability», *Nature Communications* 15, Nr. 9479 (2024).

He, J., «Preliminary study on the teeth of Jinniushan archaic *Homo sapiens*», *Acta Anthropologica Sinica* 19, Nr. 3 (2000), S. 216–225.

Ji, Q. u. a., «Late Middle Pleistocene Harbin cranium represents a new *Homo* species», *The Innovation* 2, Nr. 3, Artikel Nr. 100132 (2021).

Kaifu, Y. & Athreya, S., «Diversity and evolution of archaic eastern Asian hominins. A synthetic model of the fossil and genetic records», *PaleoAnthropology* 2025, Nr. 2.

Mbugua, M., «Ancient skeleton shines new light on evolution», *University of Delaware Messenger* 14, Nr. 2 (2006).

Ni, X. u. a., «Massive cranium from Harbin in northeastern China establishes a new Middle Pleistocene human lineage», *The Innovation* 2, Nr. 3, Artikel Nr. 100130 (2021).

Rosenberg, K. R., Zuné, L. & Ruff, C. B., «Body size, body proportions, and encephalization in a Middle Pleistocene archaic human from northern China», *PNAS* 103, Nr. 10 (2006), S. 3552–3556.

Sawafuji, R. u. a., «East and Southeast Asian hominin dispersal and evolution. A review», *Quaternary Science Review* 333, Nr. 108669 (2024).

Tsutaya, T. u. a., «A male Denisovan mandible from Pleistocene Taiwan», *Science* 388, Nr. 6743 (2025), S. 176–180.

Université de Géosciences du Hebei, «Significant Scientific Discovery: the First *Homo Heidelbergensis* Type Fossil in Chin», *Communiqué de presse de l'université de Géosciences du Hebei*, online: 13. September 2018.

Wei-Haas, M., «Dragon Man skull may be new species, shaking up human family tree», *National Geographic*, online: 25. Juni 2021.

Wu, R., «The reconstruction of the fossil human skull from Jinniushan, Yinkou, Liaoning Province and its maintures», *Acta Anthropologica Sinica* 7, Nr. 2 (1988), S. 97–101.

Kapitel 15

Condemi, S. & Mondot, J. F., *Néandertal à la Plage. Nos frères disparus dans un transat*, Malakoff 2024.

Condemi, S. & Savatier, F., *Der Neandertaler, unser Bruder. 300 000 Jahre Geschichte des Menschen*, München 2020.

Xia, H., Zhang, D., Wang, J. u. a., «Middle and Late Pleistocene Denisovan subsistence at Baishiya Karst Cave», *Nature* 632 (2024), S. 108–113.

Bildnachweise

Innenteil: *Abb. 2.1:* https://archaeopress.wordpress.com/2021/02/04/history-of-siberian-archaeology-the-life-and-works-of-aleksei-p-okladnikov-in-1961-1981/ | *Abb. 2.3:* © Dr. Bence Viola | *Abb. 2.4:* © Eva-Maria Geigl, CC BY-NC | *Abb. 3.1:* LVR-LandesMuseum | *Abb. 3.2:* Marcellin Boule/The Royal College of Surgeons of England | *Abb. 3.3:* The Field Museum, CSA66702 | *Abb. 5.1:* © ncip.gov.ph | *Abb. 6.1:* © Shutterstock/beibaoke | *Abb. 6.2:* Wikimedia Commons/Lot 2873 | *Abb. 6.3, 6.4:* Aus Franz Weidenreich, *The Skull of Sinanthropus pekinensis; A Comparative Study on a Primitive Hominid Skull*, Internet Archive / ark:/13960/t03x9ks2r | *Abb. 6.5:* Lenore Selenka/Max Blanckenhorn, *Die Pithecanthropus-Schichten auf Java. Geologische und paläontologische Ergebnisse der Trinil-Expedition (1907 und 1908)*, W. Engelmann, 1911 | *Abb. 6.6:* © akg-images/Interfoto | *Abb. 7.2:* Lee Roger Berger Research Team/CC A 4.0 International | *Abb. 8.2:* © Daniella Bar-Yosef | *Abb. 9.1:* © The GBY Expedition | *Abb. 10.1, 10.2:* © Yamei Hou | *Abb. 12.1, 12.2:* Dongju Zhang/Lanzhou-Universität | *Abb. 12.3, 13.1, 13.2:* © Liu Wu | *Abb. 13.3:* https://commons.wikimedia.org/wiki/File:The_Fossil_of_Mandible_of_Penghu_1.jpg | TaichungJohnny | CC BY-SA 4.0

Tafelteil: *I:* © Shutterstock/Igor Boshin | *II:* © Thilo Park/Wikimedia Commons | *III:* © Science Photo Library/akg-images | *IV:* © Smithsonian Digitization Program Office-Liang Bua Team | *V:* Pithecanthropus-erectus.jpg/Wikimedia Commons | *VI, VII:* Dongju Zhang/Lanzhou-Universität | *VIII, IX:* © Science Photo Library/ Sucré Salé | *X:* © Didier Descouens/CC A 4.0 | *XI:* © Liu Wu | *XII:* Xijun Ni et al., «Massive cranium from Harbin in northeastern China establishes a new Middle Pleistocene human lineage» © 2024 Elsevier B. V. | *XIII:* © Xiu-Jie Wu | *XIV:* Karen Rosenberg.

Illustrationen: *S. 10, 48, 11.1:* © Benoit CLARYS–Cité de la Préhistoire Aven d'Orgnac 12 | *S. 16, 30, 66, 144, 186, 202, 218, 232:* © Benoit CLARYS 24 | *S. 78:* © Benoit CLARYS-SPM I Société suisse de Préhistoire et d'Archéologie 93 | *S. 90, 112, 124:* © Benoit CLARYS–Editions Casterman 98 |*S. 160:* © Benoit CLARYS–Cedarc 98 | *S. 172:* © Benoit CLARYS–Museum Velzeke.

Karten, Graphiken und Schemata: *Abb. 1.1, 4.1, 4.2, 5.2, 7.1, 7.3, 8.1, 8.3, 9.2, 9.3, 12.4, 14.1:* Laurent Blondel © Albin Michel.

Danksagung

Unser Dank geht an unseren Verleger Christian Counillon, der uns seit Jahren bei unseren Bemühungen begleitet, dem breiten Publikum die Frühmenschen nahezubringen. Wir danken auch Xavier Müller und Alexander Couëtoux für ihre Hilfe bei der Erstellung und Einrichtung dieses Textes. Dem hochtalentierten Benoit Clarys verdanken wir die schönen Rekonstruktionszeichnungen der Denisovaner, die einen wichtigen Beitrag zu dieser Untersuchung leisten.

Bedanken möchten wir uns auch bei den zahlreichen Kollegen und Freunden, die in Frankreich und anderswo unsere vielen Fragen zum Klima, zum Feuer, zu den Werkzeugen, der Fauna, den komplexen Schichtschnitten an bestimmten Fundstellen großzügig beantwortet haben. Sie teilten mit uns ihr unersetzliches Wissen in der Feldforschung. Dabei werden wir auch Gilles Ramstein vom UMR LSGE (Laboratoire des Sciences du Climat et de l'Environnement) nicht vergessen, ebensowenig wie Jean-Jacques Bahain vom Muséum national d'Histoire naturelle, Jacques Chiaroni, Stéphane Mazières und Jean-Luc Voisin vom UMR ADÉS der Universität Marseille, Clément Zanolli vom Pacea-Laboratorium der Universität Bordeaux, Lutz Maul vom Senckenberg-Forschungsinstitut in Frankfurt/M., Naama Goren und Liran Carmel von der Hebräischen Universität Jerusalem, Israel Hershkovitz und Daniella Bar-Yosef von der Universität Tel-Aviv, Ian Tattersall vom American Museum of Natural History in New York, Karen Rosenberg von der Universität Delaware in den Vereinigten Staaten, Liu Wu, Xiu-Jie Wu und Yamei Hou vom Institut für Wirbeltierpaläontologie und Paläoanthropologie der Chinesischen Akademie der Wissenschaften. Diese umfangreiche Studie über den Denisova-Menschen ist auch die Frucht vielfachen Austauschs und zahlreicher Gespräche mit diesen bedeutenden Forschern und weiteren Kollegen.

5.12.2025